保险风险管理应用

——海洋油气开发风险管理及保险实践

张国臣◎主编

石 油 工 业 出 版 社

图书在版编目（CIP）数据

保险风险管理应用：海洋油气开发风险管理及保险实践 / 张国臣主编. —北京：石油工业出版社，2021.1

ISBN 978-7-5183-4359-1

Ⅰ.①保… Ⅱ.①张… Ⅲ.①海上油气田-油气田开发-风险管理 ②海上油气田-油气田开发-工程保险 Ⅳ.①TE5 ②F840.681

中国版本图书馆 CIP 数据核字（2020）第 228934 号

保险风险管理应用——海洋油气开发风险管理及保险实践

BAOXIAN FENGXIAN GUANLI YINGYONG—HAIYANG YOUQI KAIFA FENGXIAN GUANLI JI BAOXIAN SHIJIAN

张国臣　主编

出版发行：石油工业出版社

（北京安定门外安华里 2 区 1 号　100011）

网　址：www.petropub.com

编辑部：（010）64523604　图书营销中心：（010）64523633

经　销：全国新华书店

印　刷：北京中石油彩色印刷有限责任公司

2021 年 1 月第 1 版　2021 年 1 月第 1 次印刷

710 × 1000 毫米　开本：1/16　印张：17.25

字数：280 千字

定价：98.00 元

（如出现印装质量问题，我社图书营销中心负责调换）

《保险风险管理应用——海洋油气开发风险管理及保险实践》编委会

主　　编：张国臣

副 主 编：朱永贤　郑　伟　蔡佩磊　刘孝强

参编人员：谷　雨　陈　倩　汪逸安　陈春萍
　　　　　李伟林　毕海生　张忠明

前　言

天有不测风云，人有旦夕祸福。人类的生产生活中，常常会遇到各种自然灾害和意外事故，导致财产损失和人身伤亡。在人类繁衍生息的自然界，无论科学技术多么发达，人类征服自然、改造自然的力量多么强大，因自然、社会、机械故障、人为操作等因素造成的各种灾害事故及损失也不能够完全避免。风险管理作为一门新兴的学科，主要研究如何对企业的人员、财产、责任、财务资源等进行适当的保护。风险管理的措施可以分为两大类：一类是控制型的风险管理措施，包括避免风险、损失控制，以及以合同方式约定受让人从事特定的活动并承担相应的风险；另一类是财务型的风险管理措施，包括风险自留和风险转移。而保险是处理风险的一种非常重要的财务型技术。

无风险，无保险。从风险与保险的关系来看，风险是保险的“原料”，是保险的第一要素，可以说没有风险就没有保险。无论企业，还是保险公司，越来越重视风险管理工具在保险运行过程中的应用。企业期望通过风险管理，系统梳理在生产经营过程中可能产生的各类危险因素和事故隐患，评估保险标的安全状况，降低事故发生概率，减少企业经营风险，达到防灾防损的目的。保险人希望通过风险管理，达到风险信息的高度对称，为保险决策及保险方案编制提供有力的依据。然而，在实务操作过程中，仍存在风险管理理念薄弱、基础知识缺失、风险管理工具不能灵活应用的问题。在再保险承保、防灾防损、理赔等多个环节，如何开展风险管理，并为保险提供更好的服务，仍然是当前较为突出的问题。

在此背景下，本书针对海洋油气开发行业风险特点，以昆仑保险经纪服务多年石油行业保险管理经验为基础，以风险管理为研究对象，主要介绍海洋油气开发行业现状、流程、装备设施、风险特点等相关基础知识，重点讲述海洋油气开发风险分布及风险防控、保险管理技术及应用、典型案例等，将海洋油气开发行业技术、保险行业技术与风险管理技术有效融合，为海洋油气开发行业的风险管理决策及保险安排提供参考。

本书共分为八章。第一章介绍了海洋油气开发概论，包括世界海洋油气开发现状与形势展望、中国海洋石油工业的现状与发展前景，以及石油保险的起源与发展。第二章介绍了风险与保险基础，包括风险管理和保险管理的基础理论知识，以及保险在风险管理中的应用。第三章介绍了海洋油气开发流程，包括勘探钻井阶段、建设安装阶段和开发生产阶段。第四章主要介绍海洋油气开发装备，包括海洋油气勘探钻井装备、海洋油气生产装备和海洋油气集输处理装备。第五章介绍了海洋油气开发特点，并分析了海洋油气开发整体风险及各阶段风险。第六章介绍了企业海洋油气开发常用的风险管控方法，如海洋油气开发 HSE 管理体系、海洋油气开发安全设施管理和海洋油气开发环境保护管理。第七章介绍了海洋油气开发保险特点与作用，概述了各阶段保险情况，并对主要险种进行了详细介绍。第八章总结了影响广泛、损失巨大的行业事故，并分析了发生经过、原因及损失情况，旨在通过具体案例展示海洋油气开发过程中的保险风险补偿作用，让读者了解保险作为一种有效的风险管理手段，在海洋油气开发行业的风险管理中有着重要的作用和意义。

由于目前国内海洋油气开发方面的资料较少，相关保险方面的资料更少，因此本书编写过程中困难较多，加之水平有限，书中疏漏和不足之处在所难免，敬请广大读者批评指正。

目 录

第一章 >>>

海洋油气开发概论

当前，中国已成为全球最大的原油和天然气进口国，油气对外依存度依旧呈上升趋势，面临的能源安全形势十分严峻。大力发展海洋油气产业，提升海洋油气勘探开发力度，既是贯彻落实党中央关于加大国内油气勘探开发工作力度，保障国家能源安全要求的具体举措，也是保障中国能源安全的必然要求。作为海洋大国，中国海洋油气资源丰富，但总体勘探程度相对较低，海洋油气是中国长期、大幅增产的重要领域。研究分析当前全球海洋油气勘探开发现状、形势及发展特点，对进一步发展中国海洋油气产业具有重要的借鉴意义。

第一节　世界海洋油气开发现状与形势展望

一、世界海洋油气资源分布

海洋油气勘探最早始于1887年，美国在加利福尼亚州近岸6m水深的海域钻探了世界上第一口海上探井，拉开了海洋油气勘探的序幕。经过100多年的发展，随着油气勘探开发技术的进步，世界海洋勘探开发活动从近岸水深几米至几十米，到陆架区（＜200m），再向深水陆坡区（＞500m）和超深水区（＞1500m）拓展。当今，世界海洋油气勘探开发取得一系列重大的新发现、新突破、新进展和新成果。

1. 海洋油气资源分布

海洋油气资源主要分布在陆架区和深水陆坡区，其中陆架区资源量约占60%，陆坡区约占40%。在目前海洋油气探明储量中，浅海域（＜200m）

仍占主导地位，但随着油气勘探技术的进步，将逐渐进军深海（水深＜500m为浅海，水深＞500m为深海，水深在1500m以上为超深海）。2000—2005年，全球新增探明储量164×10^8t油当量，其中深海占41%、浅海占31%、陆域占28%。2006年以来全球油气新发现储量中，深水油气储量占一半以上，单个深水新发现油气田平均储量大于陆上新发现油气田平均储量。2006—2015年，深水发现油气田共911个，其中，商业性油气田354个，总可采储量430×10^8bbl（折合60.2×10^8t）。近5年来，全球重大油气发现中70%来自水深超过1000m的水域，并且比例呈逐年升高趋势。

从区域上看，目前海上油气勘探开发形成“三湾、两海、两湖”的格局。“三湾”即波斯湾、墨西哥湾和几内亚湾；“两海”即北海和南海；“两湖”即里海和马拉开波湖。其中，波斯湾的沙特阿拉伯、卡塔尔和阿联酋，里海沿岸的哈萨克斯坦、阿塞拜疆和伊朗，北海沿岸的英国和挪威，以及美国、墨西哥、委内瑞拉、尼日利亚等，都是世界上重要的海上油气勘探开发国家。

2. 海洋油气储量

全球海洋油气资源丰富，海洋石油资源量约占全球石油资源总量的34%，探明储量约400×10^8t；海洋天然气资源量约占全球天然气资源总量的31%（$46.6\times10^{12}m^3$），探明储量约$26\times10^{12}m^3$。据美国《Oil & Gas Journal》统计，截至2016年1月1日，全球石油探明储量1757×10^8t，天然气探明储量$173\times10^{12}m^3$；全球海洋石油地质储量1350×10^8t，探明储量约400×10^8t；海洋天然气地质储量约$140\times10^{12}m^3$，探明储量约$26\times10^{12}m^3$。据美国地质调查局（USGS）评估，世界（不含美国）海洋待发现石油资源量（含凝析油）548×10^8t，待发现天然气资源量$78.5\times10^{12}m^3$，分别占世界待发现资源量的47%和46%。因此，全球海洋油气资源潜力巨大，勘探前景良好，为今后世界油气勘探开发的重要领域。

3. 海洋油气产量

海洋油气生产始于20世纪40年代，到60年代年产量仅（0.4~0.5）$\times10^8$t。到21世纪初，2012年世界石油产量已超过10×10^8t，天然气产量约$5000\times10^8m^3$。

据美国《Oil & Gas Journal》资料，2013年全球海洋油气产能达5350×

10^4bbl[1] 油当量/d，年石油产量逾 15×10^8t，天然气产量约 $1\times10^{12}m^3$。

海洋油气新增产能来自全球不同地区，其中，中东地区新增 350×10^4bbl/d、非洲地区新增产能 290×10^4bbl/d、亚太地区新增产能 270×10^4bbl/d；而唯一下降的地区是欧洲，海洋油气产能下降 100×10^4bbl/d。

在世界海洋石油产量中，欧洲北海石油产量及其增长率一直居各海域之首，2000 年产量达到峰值 3.2×10^8t，随后逐渐下降。中东地区波斯湾石油产量缓慢增长，年产量保持在（2.1~2.3）$\times10^8$t，而美洲墨西哥湾、巴西、西非海域石油产量增长较快，年均增长超过 5%，其中，墨西哥湾石油产量未来数年可能超过北海，成为世界最大产油海域。

截至2019年，世界海洋石油年产量居前五位的国家有挪威（1.35×10^8t）、墨西哥（1.25×10^8t）、沙特阿拉伯（1.20×10^8t）、英国（1.15×10^8t）、尼日利亚（0.9×10^8t）；天然气年产量居前五位的国家有美国（$1500\times10^8m^3$）、英国（$1160\times10^8m^3$）、挪威（$850\times10^8m^3$）、墨西哥（$730\times10^8m^3$）、委内瑞拉（$680\times10^8m^3$）。

4. 深水油气勘探开发

世界深水油气资源分布不均，主要集中于大西洋两岸被动大陆边缘、墨西哥湾深水盆地、地中海海域和东非深水区。全球深水油气勘探始于 20 世纪 70 年代，但直到 20 世纪末才取得突破进展。其中，原油主要发现于南大西洋两岸和墨西哥湾深水区，天然气主要发现于地中海和东非深水海域，此外，澳大利亚西北大陆架、印度东部海域等也有发现。目前，深水油气勘探开发主要集中在墨西哥湾、巴西、西非三大深水油气热点区，这三大区域的深水油气可采资源量占全球深水油气可采资源总量的 40%~50%。

深水油气勘探开发受恶劣而复杂的海况和储藏特征的限制，具有“四高”特点，即高技术、高风险、高投入、高回报。据《世界深水报告》资料，全球深水待发现石油资源量超过 300×10^8t，待发现天然气资源量超过 $34\times10^{12}m^3$，未来 44% 的油气储量在深水区中，而现在仅占 3%~5%，可见其潜力之大。

近年来，全球新发现油气储量主要来自深水海域。已有 60 多个国家进行了深水油气勘探，累计发现 1300 多个深水油气田，其中，大型、超大型

[1] 按 1bbl≈0.1364t 折算。

油气田超过 90 个，形成了墨西哥湾、巴西东部海域、西非陆架“金三角”深水油气区，在东非陆架、东地中海、澳洲西北陆架、北海和南海等地也不断发现世界级新深水油气区。统计显示，2012—2018 年，全球约 50% 的新发现大型油气田、约 60% 的新发现油气储量来自深水海域。2018 年，全球前十大油气发现均位于巴西、圭亚那、塞浦路斯和墨西哥湾等海域，其中，深水、超深水油气发现储量占海域发现储量的 60%。

预计未来 10~20 年，全球深水油气勘探开发将进一步向远海拓展，作业水深纪录将突破 4000m，甚至有望突破 5000m。预计到 2025 年，深水油气产能将达到 1450×10^4bbl 油当量 /d，在海洋油气总产量中占比将超过 35%。

截至 2017 年底，深水和超深水石油、天然气累计产量分别为 38×10^8t 和 $4.2 \times 10^{12}m^3$，剩余可采储量分别为 375×10^8t 和 $127 \times 10^{12}m^3$，分别占全球常规石油和天然气剩余可采储量的 9.9% 和 29.6%，主要分布在巴西、墨西哥湾、西非三大热点地区。

2019 年，全球深水油气产能为 1030×10^4bbl 油当量 /d，较 2018 年增长 24%。目前，全球深水项目占海上项目的 1/4，在全球排名前 50 位的超大项目中，深水项目占 3/4。

目前，英国 BP 公司、巴西国家石油公司、挪威国家石油公司、埃克森美孚、壳牌、哈斯基、优尼科等石油公司拥有深水勘探开发核心技术，从事深水区油气勘探开发工作。

二、世界海洋油气主要产区介绍

海洋石油相比陆地石油开采具有更高的风险和成本，技术难度也相对增大，但受海洋魅力的吸引，一切艰难险阻都阻挡不了智慧的人们去持续不断地探索，除了中国南海，世界其他海洋油气主要产区包括波斯湾、墨西哥湾、北海油田、马拉开波湖、里海、西非几内亚湾、北极、巴西等。

1. 波斯湾

波斯湾的海洋石油储量是世界上最大的，沙特阿拉伯、伊拉克、科威特、伊朗、阿联酋、卡塔尔等多国管辖海域内都有所分布，不过储量主要集中于卡塔尔和伊朗两国海域。波斯湾海洋油气的一大特点就是大部分位于浅海近海地区，储量大，开采难度小，自然条件得天独厚。

图 1–1 显示了波斯湾地区原油主要出口线路。

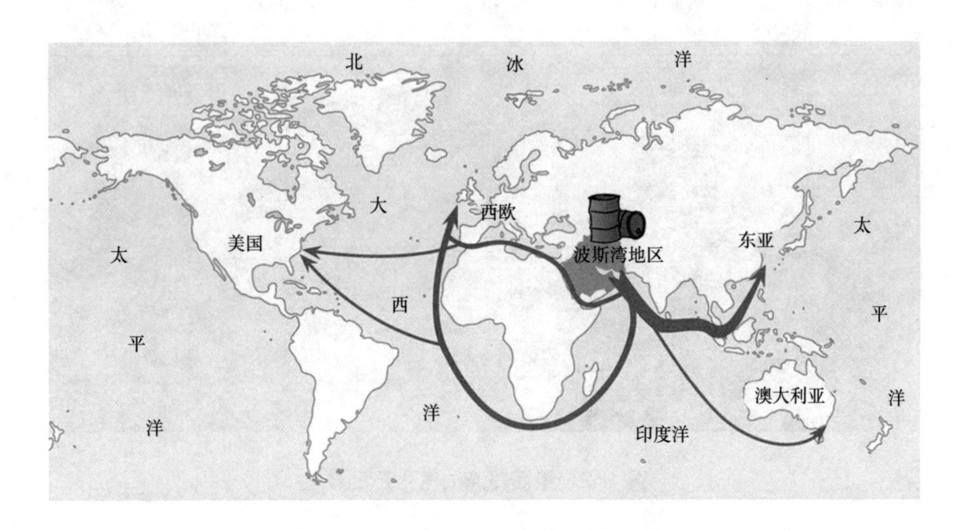

图 1–1 波斯湾地区原油主要出口线路

波斯湾平均每个油田储量达 3.5×10^8t 以上，由于多分布在海岸附近，输油管相对较短，原油外运方便，并且油田的地下压力高，油井多为自喷井，占油井总数的 80% 以上，因此其生产成本是世界上最低的。

2. 墨西哥湾

墨西哥湾位于北美洲东南部边缘，其浅大陆棚区蕴藏大量的石油和天然气。1947 年，美国在墨西哥湾钻出了世界上第一口海上商业油井，这里是海洋石油开采浪潮向全球蔓延的起始点。从 1859 年在宾夕法尼亚州打出了第一口油井到第二次世界大战之后的一段时间，世界能源版图被称为“墨西哥湾时代”，该地区的油气资源分属美国、古巴、墨西哥三国所有。

图 1–2 显示了墨西哥湾油气生产场景。

墨西哥湾海底石油主要分布在西南部的坎佩切湾、美国得克萨斯州和路易斯安那州沿海。其中，坎佩切湾石油探明储量近 50×10^8t，天然气储量 $3600\times10^8\text{m}^3$。2010 年，全球深水油气储量可达到 40×10^8t，其中墨西哥湾约 10×10^8t，此外，美国的战略石油储备地点也都集中在墨西哥湾沿岸地带。

图 1–2　墨西哥湾油气生产场景

3. 北海油田

北海油田是指欧洲大陆西北部和大不列颠岛之间的北海海底油田，油气资源丰富，是欧洲重要的石油、天然气产区，海底石油藏量仅次于波斯湾和马拉开波湾而居世界第三位，20 世纪 70 年代开始产油，80 年代起大规模开采。

1970 年，OPEC 组织成立并从西方国家的“石油七姐妹”（即新泽西标准石油公司、纽约标准石油公司、加利福尼亚标准石油公司、德士古公司、海湾石油公司、英国石油公司、壳牌公司）手中夺走了石油定价权，同一时期英国石油公司也陷入严重发展困境，北海油田的发现为在石油上受双重打击的英国注入了一剂强心针，从某种程度上，北海油田为英国经济的复苏起到重要作用。

而对挪威这个面积不大的国家来说，北海油田曾经助其成为世界第三大石油出口国，顺利完成了该国的工业化，石油产值一度占其国民生产总值的 20%。由于产量和品质的稳定，北海油田出产的布伦特原油也成为今天国际油价的两大标杆之一。

4. 马拉开波湖

马拉开波湖位于委内瑞拉，是南美洲最大的湖泊，这里石油资源丰富，是世界著名的“石油湖”，传说湖底埋的就是“美元”。1917 年，在该湖打出第一口石油井，马拉开波湖很快助使委内瑞拉跃居为世界产油大国之一；1922 年，马拉开波湖开始大规模开采，使委内瑞拉成为世界重要的石油生产国和出口国之一，该湖的石油产量一度约占委内瑞拉石油总产量的 2/3，为世界上最富饶、最集中的产油区之一。

5. 里海

里海位于欧亚两洲的内陆交界处，是世界上最大的湖泊，也是世界上最大的咸水湖，石油资源丰富，石油和天然气是这一地区最重要的资源。里海油气开发始于 20 世纪 20 年代，自第二次世界大战结束以来得到相当发展，采用钻井平台和人工岛开采海底石油，里海石油地质储量约为 2400×10^{8}bbl，但目前很多地区仍处于勘察阶段，并未大量开发。

里海西岸的巴库和东岸的曼格什拉克半岛地区，以及里海的湖底是重要的石油产区。

6. 西非几内亚湾

几内亚湾为非洲最大的海湾，沿岸 10 多个国家及临近地区拥有丰富的石油资源，其石油地质储量预计超过 800×10^{8}bbl。其中，80% 左右的石油储量分布在尼日利亚和安哥拉管辖海域内，西非深水油气资源占西非海域油气资源的 45%。

目前，几内亚湾探明拥有油气资源的国家包括尼日利亚、赤道几内亚、喀麦隆、加蓬、刚果共和国、安哥拉、圣多美和普林西比，以及靠近几内亚湾的乍得等。

有能源机构专家分析，西非海洋的石油产量在未来将超过北海油田，甚至超过委内瑞拉和墨西哥石油产量的总和。由于起步较晚，周边国家经济技术实力偏弱，该海域油气资源还没有得到大规模开采，前景巨大。

7. 北极

美国、俄罗斯在 20 世纪 60 年代就发现了北极海域内油气田的存在，据俄罗斯估计，北极地区原油储量为 2500×10^{8}bbl，天然气储量为 $80\times10^{12}m^{3}$。不过由于不能准确估计储量以及受到气候条件的限制，北极海洋油气开采并没有太大进展。2014 年，在埃克森美孚公司的帮助下，俄罗斯石油公司又在北极海域发现了超级油田，据俄罗斯石油公司估计，该地区石油储量或超过墨西哥湾。

8. 巴西

作为南美洲第一大国，巴西曾经的石油产量少得可怜，不过这一切都随着几个超级深海油田的发现而出现扭转。2007 年，在巴西里约热内卢附近海域盆地发现了储量高达（50~70）$\times 10^8$bbl 的深海油田；2012 年 8 月，在巴西桑托斯渊又发现新的深海石油储藏，让巴西跻身全球重要的石油大国行列。

专家预测，巴西有可能在未来 20 年内成为全球十大石油资源国和石油生产国之一。目前，巴西深海石油日产量已经达到 18 $\times 10^8$bbl，不过这些油气田仅水深就高达 4000m，成本、风险都为世界之最，受近期低油价影响，招标活动也是遇阻重重。

三、全球海洋油气勘探开发形势

1. 海洋油气储量丰富，探明率低，是未来重要资源储备基地

全球海洋油气资源十分丰富。据 IEA（2018）统计，全球海洋石油和天然气探明储量为354.7 $\times 10^8$t（按1bbl≈0.1364t 折算，下同）和95 $\times 10^{12}$m^3，分别占全球总储量的 20.1% 和 57.2%。从探明程度上看，海洋石油和天然气的资源总体探明率仅分别为 23.7% 和 30.6%，尚处于勘探早期阶段。其中，浅水（水深＜400m）、深水和超深水的石油资源探明率分别为 28.1%、13.8% 和 7.7%；天然气资源探明率分别为 38.6%、27.9% 和 7.6%。未来，海洋油气具有极大的勘探开发潜力，是全球重要的油气接替区。

2. 深水油气潜力巨大，产量和新增储量占比不断攀升

目前，全球最大探井水深达 3400m，海底生产系统 2900m，深水油气产量不断创新高。1998 年，全球深水油气产量仅为 1.5 $\times 10^8$t（按 1bbl/d≈49.8t/a 折算，下同），占全球海洋油气总产量的 18%；2008 年，全球深水油气产量为 3.4 $\times 10^8$t；2019 年，全球深水油气产量已达 5.4 $\times 10^8$t。

随着陆上油气勘探的日趋成熟，海上新增储量对世界油气储量增长的贡献越来越大。2019 年，全球新发现储量在 1 $\times 10^8$bbl 油当量（约 13.6 $\times 10^6$t）以上的油气田共 28 个，总储量约 14.2 $\times 10^8$t 油当量，占当年发现总量的 79.2%。其中，深水油气田发现 11 个，储量为 5.7 $\times 10^8$t 油当量。

从新发现油气田的储量规模来看，近 10 年，海洋油气田平均储量规模远高于陆地。其中，超深水油气田平均储量为 4.8×10^8t 油当量，约为陆上的 16 倍。

3. 国际石油公司积极布局海洋油气勘探开发，深水已成为增储上产的核心领域

在能源市场复苏的大环境下，国际石油公司纷纷看好深水领域，不断加大勘探开发投资力度。目前，深水投资已占国际石油公司海上投资的 50% 以上，深水油气产量已成为其油气产量的重要组成部分。以英国 BP 公司为例，目前其深水油气年产量已接近 5000×10^4t 油当量，占公司油气年产量的 31%。

根据埃信华迈（IHS）对国际大石油公司 2019—2023 年产量增长来源的预测，深水、非常规及液化天然气（LNG）是其未来产量增长的主要来源。其中，壳牌公司、意大利埃尼公司在未来 5 年有 44% 的新增产量来自深水。道达尔公司将深水油气资源视为公司资产组合的核心；埃克森美孚公司则将圭亚那海域确定为其未来上游“五大重大开发项目”之一。

4. 多因素不断降低深水油气成本，深水油气竞争力明显增强

自 2013 年以来，全球深水油气项目单位成本降幅已经超过了 50%。目前，圭亚那、巴西盐下等部分深水项目开发成本可控制在 40 美元 /bbl 以下。

导致深水项目开发成本下降的原因主要有以下 4 个：

一是转变管理方式，提高设备利用率。石油公司为了减少海上油气项目的支出，提高资金利用率，在管理方式上向页岩油气项目模式转变，只投资开发那些开发周期短且最具有价值潜力的项目，从而缩短项目的交付周期。同时，通过海底管道回接等方式提高现有基础设施利用率，减少新的工程建设来缩短回报周期和资本支出。与传统海上油田开发收回成本需要 10 年相比，单纯的海底管道投资一般在 5 年内就可以收回。

二是缩小项目规模，推广标准化设计。一些原先设计的项目通过缩小产能规模、简化项目设计，合理减少了基础建设投资、钻井数量和作业耗材。同时，参照海上风力发电的理念，对海上油气项目采用统一的标准化设计，提高运行效率。2014 以来，雪佛龙公司利用这一战略使其在墨西哥湾的钻完井时间缩短了 40% 以上，有效地降低了深水作业成本。

三是提高作业效率，降低作业成本。为了提高勘探开发作业效率，国际石油公司通过减少钻头等钻井作业耗材的使用，采用新工艺技术等手段，大幅提高了钻井速率，降低了钻井成本。以巴西国家石油公司为例，2014 年以来，该公司通过采用盐层段安全钻井及套管设计、控制压力钻井技术、大尺寸智能完井技术等深水盐下钻完井配套技术，使深水盐下钻完井时间普遍减少 20%，部分区域甚至达 80%，单井产量提升 25%，单个 LNG 生产储卸装置（FPSO）达产所需井数下降了 20%。

四是油服市场饱和，钻井成本大幅下降。深水项目成本降低的关键驱动因素之一是降低钻机成本。2014 年以来，全球油服市场一直处于饱和状态，导致原材料成本和服务成本大幅降低。随着市场需求的减少，钻井平台利用率自 2014 年以来一直呈不断下滑的态势，降幅接近 30%；钻井费用从 2013—2014 年超过 50 万美元 /d 降至 15 万美元 /d。据 IEA 统计，由于油田服务成本和原材料价格的下降，2014—2017 年占资本开支近一半的深水油气钻完井的成本降低了 60% 以上。

四、全球海洋油气主要发展趋势分析

随着全球经济社会的发展，在新一轮能源革命蓬勃兴起和第四次工业革命的共同作用下，未来全球海洋油气勘探开发将呈现以下 3 个特点：

（1）海洋油气上游投资规模和产量有望进一步增大，深水和超深水是主要增长来源。

据 IEA 预测，2017—2030 年（在新政策情景下，即在考虑各国推动能源转型的政策框架和已知技术的前提下的假设情景），全球海洋油气年平均投资金额为 1960 亿美元，较 2016 年增加 46.3%；2030—2040 年，海洋油气年均投资金额将达 2470 亿美元，较 2017—2030 年增长 26.0%。从水深来看，未来海洋领域投资增长主要来自深水和超深水。

伴随上游投资规模的扩大，未来海洋油气产量将进一步增长。预计到 2030 年，海洋石油和天然气年产量分别增长至 13.9×10^8t 和 $1.4 \times 10^{12}m^3$，较 2016 年分别增长 3.7% 和 38.9%；到 2040 年，预计海洋石油和天然气年产量分别为 14.4×10^8t 和 $1.7 \times 10^{12}m^3$，较 2030 年再增长 3.6% 和 21.7%。

（2）发展动能转换持续加快，数字技术将是未来成本竞争支点。

随着新一轮科技革命和产业变革加速推进，新技术已对全球油气行业产生颠覆性影响。油气作为一种同质产品，其产业竞争的核心是成本竞争。物联网技术催生出的生产环节“无人化”，大数据、云计算、人工智能带来的数据挖掘、利用与辅助决策，将有助于实现生产成本的大幅降低。因此，未来新一轮成本竞争的支点大概率是数字技术。各竞争主体对数字化技术的应用速度与水平将会决定未来的能源版图。从国外研究机构对全球各行业数字化程度的研究结果来看，油气行业数字化程度几乎排在最末端，仅有3%~5%的油气设备应用了数字技术。未来数字技术在油气行业具有很大的发展空间。

根据IEA预测，数字技术的大规模应用能够让油气生产成本减少10%~20%，让全球油气技术可采储量提高5%。如果按照2019年全球50.2×10^8t的石油产量（2019年全球原油产量由当年的全球石油供应量估算，数据来源于《2019年国内外油气行业发展报告》）、64.2美元/bbl（布伦特）的平均油价估算，仅在石油开采领域就可以减少（2350~4700）亿美元/a的成本。

在认识到数据分析、机器学习和人工智能等数字技术的进步可以为行业带来巨大回报后，国际石油巨头纷纷加紧数字化转型的步伐。道达尔公司通过在英国北海某气田中应用数字包技术，使其运营成本下降近10%；壳牌公司在墨西哥湾施工世界上最深的钻井站时，利用3D打印技术节约费用达4000万美元。2019年2月，雪佛龙公司、康菲石油公司、埃克森美孚公司、挪威国家石油公司和壳牌公司等7家油气巨头成立了第一个行业区块链财团——OOC石油与天然气区块链财团，旨在开发区块链在石油和天然气行业的应用方式，并计划在美国北达科他州巴肯页岩油田进行试点测试，预计该技术每年可为在页岩区运营的油气企业节省成本约37亿美元。

（3）边际油气田资源潜力丰富，将是未来油气产量增长的重要补充。

随着勘探开发的推进，在一些勘探相对成熟的海域发现大型油气田的概率不断降低。而一些边际油气田由于规模小、利润低、经济效益差，长期不被人重视。近年来，随着技术的进步，边际油气田在北海等开发日趋成熟的海域越来越受关注，开发这些边际油气田将推动油气行业焕发新的生机。据 Wood Mackenzie 统计，全球“小型油气藏”（small pools，技术可采资源量小于 680×10^4t 油当量）的可采油气资源大约有 37×10^8t 油当量，主要分布在挪威、英国、尼日利亚和中国等国家，这些资源尚未得到有效开发，未来具有巨大的开发潜力。目前，英国国家海底研究计划（NSRI）专门成立了“小型油气藏”攻关项目；在北海，英国独立公司、道达尔公司、壳牌公司、劳埃德船级社、西门子公司等多家行业巨头也宣布合作开发这些“小型油气藏”。

据统计，在中国近海探明的原油储量中，仅边际油田就有 13×10^8t，有效开采这些油气资源对缓解国家石油供需矛盾具有重大的战略意义。

五、全球海洋油气发展展望

1. 加大海洋油气自主勘探力度，积极布局全球海洋油气产业工作

全球海洋油气资源潜力巨大、勘探开发程度低，为中国石油公司参与全球性上游油气经营提供了难得的机遇。与购买储量相比，自主勘探的成本更低。根据 2014—2018 年全球主要油气资产交易统计，全球 2P 储量（概算储量）的购买成本平均为 15 美元 /bbl；而自主勘探的发现成本平均为 3 美元 /bbl，远远低于购买成本。而且，近 10 年来，世界七大石油公司（也称“石油七姐妹”），通过勘探发现和扩边获得的新增储量占 66%，通过购买获得的新增储量仅占 3%，其余新增储量来自提高采收率和储量修正。即使在前几年低油价的背景下，国际石油公司也坚持自主勘探。鉴于此，中国企业应充分重视并把握在该领域的投资机会，及早布局。积极稳妥推进海上区块合作，通过资产收购、公司并购或参股等多种方式，参与全球海洋油气勘探开发项目，获取更多海外优质资产，保障海外业务的发展质量与效益；同时，开展全球海洋油气战略选区研究，特别关注低勘探程度地区和前沿领域，重点做好超前地质选区、选带研究。

2. 加大海洋公益性地质调查力度，引领商业性勘探不断实现新突破

2010年以来，国内海上油气产能基本维持在 5500×10^4t 油当量 /a 左右，多年来增长缓慢。随着近海油气的持续开发，开拓油气勘探新领域、新层系、新方向，努力寻求规模发现和战略接替区，是现在和将来一段时期内

的重大任务。

对商业性油气公司而言，由于海洋油气资源的勘探风险高、周期长、投资大、技术难度高，只有在基础地质条件和油气地质规律基本摸清的前提下，才有可能尝试商业勘探。与国外成熟海域相比，中国管辖海域勘探程度低，不少公认的有利区块和有利层系由于调查程度低、勘探风险大、尚无商业性油气发现，往往得不到商业性油气公司的青睐。基础性、公益性海域油气地质工作主要针对的就是地质条件复杂、勘探风险大、未获得油气突破、石油公司关注度较低、短期内难以进行商业性勘探、但已有资料表明具有油气资源潜力的地区和层位，可以为商业性油气公司有效承担前期勘探风险。一方面，要进一步加强基础性、公益性地质调查，以地球系统科学理论为指导，持续推进油气资源战略调查，加快在新区、新层系、新类型三大勘探领域实现战略发现和商业性突破；另一方面，要加强海洋地质调查国际合作，多渠道、持续获取境外海域地震、钻井等基础资料，为国内石油公司的境外商业性勘探选区提供支撑。

3. 加强深水研发顶层设计，全面提升深水开发能力

深水油气是石油公司未来重要的资源接替区，开发深水油气资源对保障中国油气供给安全意义重大。然而，技术储备不足是影响有效利用深水油气资源的重要因素之一。从国外成功经验来看，自 20 世纪 80 年代以来，美国、欧洲、巴西等开始实施系列科技计划，如美国海王星计划、欧洲海神计划（Poseidon Project）、巴西系列计划、挪威 PETROMAKS-DEMO 2000 计划等，在深水科技创新方面取得丰硕成果。针对中国深水油气领域的勘探开发现状，应进一步加大深水科研力量投入，全面提升深水开发能力：一是加强国外深水科技战略动态跟踪研究，研判深水技术的发展趋势，研究提出有针对性的对策建议；二是尽快从国家层面制定中国深水油气资源发展战略；三是积极利用国际合作平台推进海外业务，进一步拓展深水油气开发项目国际化运营能力，为未来参与中国南海和周边海域深水油气开发奠定坚实基础。

4. 加快能源数字转型，抢占未来竞争制高点

海洋油气勘探开发具有高投入、高风险的特征，只有加快推进数字转型，大幅度提高作业效率，降低开发成本，高质量推进深水和边际油气资源开发，才能在市场竞争中赢得一席之地。要探索新兴数字技术在海洋油气调查等基础领域的应用，进一步降低油气勘探成本，提高钻探成功率；同时，进一步加强资源整合，以国家重大专项为抓手，加强石油公司、互联网公司、科研机构和高校间的多学科、多领域、多层面的“政用产学研”结合，加快推进油气数字化转型，抢占未来竞争制高点。

第二节　中国海洋石油工业现状与发展前景

一、中国海洋石油工业发展历程

中国海洋石油工业的发展大体上经历了起步阶段、发展阶段和跨越阶段三个阶段。

1. 起步阶段

中国海洋石油工业于20世纪50年代末开始起步，海洋石油勘探始于南海。由于国内种种因素的影响，中国海洋石油工业发展速度缓慢，在整个国民经济乃至石油工业中只占很小的比例。1965年后，中国海洋石油勘探重点转移到了中国北方的渤海海域。在海洋石油工业开拓的初期，中国使用自制的简易设备，经过艰苦的努力，在南海和渤海两个海域均打出了油气发现井。

从1957年到对外合作勘探开发海洋石油，在中国海洋石油发展20多年的艰苦创业期间，石油、地质单位陆续在南海、渤海、黄海等海区进行重力、磁力普查和部分地震普查。石油工业部所属单位在渤海和南海的北部湾、海南岛附近海域钻探井111口，有30口井获得工业油气流；在渤海开发了3个小型油气田，累计生产原油100×10^4t。

2. 发展阶段

中国石油工业初期的艰苦创业留下了可观的精神财富和物质基础，但海洋石油工业仍然面临着发展瓶颈。高投入、高科技、高风险的行业特点要求海洋石油工业必须对外开放，实行全方位对外合作，吸收资金、引进技术、分散风险。1982年，中国海洋石油总公司（以下简称中海油）的成立，标志着中国海洋石油工业进入了一个全新的发展时期。

国家通过制订对外合作模式，起草《中华人民共和国对外合作开采海洋石油资源条例》（1982 年 1 月 30 日发布），使海洋石油逐渐进入自营与合作并举的局面。这个阶段的特点如下：（1）海洋油气勘探开发全面展开，逐步进入寻找经济有效储量和大幅度增长产量阶段；（2）生产建设资金中的自有资金比例日益增大，自主能力不断提高；（3）从生产型的管理进入生产经营及资产经营管理并举的阶段。上述三个特点说明，海洋石油工业的发展进入了一个良性循环的新时期。

3. 跨越阶段

世界各国对石油战略需求日益强烈，国际上很多石油公司早在 20 世纪 70 年代已经将石油勘探开发的重点放在海洋，并迈入了浩瀚的深水。随着中国经济的高速发展，能源供应与经济发展之间的矛盾不断加剧，加之浅海油气勘探开发逐渐饱和，向深海进军成为中国海洋油气开发的必然选择。南海与其深入领域已是世界四大油气聚集地之一，石油地质储量为（230~300）$\times 10^8$t，占中国油气总资源量的 1/3，其中 70% 蕴藏于 153.7×10^4km^2 的深海区。面对国家能源需求的压力以及当前的国际形势，建立一个具有现代化企业管理制度运营、上中下游一体化建设、现代应用技术研发与作业技术应用能力国际一流的能源公司已成为中海油的发展目标。

在产业布局上，中海油目前已实现了上游到中下游一体化发展的运营领域跨越；在作业能力上，实现了从浅水到深水的跨越；在市场范围上，实现了从国内到国际的跨越。在公司管理上，中海油已经由一个传统意义上的老国企成功转变为可适应市场经济发展和应用现代企业管理理念在全球进行经济竞争的新国企。

目前，中国海洋石油探明程度为 12%，海洋天然气探明程度为 11%，远低于世界平均水平。全球油气的 40% 来自海洋，而中国海洋油气的产量只占油气产量的 26%。因此，中国海洋油气开发仍处于早中期阶段，产业潜力较大，是未来中国能源产业发展的战略重点。“建设海洋强国”作为国家战略已经列入党的十八大报告，海洋油气开发战略作为其中的重要组成部分正在加速实施。2018 年，中国海洋原油产量为 4807×10^4t，比 2017 年下降 1.6%（图 1–3）；海洋天然气产量达到 154×10^8m^3，比 2017 年增长 10.2%（图 1–4）。

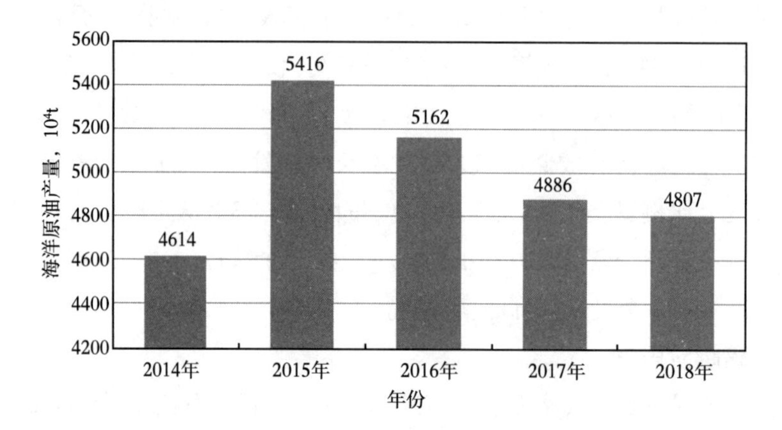

图 1-3　2014—2018 年中国海洋原油产量

资料来源：自然资源部

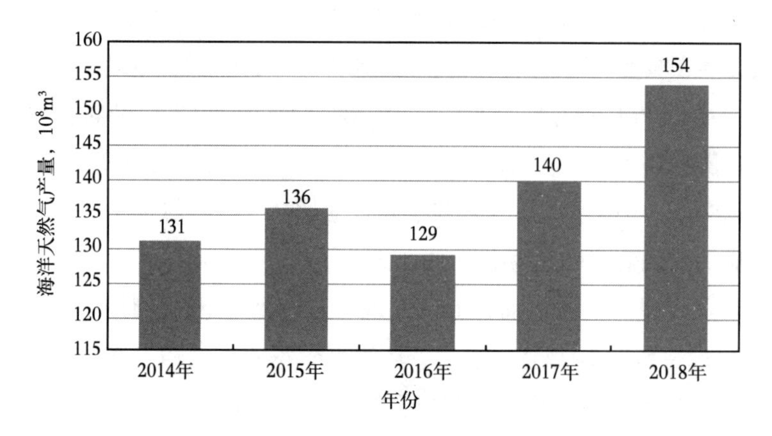

图 1-4　2014—2018 年中国海洋天然气产量

资料来源：自然资源部

二、海洋石油工业技术与经济特点

由于作业环境与条件的变化，与陆上石油工业相比，海洋石油工业具有高投入、高技术和高风险的特点。

1. 高投入

不同的作业环境与条件、严格的环境影响评价、作业装备的变化与作业时间的延长，迫使海洋油气资源的勘探开发投资非常大，可达到陆上油田投资的数倍到上百倍，且随着水深的增加而增加。海洋打一口探井要花费近亿元，建一座中心采油平台要花费近百亿元，完成一个大型开发项目甚至要花费近千亿元。

2. 高技术

高昂的经济成本促使海洋石油勘探开发建设需要多学科的综合技术，涉及的技术面很宽，要求高效、安全、可靠、经济，因此广泛采用了当今世界最先进的技术与装备，而且更新换代速度很快，新技术、新工艺、新材料不断涌现。例如，目前国外海洋地震勘探已经发展到多缆多震源勘探技术，数字电缆、高分辨处理技术已经普遍采用。在钻井方面，小井眼、小曲率半径水平井钻井技术应用较多。在测井方面，数控成像技术、大容量的传输系统及最先进的地面设备为油田开发方案的制订提供了可靠依据。在油气田开发方面，采用注化学聚合物热采、核能利用等方法提高稠油油田采收率，收到了明显的效益。在海洋工程建设方面，深水油田开发范围已发展到1000m以上，水下多相混输多相计量技术试验成功，已形成一套完整的水下生产系统。在边际油田开发方面，平台结构和工艺流程的简化更趋向轻小型、移动式，并实现遥控遥测和无人操作。

3. 高风险

由于商业贷款利率高、油田开发投资加大，因此除了必不可少的投入外，技术是决定性的因素。国外许多大石油公司在近年来油价低迷不振的情况下，利润不但没有下降，反而有所上升，秘密之一就在于关键技术上的突破降低了勘探开发成本。中海油通过对外合作引进、消化吸收国外先进技术和组织国内科技攻关，科技水平显著进步，但整体来说，与国际先进水平相比尚有不小的差距。目前，在海洋油气勘探开发遇到的主要技术挑战包括海洋地震高分辨采集、地震资料的叠前深度偏移处理、人机对话地震解释与储层横向预测、数控成像测井技术、地质导向的小曲率长位移的水平钻井技术、高温高压气层的钻井与测试、水下生产系统及水下多相混输与计量技术、用于有效开发边际油田的低造价轻型及移动式平台结构及工艺流程等。面对上述挑战，中海油的对策有两个基本点，即一个在国内、一个在国外。一方面，首先要调整中海油内部的科技力量，使其高效运转发挥更大的作用；另一方面，要通过对外合作，尽快引进海洋勘探开发急需的而国外已经成熟的技术，使科技尽早转化为生产力和经济效益。

三、海洋钻井技术发展展望

从世界近年来钻井技术的发展趋势来看，每一项钻井技术的重大进展都对应着某项高技术的引入。钻井主导技术的发展实质上是把钻井、录井、测井与信息技术四者集成于一体，最大限度地提高油气层的发现率、提高单井产量、缩短钻井周期、降低“桶油成本”。

钻井发展总的趋势就是不断满足勘探开发需要。钻完井工程将作为油气勘探开发的一个重要环节、一种必要手段，已经由传统的建立单一的油气通道发展到采用钻井手段来实现勘探开发地质的各种目的，以提高单井产量和最终采收率。一个高效的钻井系统将在油气勘探开发中扮演越来越重要的角色，目前钻完井技术的发展趋势主要如下：

（1）以提高勘探开发的综合效益为目标，向有利于发现新油气藏和提高油田采收率方向发展，水平井、多分支井、水平多分支井技术由于进一步提高了油藏暴露面积、有利于提高采收率、降低吨油开采成本，而得到了推广应用。国外在多分支井和鱼骨井基础上还提出了最大储层有效进尺的概念，即利用钻井手段提高储层段的进尺，大幅度提高单井产量。

（2）以信息化、智能化为特点，向自动化钻井方向发展。

（3）向深水、深井、超深井等方向发展。

目前，世界钻井技术向深水及深井不断发展，最大井深为12869m，对于深水钻井更是当前世界钻井技术中的热点。

（1）海洋油田勘探开发逐渐从常规水深走向深水（＞500m）以及超深水（＞1500m），与海洋深水相关的钻完井新技术不断出现，得到推广应用，如SMD技术等。

（2）深水钻完井设备有向大型化发展的趋势，大型深水钻完井装备的发展水平在一定程度上代表一个国家或者公司深水油气勘探开发的技术实力。

（3）随着水深的增加，深水钻井的费用急剧增加、风险增加，世界各国越来越重视深水油气安全研究，安全、环保、节能已经成为世界各国及各石油公司的普遍共识。

（4）深水钻完井发展的另一个重要趋势是向自动化、智能化发展，如智能完井技术已经成为深水钻完井的核心技术之一。

深井、超深井钻井技术是一个国家综合钻井技术水平高低的标志之一。深井钻井技术发展将围绕加快钻井速度这一目标，进行深井配套技术、工具研究，主要包括钻机、钻头、井下工具、钻井液等方面。

四、中国海洋石油装备技术研发应用现状

当前，中国海洋油气勘探开发主要集中在大陆架区块，油田作业水深正常小于300m，钻井深度在7000m以内，水下生产系统设备几乎全部依赖进口，海洋原油发现率仅为18.5%，天然气发现率仅为9.2%。作为中国具有国际竞争力的海洋石油公司，截至2012年，中海油拥有平台的基本情况如下：固定平台65座，自升式平台9座，半潜式平台3座，浮式生产储存卸货装置14座。从海洋装备发展历史来看，中国海洋石油装备的研制始于20世纪70年代初期。80年代后，中国在半潜式钻井装备研制方面有所突破。进入21世纪，尤其是近几年来，中国加大了海洋油气资源的勘探开发及石油钻采装备的研发更新力度，海洋装备技术有了较快发展。

从中国海洋装备造船业基本情况分析，当前中国还没有一家真正意义上的专门从事海洋石油钻采设备的专业造船公司。但就平台建造而言，国内目前具有一定研制基础和建造经验的公司主要包括沪东中华造船（集团）有限公司、上海外高桥造船有限公司、江南长兴造船有限责任公司、青岛北海船舶重工有限责任公司、大连船舶重工集团有限公司等。沪东中华造船（集团）有限公司是国内第一家年造船总量突破100×10^4t的企业，曾完成中国第一艘双体钻井浮船“勘探1号”的建造，并建造过4200m^3 LPG船、“胜利3号”坐底式钻井平台等。

从海洋装备研究机构情况来看，中国专门从事海洋装备研究的机构较少，具有系统研究海洋石油钻采装备的机构则更少。就单元技术而言，主要研究单位包括上海七〇八所、上海交通大学、大连理工大学、中国石油大学（华东）等。

从中国海洋石油装备制造情况来看，生产成套海洋石油钻机、海洋水下生产系统等具有较大影响和规模制造能力的企业相对较少。宝鸡石油机

械有限责任公司能够设计制造1500~12000m的成套陆上或海洋钻机、大功率钻井泵等产品。近年来，该公司已先后承担并完成了中海油惠州、春晓、番禺30-1、南堡35-2及CPOE61、CPOE63等多个项目钻、修井机模块的研制工作，为中国海洋石油成套装备的发展打下了良好的基础。

近40年来，尤其是进入21世纪后，中国无论在陆地还是海洋石油钻采装备发展方面，均取得了长足的进步。但就海洋石油钻采装备技术发展而言，中国与世界发达国家之间还存在多个方面的差距，主要体现在以下5个方面：

（1）海洋石油装备专业化程度偏低。

与西方发达国家相比，中国在海洋钻采设备制造方面的专业化程度较低，集团化、国际化程度较差，企业技术投入少，自我创新意识比较淡薄。例如，美国National Oilwell Varco公司是当前国际著名的石油钻采装备企业，其产品范围几乎覆盖了从常规陆地钻采、特殊地域钻采、海洋水上、海洋水下等全方位、全地貌各种类型的石油钻采装备产品，发展规模位居世界石油钻采装备之首。

（2）海洋石油装备数量少、类型单一。

据统计，世界上目前正在使用的钻井平台约580座，如果加上各种采油平台、采油船等，则数量更多。其中的平台形式包括各种新型TLP平台、SPAR平台、顺应式平台及其他多功能综合性平台等，形式多样、品种齐全。相比较而言，中国当前的情况则较差，已经投入使用的海洋油气钻采装置仅37座，且以导管架式、坐底式、自升式等结构为主，其结构简单、功能单一。

（3）海洋石油装备适应水深、钻深能力较差。

2004年，全球半潜式平台数量猛增至183座，尤其水深在1829m（6000ft[1]）以上的有31座，而水深在2286m（7500ft）以上的有16座，最大工作水深已达3048m（10000ft），海洋钻井提升设备的提升能力达到12500kN，钻井深度超过10000m。中国海洋石油钻井至今还没有涉足深水领域，1984年，上海造船厂建造的“勘探3号”最大适应水深还不足

[1] 1ft=0.3048m。

300m。至于设备提升能力及钻井深度，则差距更大，当前中国用于海洋的国产化钻井设备的提升能力仅4500kN，钻深能力未超过7000m。

（4）海洋石油装备配套基础差、能力不足。

在石油钻采装备的配套基础方面，中国在动力、控制及设备综合配套能力等多个方面均与世界发达国家存在较大差距。例如，国内钻机上使用的柴油机、变频器、井口机械化工具、顶部驱动装置等均从西方发达国家进口；在海洋钻井控制系统方面，海洋钻井平台上使用的钻杆、隔水管，海洋水下设备自动输送、安装、起吊装置，平台双井架，DP3动力定位，双井口自动钻井及钻杆等设备起下系统，海洋钻井升沉补偿装置等，国外使用历史均在10年以上，而国内至今仍处于分析研究阶段；至于海洋深水关键设备，至今则仍处于空白状态。

（5）海洋石油装备研究机构少、投入不够。

中国至今还没有一个专业分布面广、系统研究性比较全面、综合能力很强的海洋石油装备研究机构。上海七〇八所对船体结构研究有一定基础，但受行业限制，该所缺乏石油钻采装备及钻井工艺方面的专业基础；宝鸡石油机械有限责任公司对成套钻机研究具有非常成熟的经验，但在海洋平台和控制技术研究方面缺乏必要的基础和资源。此外，投入方面存在3个主要问题：一是关键试验设施、试验设备、设计软件比较缺乏；二是从事专业研究的技术人员少、科技开发投入不足；三是企业、油田承担风险的能力较差，从而导致中国海洋石油装备的发展受到了较大限制。

五、中国海洋石油装备发展展望

1. 中国海洋平台装备发展展望

未来海洋石油竞争的热点是深水技术领域，平台的发展主流为半潜式结构。多年来，中国海洋油气资源的开发虽然主要集中在水深200m以内的近海海域，尚不具备超过500m深水作业的能力，但中国在海洋平台建造方面积累了丰富的经验，已表现出强劲的发展势头。据统计，中国当前正在建造的各种平台包括“海洋石油942”自升式移动平台、“中油海7号”“中油海8号”“中油海9号”“中油海10号”自升式移动平台、“海洋石油901”自升式多功能平台、“海洋石油902”自升式多功能平台、“中油海62”自升式移动作业平台及“中油海33”坐底式移动作业平台等10多种。目前，中海油已具备了寻找复杂地质条件下大中型油气田、自营开发海洋油气田、在海洋专业技术领域参与国际竞争、开发海外油田的海洋石油勘探开发四大能力。在2004年由中海石油研究中心牵头承担的国家863课题“深水油气田开发工程共用技术平台研究”项目和2006年中国石油集团海洋石油工程公司牵头承担的国家863项目“深水半潜式钻井平台关键技术”课题中，平台设计采用先进的DP3动力定位系统，其技术已达到国际第6代半潜式平台的水平。此外，由大连重工·起重集团有限公司自主研发建造，号称世界第一吊的2×10^{4}t桥式起重机已在烟台来福士海洋工程有限公司竣工启用。这些成绩的取得，标志着中国的深海油气开发已进入一个崭新的历史时期。

2. 中国海洋钻修井模块发展展望

海洋钻修井模块作为海洋油气勘探开发的主要组成部分，将朝着高适应性、大功率、大载荷及自动化控制等方向发展。一般来说，与固定式、自升式平台配套的钻修井模块，除要求具有较高的可靠性、耐腐性、安全性外，与陆地钻修井机相比并无太多的技术难点和制造难度；而用于深水半潜式平台上的钻修井模块仍面临着对特定作业环境、适应新型钻探工艺要求、设备自身能力、升沉补偿要求、自动化水平等多个方面的技术问题。尽管如此，对于适应海洋深水勘探开发要求的钻修井模块，宝鸡石油机械有限责任公司等企业已具备一定的实力和开发配套条件。国内其他单位正在研究双梯度钻井工艺技术、钻完井关键技术等，这些均为中国今后从事海洋钻采装置及海洋深水勘探开发提供了良好的条件。可以设想，随着深水、特深水平台的国产化发展及世界海洋深水事业的不断进步，未来20年内，中国在海洋钻修井模块的建造技术及新型钻井工艺技术应用方面将会走在世界前列。

3. 海洋水下钻采装备技术发展展望

海洋水下钻采装备主要包括海洋立管、水下井口、井控装置及海洋集输系统等。由于海洋水下钻采设备具有高投入、高风险、高技术等特点，因此长期以来其技术一直被发达国家所垄断。中国在海洋水下装备的研究开发方面起步较晚，可以说才刚刚开始。为了尽早达到中国“主要深水钻井装备系统国产化，为关键海洋工程配套产品产业化打下基础”的目标，近几年来，宝鸡石油机械有限责任公司、中海石油研究中心、华北石油荣盛机械制造有限责任公司等单位已着手海洋水下装备研究和探索，并各自确立了“十一五”和“十二五”期间的研发目标。在今后的5~10年内，中国必将在海洋立管、钻井隔水管、水下防喷器、水下井口采油树、水下管汇等多个单元技术上取得重大突破，同时也会在今后的20年内实现基本海洋水下装置的国产化。

经过近30年的学习、探索和实践，中国海洋石油已经积累了丰富的海洋作业经验，为进军深水奠定了坚实的基础。随着南海合作深水油气田的勘探开发和海外深水项目的实施，中国从学习入手，采取“边学、边干、边沉淀、边完善”的方式，通过结合国家重大专项、中海油投资作业的生产性研究、国外知名专业公司的重点关键技术研究以及自主完成设计与实践的机遇，基本掌握了深水钻井作业技术并形成了一定的技术沉淀。2010年，使用自主技术在非洲赤道几内亚深水钻探项目的成功实施，标志着中国海洋石油工业向深水迈出了坚实的第一步。

“十一五”期间，中海油开始打造一支由深水半潜式钻井平台“海洋石油981”、深水物探船“海洋石油720”和深水铺管起重船“海洋石油201”等组成的深海联合作业舰队，特别是2011年中国第一艘具备3000m水深钻探能力的深水半潜式钻井平台——“海洋石油981”的建成，极大地推动了中海油深水事业的发展，为实现“深水大庆”的宏伟目标提供了强有力的保障。

第三节　石油保险的起源与发展

一、世界石油保险的起源和发展

美国人第一次在陆地上钻出石油是在1859年，至今有160多年的历史了，但是从海底下钻探石油处于20世纪50年代后，到现在有60多年的历史。美国人开始也只是在墨西哥湾沿海浅滩、沼泽地和湖泊地上作业。这些地方水很浅，最多几米深，退潮时海底露出水面，因此那时的钻井设备和陆地的设备差不多，同样是安上井架和钻井机打井。但在技术上比陆上困难，由于要在水上作业，风险较大，投资也较多。在此时期，石油勘探开发保险业务都是由美国非水险市场承保的。

经过二三十年的发展演变，石油公司开始将陆地钻机安装在驳船上，然后将此“特殊”设施拖到较深的水域进行钻井作业。海上作业的范围扩大了，在水深几十米、几百米的地方作业，离开海岸距离又远，情况就大不一样。现代化的海洋石油开发作业的特点就越来越突出，一是技术复杂，二是投资多，三是风险巨大。美国非水险市场的承保人对这样的作业以及最先进设备的风险不了解，拒绝扩展承保类似的钻井作业以及相关设备。美国石油公司因而向美国的水险市场联系投保事宜，但是水险市场的承保人也没有遇见过这样的情况，并且船舶险标准保单承保的风险不适于这些特殊的钻井作业和设备所面临的风险，因此美国水险市场也不能提供有关这类作业和设备的风险保障。最后，美国石油公司来到了英国伦敦劳合社保险市场。劳合社以接受非常规风险而在世界保险领域享有盛誉。当时，劳合社有 4 个承保人和两三个保险经纪人预见到这种作业将是具有巨大潜力的工业，因而一个全新的保险险种几乎在一夜之间就诞生了。

近几十年来，近海石油勘探、开发和生产技术已经发展成为一个崭新的技术领域，其变化和发展速度之快，可以与 20 世纪 60 年代到 70 年代初把人类送上月球的技术发展相媲美。伴随石油工业技术发展而来的世界保险市场顺应形势，为近海石油作业提供多方位的风险保障。目前，虽然海上石油保险仍属于水险市场范畴，但已经作为一个特殊的险种从船舶保险和货物运输保险分离出来。在劳合社保险市场上，有专门的承保人从事此类业务的承保工作，承保规则和方式也具有其特殊性。

二、中国石油保险的历史与发展

随着中国对外合作勘探、开发近海海域石油资源事业的发展，外国石油公司资本开始进入中国市场，此举大大加快了中国海上石油勘探开发进程，同时也把保险的观念带给了中国的近海石油工业。1979 年 7 月 1 日，在第三届全国人民代表大会第二次会议上通过的《中华人民共和国中外合资经营企业法》第 8 条规定：“合营企业的各项保险应向中国的保险公司投保。”此规定为中国人民保险公司开办石油保险业务提供了有利的法律依据。

为了认真贯彻合资法规，为中国石油勘探开发作业提供更大的保障，中国人民保险公司从 1980 年开始开办石油保险业务。同时应中海油邀请，参与了该公司的对外招标总合同文本中有关保险一章的制定工作。之后又作为中国石油开发公司的保险顾问参与了中国陆上石油对外合作总合同文本的制定工作。中国人民保险公司的第一张石油保险单是由当时的中国人民保险公司国外业务部签发的，承保法国道达尔公司在南中国海进行的钻井作业风险。当时，中国人民保险公司保险部边工边学边干，参考、借鉴伦敦劳合社通行的石油保险条款，结合中国实际情况，拟定了公司自己的基本条款，并在实践中被中外石油公司以及国际再保险市场所接受。中海油自 1982 年开始在渤海、东海和南中国海进行对外合作招标活动，吸引了几乎所有的国际著名石油公司来中国进行海上石油作业。为了向中外石油公司提供及时、便利的服务，进一步拓展石油险业务，中国人民保险公司自 1983 年开始将该业务的出单权下放给广东省、上海市和天津市分公司。但是由于该险种保额高、风险集中、技术复杂，受再保险市场承保能力波动大的影响，因此保险条件、费率和条款仍然由总公司控制。随着对外合作勘探、开发海洋石油工业的发展，中国人民保险公司的石油保险业务也从 1983 年、1984 年进入了发展、繁荣阶段，年保费收入由开创阶段的几十万美元提高至 1984 年的上千万美元，1994 年达到 1500 多万美元。先后承保了意大利的 AGIP 公司（现在为埃尼公司），美国的埃索公司、德士古公司、雪佛龙公司、美国大西洋里奇菲尔德公司、菲利普斯石油公司，英国的 BP 公司，法国的道达尔公司、埃尔夫石油公司，以及日本的日中石油开发株式会社、出光、理北等 20 多家石油公司作业的有关风险。还为国内外的承包商、分承包商提供保险服务和风险保障。另一方面，通过保险赔偿为中外石油公司解决了因保险事故造成的资金困难，发挥了经济保障作用，支持了中国石油开发事业的发展。例如，1983 年 11 月 23 日美国大西洋里奇菲尔德公司租用的美国环球钻井船“爪哇海”号在南海莺歌海域作业时由于台风袭击而沉没，钻井船上 81 名中外人员丧生，造成经济损失 500 多万美元，中国人民保险公司保险经济赔偿 1000 多万美元；1986 年，赔偿法国道达尔公司井喷事故600多万美元；1995年10月发生的南海CACT作业者集团所属的惠州22-1油田浮筒翻侧事故，赔偿800多万美元；1998年发生的东海平湖油气田建造阶段的海底管线事故，支付赔款2500多万美元。

时至今日，中国人民保险公司承保的石油险险种30多个，覆盖石油作业各个阶段的有关财产、责任、钻井作业以及建造方面的风险，保险标的包括开采石油、天然气的各类浮式钻井平台船舶、以生产为目的的永久性的固定式平台以及相关的生产设备、深海采油设施、人工流动的或固定的装卸岛、输油气管线、电力供应电缆、陆地终端等。

海上石油开发耗资大，风险集中，技术复杂，这些巨大的风险由石油公司、承包公司支付一定的保险费将其不定期的损失转嫁给保险公司。中国人民保险公司也与世界上其他保险公司一样，通过国际间分保把巨灾风险分散到世界各地，以加强公司经营业务的稳定性。在直接承保业务发展与成熟的同时，中国人民保险公司也建立起安全有效的石油险再保险体系，利用伦敦国际保险市场与各国实力雄厚的保险和再保险公司、石油公司的自保公司建立了稳固的石油业务分保关系。分保合同的责任限额已达到每次事故1亿美元。一旦发生损失事故，保险赔款由参加分保合同的再保险公司按照接受分保的比例进行分担，把巨灾风险转化为无数的小额赔款支付。

三、世界石油保险市场

1. 世界主要石油保险市场

提供海上石油勘探开发保险的保险市场首推英国劳合社。300多年前，以伦敦城一家船主们聚会的咖啡店为基础的劳合社，今天已经发展成为世界最重要的保险市场。海上石油保险业务的主要市场是劳合社水险市场，由劳合社水险市场的辛迪加和有限责任公司组成。大多数的承保公司是"伦敦承保人协会"（Institute of London Underwriters）的会员。20世纪60年代，伦敦保险市场绝大部分的承保能力来自劳合社。即使后来其他国际市场积极参与承保能源保险业务，但是劳合社的市场份额占有率很少低于60%~65%。除伦敦劳合社以外，还有一些国际市场参与承保海上石油与天然气勘探、开发业务，这些市场主要集中在斯堪的纳维亚、北美和欧洲。

斯堪的纳维亚市场主要由挪威的承保人组成，如Uni-Storebrand，此外还有来自丹麦和芬兰的承保人。

北美市场主要位于美国纽约，主要承保人包括AIG、Reliance和AAMS等。另一个是以休斯敦为中心的美国南方地区的能源保险市场，但这个市场仅以超赔（Surplus line）形式承保田纳西州、路易斯安那州和美国其他产油地区的业务，并且承保公司只留很小的风险，大部分风险安排在伦敦劳合社和其他市场。

欧洲市场信誉卓著，以做再保险业务著称，尤其是德国和瑞士，以合同或超赔形式为直接保险市场提供承保能力，但法国是一个例外，以做直接业务为主。欧洲市场主要承保人有Scor、Munich Re、Axa Re和Swiss Re等。

除上述国际市场以外，还新兴起了一些市场，如中东、远东和太平洋地区，市场包括Trust、ARIG等，但这些地区的承保能力很有限。

2. 石油公司自保公司

石油公司本身也通过其自保公司的形式为世界保险市场提供可观的承保能力。由于石油公司不断发展壮大，建立了自己的资本市场，石油公司通过参与多种商业领域的活动使其资产得到发展和扩充，因此越来越有能力独立承担更多的风险。通常，石油公司采取建立自保公司的方式来承担和管理其有关财产和责任等方面的风险，自保公司一般设立在税收政策优惠的国家和地区。自保公司承担风险的方式有两种：一种是参与承保与其母公司投资比例相当的风险，如其母公司对某个项目的风险投资是30%，则自保公司承保30%比例的风险。另一种方式是提高保单的免赔额。当今，大多数自保公司本身已经成长为跨国公司，无论在石油工业领域，还是在其他领域，风险管理和经营水平都很高。它们除参与母公司的各类险种的直接承保活动外，还承保“第三方”的保险，这里的“第三方”是指其母公司投资风险比例以外的风险。它们也有自己的保险关系网。

由于石油工业历史上与百慕大地区渊源很深，再加上百慕大地区的税收政策非常优惠，因此设立在此地区的自保公司的数量要比其他国家或地区多得多。全世界约有3600个自保公司，而注册在百慕大地区的有1200多个。世界著名跨国石油公司的自保公司在百慕大注册的有德士古公司的自保公司Heddington、埃索公司的自保公司Ancon、雪佛龙公司的自保公司 Bermaco 等。此外，百慕大也是石油公司互助组织“石油保险互保公司”的所在地。

3. 国际石油互助组织

石油互助组织是由石油公司组成的，共同承担“特殊风险”的机构。所谓特殊风险，就是指常规保险市场不愿意承保的风险，或者是赔付纪录特别差、市场的承保能力收缩、保险费极高的风险。1971 年，正值保险市场在油污责任保险方面承保能力严重不足，许多石油公司不得不用高额的保险费购买海上财产和井喷控制费用保险。因此，第一个由多家石油公司发起的行业互助组织“石油保险互保公司”（Oil Insurance Limited，英文简称 O.I.L）成立了。此后，又成立了 O.I.L 的姐妹公司“石油责任保险互保公司”（Oil Casualty Insurance Limited，英文简称 O.C.I.L）。这两个互助组织都积极参与石油保险领域的承保活动。此外，还有许多船舶方面的互助组织，即有名的船东保赔协会，如 Gard、UK（United Kingdom）、西英 West England 等保赔协会。这些保赔协会为大量的商用船舶及钻井平台提供责任方面的风险保障。其承保的责任非常宽泛，包括油污责任，有些保赔协会除承担责任险外，还承担船舶本身的风险。

4. 保险经纪人

大多数的石油保险业务是通过保险经纪人在市场上安排的。尤其在伦敦劳合社，所有辛迪加承保任何业务都必须通过劳合社注册的经纪人。英国的“操行法典”（Code of Conduct）规定，经纪人是被保险人的代理人，经纪人代表被保险人购买保险并为被保险人提供保险咨询服务。一些大的保险经纪公司（如 Marsh、Aon、Willis 等）均拥有各个相关险种的专业技术人才，业务范围除了为被保险人安排风险，还为被保险人提供风险管理和保险咨询顾问服务。小的经纪公司通常专门从事某个险种的业务，如在能源市场就有专门从事石油与天然气勘探、开发保险业务的经纪公司。伦敦的经纪人由于背靠巨大的保险市场，因此往往是做“批发型”业务。而英国以外的业务通常由石油公司总公司所在地的经纪人操作，业务也比较零散，因此这样的经纪人被称为“零售型”经纪人。通常，这样的“零售型”经纪人是“批发型”经纪人的下属公司。当然，有些“零售型”经纪人是独立的，但他们也将自己拥有的业务通过劳合社经纪人安排到伦敦市场上。

劳合社经纪人通常用分保条（slip）方式在市场上进行风险安排。分保条上列明了相关风险的主要情况说明。如果承保人决定接受该风险，则其会在分保条上签字盖章，注明承保比例，该比例被称为“line”。在此之前，承保人根据经纪人提供的风险分析与评估报告进行报价，有关价格方面的谈判是在经纪人和某一个承保人之间进行的。当双方对保险条件、条款及费率达成一致意见后，承保人就承保该项目，该承保人就成为保险单的首席承保人（leader）。首席承保人由经纪人确定，通常那些在市场上享有很高的声誉和威望的承保人才能成为首席承保人，如在海上石油业务领域的首席承保人有劳合社的 Wellington、德国的 Munich Re、法国的 Scor、挪威的 Uni-Storebrand。在首席承保人承保该业务后，经纪人再在市场安排剩余比例的风险，如果其他专职承保石油保险的承保人愿意跟从首席承保人的条件承保此业务，就同样在分保条上签字、盖章并注明承保比例。但是，海上石油保险的保险金额一般都很高，而市场承保能力有限，有时需要整个市场的支持，因此一个项目有上百个承保人也不足为奇。

经纪人在市场上安排风险时通常会超出预定比例的一定额度，一般超出 10%，其目的在于吸引更多的承保人参与承保该险种，为以后顺利安排风险做准备。当然，对于项目本身，最终的比例还是 100%，经纪人只要将每个承保人报出的份额降低一点比例就可以了。

5. 石油保险主要再保险方式

各国海洋石油和天然气的开发中，不但设备投资巨大，而且风险特别集中。作业中财产、责任和费用的损失都有可能达到其风险投资人或利益人（石油公司、作业人、承包人等）无法负担的程度。例如，1988 年 7 月 6 日，北海“帕玻尔·阿尔法”固定式平台爆炸起火事故是世界海上石油工业严重的灾难。全部损失 15 亿美元，除造成 167 人死亡、65 人受伤的人身伤亡，还包括 8 亿美元的财产损失、2000 万美元的井喷控制费用、5000 万美元的重钻费用、5000 万美元的清除残骸费用、700 万美元的清除油污费用、1000 万美元的套管损失和 800 万美元的管线损失等。因此，直接承保公司都通过国际分保，将风险分散到世界各国的保险市场。海洋石油开发保险完全是一种国际性的保险业务。

直接保险公司一般都有一个再保险网络，以使直接业务的保险人增加其承保能力。建立有效、可靠的再保险体系有许多方式和技巧，但以几种类型的“比例再保险合同”（Proportional Treaty）为主。此类合同是由直接承保的保险公司将其承保的风险按再保险合同约定的比例将风险转移给再保险人，同时支付相应的分保保费。比例再保险合同有两种方式：一种是成数分保合同（Quota Share Treaty），它是缔约双方约定某一种业务的每一危险单位固定的百分比。对于约定的业务，分出公司一律按此比例分出，接受人必须按比例接受，自动生效，不必逐笔通知和办理手续。发生的赔款也按比例推算。中国人民保险公司目前即采用该种分保方式。另一种是溢额分保合同（Surplus Reinsurance Treaty），它是以保额为基础，由分出公司先确定每一危险单位自己承担的自留额，当保险金额超出自留额时，才将溢额部分办理再保险。以分出人的自留额和再保险额为基础而确定的每一危险单位的自留额和再保险额之间的比例，分别称为自留比例（或自留成分）和分保比例（或分保成分）。自留比例和分保比例根据每一标的保额大小而变动，因此两者比例逐笔不同，保费和赔款也就相应变化。

此外，还可以采取非比例再保险方式（Non-proportional Reinsurance）。非比例再保险方式不是按保险金额作为计算自留额和分保额的基础，而是以赔款金额来确定自留额（也称自负责任），也就是说，先确定一个由分出人自己负担的赔款额度，对超过这一额度的赔款才由分保接受人承担赔偿责任，并无比例关系。超额赔款（Excess of Loss）是非比例再保险的通称，其分保方式也有很多，在此不再详述。

第二章 >>>

风险管理与保险基础

风险是人类生存过程中不可避免的，我们生活在一个充满风险的世界中，无论在空间上还是在时间上，风险都不以人的意志为转移，是始终存在的。风险是发生不幸事件的可能性，是损失发生的不确定性和可能性。保险界有一句至理名言“无风险就无保险”。这表明风险与保险之间存在着内在的、必然的联系，而且风险的客观存在是保险业得以产生、确立和发展的前提。但是，保险不是唯一的处置风险的办法，更不是所有的风险都可以保险。从这一点上看，风险管理所管理的风险要比保险的范围广泛得多，其处理风险的手段也比保险多。

第一节　风险管理知识

一、风险概述

1. 风险定义

风险的基本定义为某种事件发生的不确定性。只要某一事件的发生存在两种或两种以上的可能性，那么该事件即存在风险。从风险的一般含义可知，风险既可以指积极结果即盈利的不确定性，也可以指损失发生的不确定性。但在经济学家、统计学家、决策理论家和保险学者中，尚无一个适用于各个领域的公认的定义。关于风险，目前有多种不同的定义。

（1）损失机会和损失可能性。

把风险定义为损失机会，这表明风险是一种面临损失的可能性状况，也表明风险是在一定状况下的概率度。当损失机会概率是 0 或 1 时，就没有风险。对这一定义持反对意见的认为，如果风险和损失机会是同一件事，风险度和概率度应该总是相等的。但是，当损失概率是1时，就没有风险，而风险总应该是有些结果不确定的。

把风险定义为损失可能性是对上述损失机会定义的一个变种，但损失可能性的定义意味着风险是损失事件的概率介于0和1，其更接近于风险是损失的不确定性的定义。

（2）损失的不确定性。

决策理论家把风险定义为损失的不确定性，这种不确定性又可分为客观的不确定性和主观的不确定性。客观不确定性是实际结果与预期结果的偏差，可以使用统计学工具加以度量。主观的不确定性是个人对客观风险的评估，同个人的知识、经验、精神和心理状态有关，不同的人面临相同的客观风险时会有不同的主观的不确定性。

（3）实际与预期结果的偏差度。

长期以来，统计学家把风险定义为实际结果与预期结果的偏差度。例如，一家保险公司承保10000幢住宅，按照过去的经验数据估计火灾发生概率是1%，即100幢住宅在一年中有一幢会发生火灾，那么这10000幢住宅在一年中就会有100幢发生火灾。然而，实际结果不太可能正好是100幢住宅发生火灾，它会偏离预期结果，保险公司估计可能的偏差域为±10，即在90幢和110幢之间，可以使用统计学中的标准差来衡量这种风险。

（4）实际结果偏离预期结果的概率。

有的保险学者把风险定义为一个事件的实际结果偏离预期结果的客观概率。在这个定义中，风险不是损失概率。例如，生命表中21岁的男性死亡率是1.91‰，而21岁男性实际死亡率会与该预期死亡率不同，这一偏差的客观概率是可以计算出来的。该定义实际上是实际与预期结果的偏差的变换形式。

此外，保险业内人士常把风险这个术语用来指所承保的损失原因，如火灾是大多数财产所面临的风险；或者用来指作为保险标的的人或财产，如把年轻的驾驶人员看作不好的风险等。

2. 风险分类

风险可以用多种方式加以分类，但基本分类如下：

（1）依据风险产生的环境分类。

依据风险产生的环境，风险可分为静态风险与动态风险。

在社会经济正常的情况下，自然力的不规则变化或人们的过失行为所导致的风险就是静态风险。静态风险可以在任何社会经济条件下发生。雷电、霜冻、地震、暴风雨、瘟疫等由于自然原因发生的风险，火灾、破产、伤害、夭折、经营不善等由于疏忽发生的风险，以及放火、欺诈、呆账等由于不道德造成的风险，都属于静态风险。较动态风险而言，静态风险变化比较规则，可以通过大数定律加以测算，对风险发生的频率做统计估计推断。

由社会经济、政治、技术以及组织等方面发生变动而产生的风险就是动态风险，如人口增长、资本增加、生产技术的改造、消费者选择的变化等引起的风险。动态风险的变化往往不规则，难以用大数定律进行测算，因此，一般不为保险人所承保。

（2）依据风险的性质分类。

依据风险的性质，风险可分为纯粹风险与投机风险。

只有损失机会而无获利可能的风险即纯粹风险。例如，房屋所有者面临的火灾风险、汽车主人面临的碰撞风险等，当火灾或碰撞事故发生时，房屋所有者或汽车主人便会遭受经济利益上的损失。静态风险一般均为纯粹风险，保险公司目前仍以承保纯粹风险为主要业务。

相对于纯粹风险，投机风险是指既有损失机会又有获利可能的风险。投机风险的后果一般有 3 种：一是“没有损失”；二是“有损失”；三是“有盈利”。例如，在股票市场上买卖股票存在赚钱、赔钱和不赔不赚 3 种后果。

（3）依据风险产生的原因分类。

依据风险产生的原因，风险可分为自然风险、社会风险、政治风险和经济风险。

自然风险是指因自然力的不规则变化引起的种种现象而导致对人们的经济生活和物质生产及生命安全等所产生的威胁。地震、水灾、火灾、风灾、雹灾、冻灾、旱灾、虫灾以及各种瘟疫等自然现象是经常发生的。自然风险是保险人承保最多的风险，它具有如下特征：

① 自然风险形成的不可控制性。作为自然风险中的障碍因素，自然灾害是受自然规律作用的结果。人类对自然灾害具有基本的认识，但在一定时期对有些灾害的控制往往束手无策，如地震、山洪、飓风等自然灾害。

② 自然风险形成的周期性。虽然自然灾害的形成具有不可控性，但其却具有周期性，使人类能够对某些灾害予以防范，如夏季可能出现的涝灾和旱灾，冬季可能出现的冻灾，秋季可能出现的洪灾，春季可能出现的瘟疫流行等。

③ 自然风险事故引起后果的共沾性。自然风险事故一旦发生，后果所涉及的对象往往很广（某一地区、某一国家甚至全世界）。自然风险事故引起后果的共沾性越大，人类所蒙受的经济损失越惨重；反之，则越轻。

社会风险是指由于个人或团体的行为（包括过失行为、不当行为及故意行为）对社会生产及人们生活造成损失的可能性，如盗窃抢劫、玩忽职守及故意破坏等行为对他人的财产或人身造成损失的可能性。

政治风险又称国家风险，是指在对外投资和贸易过程中因政治原因或订约双方所不能控制的原因，债权人可能遭受损失的风险。例如，因输入国家发生战争、革命、内乱而中止货物进口；因输入国家实施进口或外汇管制，对输入货物加以限制或禁止输入；因本国变更外贸法令，输出货物无法送达输入国，造成合同无法履行而形成的损失风险等。

经济风险是指在生产和销售等经营活动中受各种市场供求关系、经济贸易条件等因素变化的影响，或经营者决策失误、对前景预期出现偏差等，从而导致经济上遭受损失的风险，如生产的增减、价格的涨落、经营的盈亏等方面的风险。

（4）依据造成的损失范围分类。

依据造成的损失范围，风险可分为基本风险与特定风险。

非个人行为引起的风险即基本风险。这种风险实际上是一种团体风险，即个人不能预防的风险。例如，经济制度的不确定性、社会与政治的变化以及特大自然灾害等造成的风险，都属于基本风险。基本风险包括纯粹风险和投机风险。

特定风险是指风险的产生及后果方面只与特定的人或部门相关的风险，如火灾、爆炸、破坏、盗窃风险，对他人财产损失及人身伤害负法律责任的风险，均属于特定风险。特定风险通常是纯粹风险，一般只影响个人或企业、部门，并且较易为人们所控制和防范。

除此之外，还存在其他的风险分类方法。例如，风险依据其是否可以有效管理可以分为可管理风险和不可管理风险两类。可管理风险是指以人类的智慧、知识及科技的有效方法予以管理的风险。不可管理风险是指以人类目前智慧、知识及科技水准均无法以任何有效措施予以管理的风险。不过，风险是否可以管理是相对的，随着科技的进步，人们认识水平能力的提高，不可管理风险也会转变为可管理风险。风险依据其是否可以被商业保险承保可以分为可保风险和不可保风险两类。可保风险是指可用商业保险方式加以管理的风险。静态风险、财产风险、人身风险、责任风险、信用风险等都是可保风险。不可保风险就是商业保险不予以承保的风险。动态风险、投机风险等都是不可保风险。一般而言，可保风险都是可管理风险，但是不可保风险却不一定是不可管理风险。不可保风险仅仅是指商业保险无法处理的风险，某些不可保风险确实可以通过其他方式加以处理。风险依据其承担的主体不同，可以分为个人风险、家庭风险、企业风险和国家（政府）风险。其中，个人风险、家庭风险和企业风险也可以称为个体风险，国家（政府）风险也可以称为总体风险。

（5）依据风险标的不同分类。

依据风险标的不同，纯粹风险又可以分为财产风险、人身风险、责任风险和信用风险。

财产风险是指企事业单位或家庭个人自有代管的一切有形财产，因发生风险事故、意外事件而遭受的损毁灭失或贬值的风险。财产风险包括财产本身遭受的直接损失风险、因财产本身遭受直接损失而导致的间接损失风险、因财产本身遭受直接损失而导致的净利润损失风险。

人身风险是指由于人的生、老、病、死的生理规律所引起的风险，以及由于自然、政治、军事和社会等方面的原因所引起的人身伤亡风险。人身风险所导致的损失一般有两种：一种是收入能力损失；另一种是额外费用损失。人是万物之灵，针对人身风险的多样性与复杂性，世界保险业目前已开办了种类繁多的人身保险险种。

责任风险是指个人或团体的行为违背法律、契约的规定，对他人的身体伤害或财产损毁负法律赔偿责任或契约责任的风险。责任风险中所说的“责任”常指法律上应负的责任，只有少数情况属于契约责任，但是无论如何，二者所指均为经济赔偿责任。例如，产品设计或制造上的缺陷给消费者造成伤害、合同一方违约使另一方遭受损失、汽车驾驶撞伤行人等都是责任风险。

信用风险是指在经济交往中，权利人与义务人之间，由于一方违约或违法致使对方遭受经济损失的风险，如进出口贸易中，出口方（或进口方）会因进口方（或出口方）不履约而受损。

二、风险管理概述

1. 风险管理定义

风险管理起源于美国。20世纪早期和中期，美国的大公司发生的重大损失使高层管理决策者认识到风险管理的重要性，其中的一次工业灾害为1953年8月12日，通用汽车在密歇根州得佛尼的一个汽车变速箱工厂因火灾损失5000万美元，这次工业灾害曾是美国历史上损失最为严重的15次重大火灾之一。第二次世界大战以来，技术至上的长期信仰受到挑战，当人们利用新的科学和技术知识来开发新的材料、新工艺过程和新产品时，也面临着技术是否会破坏生态平衡的问题。例如，1979年3月28日位于美国宾夕法尼亚州的三里岛核电站爆炸事故、1984年12月3日美国联合碳化物公司在印度博帕尔经营的一家农药厂发生毒气泄漏事故等，均说明了这一点。

在社会、法律、经济和技术的多重压力下，风险管理运动在美国迅速开展起来，并逐渐形成了一门以研究如何对企业的人员、财产和责任、财务资源进行适当保护的新的管理学科，这门学科在美国被称为风险管理。风险管理已被公认为管理领域内的一项特殊职能。在20世纪60年代至70年代，许多美国主要大学的工商管理学院都开设了风险管理课程，美国的大多数企业设置了一个专职部门进行风险管理，从事风险管理工作的人员被称为风险经理。

作为一门新兴管理科学，风险管理既包括管理方面，又包括决策方面。从管理科学的角度讲，风险管理首先被定义为计划、组织、指挥和协调企业组织的有关活动的管理过程，并在费用合理支出的基础上将意外损失后果减少到最低限度。风险管理所强调的“管理”，是与企业其他管理相联系的旨在处理潜在意外损失的管理过程。作为一门决策科学，风险管理还被定义为决策过程。风险管理的决策过程表现如下：根据企业的各项目标，识别与估计各类潜在的风险损失；分析和评价各类风险；选择风险管理技术；实施风险管理决策；评价风险管理决策及其实施效果。

综上所述，风险管理的定义可以表述为一门研究风险发生规律和风险控制技术的新兴管理科学。它是指各经济单位通过风险识别、风险衡量、风险评价等方式，并在此基础上优化组合各种风险管理技术，对风险实施有效的控制和妥善处理风险所致损失的后果，期望达到以最小的成本获得最大安全保障目标的管理过程。

2. 风险管理的特性

（1）风险管理不同于一般管理。

风险管理和一般管理在范围上有所不同，虽然二者均处理风险，但二者所处理的风险形态不同。一般管理主要处理企业所面临的所有风险，包括纯粹风险和投机风险，其主要目的在于追求利润的最大化；而风险管理在处理风险的范围上比一般管理小，主要是针对纯粹危险。具体来讲，风险管理隶属于一般管理，承担一般管理的部分责任，特别是纯粹风险部分，其主要目的在于达成损失最小化。

（2）风险管理不同于保险管理。

虽然风险管理人员是由保险管理人员演变而来的，若不仔细考虑二者所各自扮演的角色，则二者经常交互使用。为区分二者，必须就风险管理和保险管理在处理风险的形态上有何不同予以说明。

风险管理所关心的是可保风险，确切地说，风险管理的范畴在于处理纯粹危险。换言之，风险管理人员万万不可忽略不可保的纯粹风险。举例来说，在商店里的物品被顺手牵羊的损失为纯粹风险，但从经济的角度来看，顺手牵羊的损失通常不宜以保险的方式加以管理。由此可知，风险管理由于可以处理可保风险和不可保风险，因此在处理范围上比保险管理大。相对而言，保险管理通常只应用在处理可保风险。

虽然保险管理也采取保险以外的策略（如非保险性转移、自留等），但这些策略仅被视为保险的替代方案。总而言之，风险管理必须采取任何可行的策略以降低风险成本；而保险只被视为处理纯粹风险的策略之一。

风险管理以及一般管理和保险管理的比较见表 2–1。

表 2–1　风险管理以及一般管理和保险管理的比较

项目	风险管理	一般管理	保险管理
风险范围大小	次之	最大	最小
风险种类	纯粹风险	纯粹风险和投机风险	纯粹风险中的可保风险
演变阶段	最晚	最早	次之

3. 风险管理的范围

风险管理提供了系统识别和评估企业所面临的损失风险的知识，以及对付这些风险的方法。但是风险管理人员还在很大程度上依靠直觉判断和演绎法做出决策，风险管理的使用仍处于初级阶段。根据风险管理的定义，风险管理的范围可以分为以下 3 种：

（1）最广义的风险管理范围，是指经济单位可能面临的所有风险，即其不但对经济单位的静态风险予以管理，而且对动态风险也加以管理。

（2）狭义的风险管理范围，是指对经济单位的静态风险予以管理。

（3）最狭义的风险管理范围，是指仅对可保风险予以管理。

目前，一般所说的风险管理范围主要指狭义的风险管理，对最狭义的风险管理知识的系统涉及还较少。

4. 风险管理的目标

（1）总体目标。

① 营利组织的总体目标。

对于营利组织，风险会减少企业价值，对风险进行管理就是要减缓这种价值减少。企业价值是企业管理中的一个核心的问题，风险管理的目标和企业的目标是一致的，也是使得企业价值最大化。

如果将风险成本定义为企业价值的减少，则风险成本最小化和企业价值最大化就是等价的。通过风险管理使得风险成本最小化来作为营利公司风险管理的总体目标。

② 非营利组织和政府机构的目标。

非营利组织和政府机构不存在股东，并不意味着其运作没有约束。非营利组织有来自捐款者的约束，政府有来自纳税人的约束，它们要向这些委托人提供价值最大化的产品或服务。如果将风险成本看作非营利组织和政府由于风险而导致的行为价值的减少，那么它们的风险管理目标就是实现这些委托人的风险成本最小化。

③ 个人和社会的目标。

个人追求的是基于自身效用函数的个人财富最大化，风险的成本减少了个人的财富，个人风险管理的目标就是风险成本的最小化。

所谓社会的风险，也就是个人风险和企业风险的总和。综合看来，当所有的个人和企业所采取的损失控制、损失融资和内部风险抑制等手段的边际成本等于社会总期望损失成本、残余不确定性成本以及无形成本的边际减少时，就达到一种有效风险水平，此时能够实现全社会总风险水平最小化，这就是社会风险管理的目标。

（2）具体目标。

风险管理的具体目标可以分为损失发生之前的目标和损失发生之后的目标两种。

① 损失发生之前的目标。

风险管理损失发生之前的目标是企业应以最经济的方法预防潜在的损失，这要求对安全计划、保险以及预损技术的费用进行财务分析。同时，风险管理要减轻企业和个人对潜在损失的烦恼和忧虑，并遵守和履行外界赋予企业的责任。

② 损失发生之后的目标。

首先，保证企业生存。在损失发生后，企业至少要在一段合理的时间内能部分恢复生产或经营，风险管理的首要任务是维持企业的生存。

其次，保证企业经营的连续性。这对公用事业尤为重要，这些单位有义务提供不间断的服务。

再次，保证收入稳定。通过风险管理来保证企业经营的连续性和收入的稳定，从而使企业保持生产持续增长。

最后，社会责任。通过风险管理来尽可能减少企业受损对他人和整个社会的不利影响。

为了实现上述目标，风险管理人员必须识别风险、衡量与评价风险并且选择适当的风险管理策略来应对损失风险。

5. 风险管理流程

对于风险管理，首先要制订合理的风险管理计划，这是风险管理的第一步。通过制定风险管理人员的职责，确定风险管理部门的内部组织结构，以做好风险管理的控制计划。然后，进入风险管理的实施阶段。风险管理过程的具体实施步骤包括风险识别、风险分析、风险评估、选择风险管理策略和风险管理效果评价（图 2–1）。

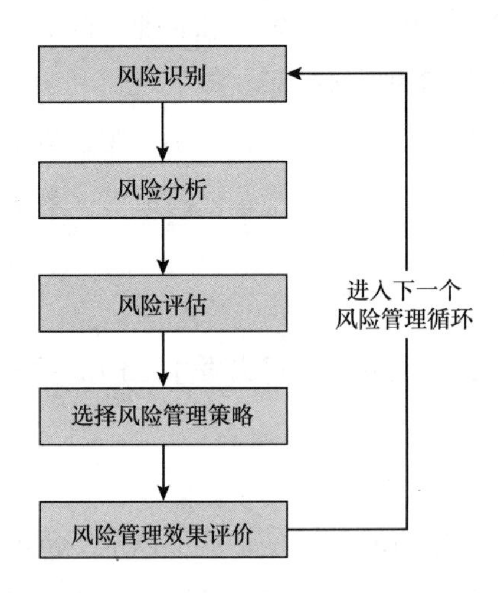

图 2–1　风险管理过程的具体实施步骤

（1）风险识别。

风险识别是指经济单位和个人对所面临的及潜在的风险加以判断、归类整理并对风险的性质进行鉴定。

（2）风险分析。

风险分析是指在风险识别的基础上，通过对所收集的大量的详细损失资料加以分析，运用概率论和数理统计，估计和预测风险发生的概率和损失程度。

（3）风险评估。

风险评估是指在风险识别和风险分析的基础上，将风险发生的概率、损失严重程度，结合其他因素综合考虑，运用定量、定性等风险评价方法，得出企业发生风险的可能性及其危害程度，并与公认的安全指标（行业的或国家的）比较，确定系统的危险级别，然后根据系统的危险级别，决定采取相应的风险管理措施。

（4）选择风险管理策略。

选择风险管理策略是指在识别分析和衡量风险的基础上，根据风险性质、风险频率、损失程度及自身的经济承受能力选择适当的风险处理方法。常用的风险管理技术包括风险自留、风险避免、损失控制和风险转移等。

（5）风险管理效果评价。

风险管理效果评价是指分析、比较已实施的风险管理方法的结果与预期目标的契合程度，以此来评判管理方案的科学性、适应性和收益性。通常采用的方法是效益比值法，即效果与成本的比值。如果效果与成本的比值小于1，则效果不佳，不可取；反之，则可取。

三、风险管理策略

根据风险评价结果，为实现风险管理目标，选择最佳风险管理策略是风险管理中最为重要的环节。

1. 风险管理策略概述

风险管理策略是指企业根据自身条件和外部环境，围绕企业发展战略，确定风险偏好、风险承受度、风险管理有效性标准，选择风险自留、风险规避、风险转移、损失控制等适合的风险管理工具的总体策略，并确定风险管理所需人力和财力资源的配置原则。风险管理策略是风险管理的“龙头”。

风险管理策略提出了对战略目标进行风险分解的要求，即确定单个重大风险的管理对实现战略目标的贡献程度，为企业具体的风险管理提供更为明确甚至是量化的目标，以及可操作的方法和程序。

2. 风险管理策略的要素

（1）风险偏好和承受度。

风险偏好和承受度是指企业愿意承担哪些风险，以及可以承担这些风险的水平。明确风险的最低限度和不能超过的最高限度，并根据风险预警线采取相应的对策。确定风险偏好和承受度，要正确认识和把握风险和收益的平衡，防止和纠正忽视风险，片面追求收益而不讲条件、范围，认为风险越大、收益越高的观念和做法；同时，也要避免单纯为了规避风险而放弃发展机遇。

（2）风险应对策略。

一般情况下，对战略、财务、运营和法律风险，可采取风险自留、风险规避、风险控制等方法。对能够通过保险、期货等金融手段进行理财的风险，可以采用风险转移、风险补偿等方法。对不同性质和特点的风险采取的应对策略不一样，如宏观经济等战略类风险可采取规避、控制等策略；而对于灾害性风险或利率和汇率风险等，则可采取控制、理财等策略。对于影响程度高但发生概率小的风险，可采取规避、分担、控制等策略；而对于影响程度小但发生概率高的风险，则应以日常控制策略为主。同时，在实际工作中，企业应注重采取多种策略的组合来应对某一类风险，以达到更好的管理效果。

公司和企业应根据风险与收益相平衡的原则以及各风险在风险坐标图上的位置，进一步确定风险管理的优选顺序，明确风险管理成本的资金预算和控制风险的组织体系、人力资源、应对措施等总体安排。

企业应定期总结和分析已制定的风险管理策略的有效性和合理性，结合实际不断修订和完善。其中，应重点检查依据风险偏好、风险承受度和风险控制预警线实施的结果是否有效，并提出定性或定量的有效性标准。

3. 常用的风险管理策略

常用的风险管理策略主要有风险规避、损失控制、风险转移和风险自留。

（1）风险规避。

① 风险规避的定义。

风险规避简称避险，是指人们有意识地避免某种特定的风险。风险规避通常采取两种方式：第一，根本不从事可能产生某特定风险的任何活动。例如，为了免除爆炸的风险，工厂根本不从事爆竹的制造；为了免除责任风险，学校彻底禁止学生从事郊游活动等。第二，中途放弃可能产生某特定风险的活动。例如，某企业原定在海外投资设厂，后因投资国爆发战争而临时终止该项投资设厂计划。如此，免除了因设厂可能带来的政治与战争风险。又如，学校原计划举办教职员旅游活动，之后，因临行前一天获知台风警报，学校宣布取消该项旅游活动，免除了可能带来的责任风险。

② 风险规避的限制条件。

采取风险规避是风险管理的策略之一，有其一定的使用条件和限制。运用上，必须注意以下几点：

第一，当风险可能导致的损失频率和损失幅度极高时，采用风险规避的策略是明智的决定。

第二，当采取其他风险管理策略所付出的代价甚高时，可考虑风险规避。

第三，风险规避并非永久可行，某些风险是不可避免的。例如，死亡风险、全球性能源危机等的风险不可采用风险规避的策略。

第四，风险规避是最简单也是最消极的风险处理方法。在完全规避风险的同时，通常也意味着放弃了一部分未来的收益风险，一味地以规避处理，对公司而言，赚钱机会等于零。

第五，风险规避的效应有其一定的范围。规避了某风险，可能面对另外的风险。例如，油田企业为提高采油效率，引进大量采油新技术，大大提高了采油效率，为企业的创收做出了贡献，但是却面临工作人员对引进的新技术不熟悉、误操作增加等风险。

（2）损失控制。

① 损失控制的定义。

损失控制是指人们采取行动降低损失的可能性和严重性。例如，为了降低感染流行性感冒的风险，人们可以采取合理的饮食、多运动、远离易感人群等措施。损失控制是风险控制中最重要的措施。

损失控制可以是在损失发生之前、之中和之后进行，包括损失预防和损失抑制。损失预防是指在损失发生之前为了消除或减少可能引起损失的各项原因所采取的具体措施。损失控制是指在风险事故发生时或发生后，采取措施减少损失发生的范围和损失的程度。损失抑制的重点在于减少损失的程度。

与风险规避不同，损失控制中损失预防是积极改变风险特性的措施。

例如，大楼建设在施工前、设计时，要考虑耐震与防震的问题。

② 损失预防与损失抑制。

依据控制目的不同，损失控制可分为损失预防和损失抑制。前者以降低损失频率为目的，需要注意的是，预防只要求“降低”并不强调降低至零，因此有别于风险规避；后者以缩小损失幅度为目的。因此，预防与抑制，在目的上有差别。

从概念上明确区分损失预防和损失抑制是必要的，但实际上两者关联密切，很难区分。例如，某公司安全手册中规定，公务车不得超速行驶。此安全规定产生的效应，很难区分为预防或是抑制。限速固可减少车祸的发生，然而如不幸发生，伤亡损失也得以缩小。如着眼前者，该属预防；如着眼后者，该属抑制。再如，为了防止火灾，厂房内禁止吸烟。表面上看，应属预防，这是因为禁止吸烟可降低火灾发生机会。然而，从某特定期间累计总损失来观察，禁止吸烟措施却有缩小累计总损失的功效。因此，禁止吸烟也应该被视为抑制。基于以上两例，预防和抑制实际上无须明确区分。其实，事前的防灾就是为了事后的减损，因此两者有同时存在的特性。

损失抑制的另一种特殊形态称为风险隔离，即风险分散和复制。概率论的大数法从理论上对风险隔离提供了方法，就是“不要把所有的鸡蛋，放在同一个篮子里”，以增加风险单位的数量。风险分散的效应在于风险得以分散，降低了风险的暴露面与机会。通过将某个事物或作业程序区分成几个部分，增加风险单位，尤其是同质风险单位数量越多，使对未来损失的预测就越接近实际损失。

与分散风险单位的方法不同，复制风险单位是增加风险单位数量，不是采用“化整为零”的措施，而是完全重复生产备用的资产或设备，只有在使用的资产或设备遭受损失后才会将其投入使用。例如，企业设两套会计记录，储存设备的重要部件，配备后备人员。

虽然风险隔离并不像通常的损失抑制那样特别强调以缩小损失幅度为目的，但是其仍有缩小损失幅度的功效。风险隔离可以降低经济个体对特定事物或人的依赖程度。通过风险隔离，可使企业对未来的预测更为准确。

（3）风险转移。

风险转移是将自己承担的风险部分或全部转移给其他个人或单位去承

担的行为。风险转移根据转移方式的不同可以分为两种：一种是通过保险方式转移风险；另一种是通过非保险方式转移风险。不管何种途径，不外乎牵涉两位当事人——转移者和承受者。通过保险转移即为保险理财，承受者则为保险公司。保险方式的风险转移是通过向保险公司进行投保来转移风险。

① 保险方式的风险转移。

风险存在于人类生产与生活中的方方面面，给人们的生产、生活造成不同程度的威胁。人们很自然地产生对风险管理的需要，以减少其发生的频率和损失。为了规避风险损失，人们采取各种方法予以管理。例如，在股票投资中，一种较好的风险规避方法就是投资组合，通过投资组合，可以最大限度地减少非系统性风险。而保险则是应用范围更加广泛的一种重要的风险管理手段，传统的保障意义上的保险并不针对投机风险和收益风险，其针对的是如何规避和抵御纯粹风险。

可保风险（Insurance Risk）是指可以保险的风险，即可以采取保险的方法进行经营的风险。作为一种最为普及的、使用最广泛的风险管理手段，保险不能将各种风险都予以承保。这一概念有理论上的限制，也存在着保险经营理念、手段和经营方法上的限制。这里必须明确的一点是，只有可保风险才可以采取保险的手段进行风险管理。

从保险经营的角度来分析，并不是所有的风险都可以保险，对客观存在的大量的风险，只有符合一定条件，才能成为保险经营的风险。保险公司对其经营的特殊商品——风险是有严格限制的。保险业经过几百年的经营，各国保险人积累了丰富的承保经验，总结出一套可保风险的条件。例如，可保风险必须是纯粹风险，而不是投机性风险；可保风险必须是大量的、相似的风险单位都面临的风险；损失的发生具有偶然性；损失是可以在发生时间、发生地点和损失程度上进行确定和衡量的；可保风险造成的损失必须是严重的；可保风险造成的损失的概率分布是可以被确定的。

② 非保险方式的风险转移。

非保险方式的风险的承担者不是保险人，一般可通过 4 种途径转移风险：转移风险源；签订免除责任协议；利用合同中的转移责任条款；保证合同。

（4）风险自留。

① 风险自留的定义。

风险自留是指由经济主体自己承担风险事故所造成的部分或全部损失的风险管理策略。例如，一个企业会购买带有很大免赔额的保险单，这实际上是使企业自保一部分损失风险。如果一个企业在财务上有能力去承担部分或者全部损失，那么从长期看，自留比购买保险的成本更低。

风险自留在下列情况下存在：第一，通过对风险进行分析和权衡后，决定全部或部分承担风险。冒风险的同时可获得较大的利润时，可将该风险保留下来，以得到最大利益。第二，没有进行积极估计、预防，而造成了风险自留。第三，对损失微不足道的风险，经济主体也往往采用风险自留，如小物品的丢失不会对经济单位造成大的损失。

与避免风险、转移风险不同，自留风险是指面临风险的企业或单位自己承担风险所导致的损失，并做好相应的资金安排。

② 风险自留的特点。

风险自留的实质是当损失发生后，受损单位通过资金融通来弥补经济损失，即在损失发生后自行提供财务保障。

风险自留也许是无奈的选择。任何一种对付风险的方法都有一定的局限性和适用范围，其他任何一种方法都无法有效地处理某一特定风险，或者处理风险的成本太高，令人无法接受。在这种情况下，风险自留就是无奈的唯一选择。例如，在航天技术发展初期，运载火箭的爆炸损失风险时刻威胁着人们，所有可能的安全措施并不能保证绝对安全，而统计资料的匮乏又使保险公司对火箭的爆炸风险望而却步，不愿接受投保，这时风险自留成为必然使用的方法。

风险自留可分为主动的、有意识的、有计划的自留和被动的、无意识的、无计划的自留。风险管理人员在识别风险的存在并对其损失后果获得较为准确的评价和比较各种管理措施的利弊之后，有意识地决定不转移有关的潜在损失风险而由自己承担时，这就成为主动的、有意识的、有计划的风险自留。被动的、无意识的、无计划的风险自留一般有如下两种表现：一是没有意识到风险存在而导致风险的无意识自留；二是虽然意识到风险的存在，但低估了风险的程度，怀侥幸心理而自留了风险。这种风险自留行为并没有预先做好资金安排。

四、风险管理决策

风险管理决策是风险管理的核心，风险识别、风险衡量和风险评价为风险管理决策提供依据，以此来选择正确的风险管理策略，而风险管理决策的正误则直接影响风险管理的效果。风险管理决策过程是实现风险管理目标的过程，风险管理决策的效果直接关系到风险管理目标的实现，而在这一决策的过程中，确定科学、合理的风险管理策略是风险管理决策的核心。

1. 风险管理决策的概念和特点

风险管理决策就是根据风险管理目标，选择经济合理的风险管理策略，进而指定风险管理的总体方案和行动措施，即从几项备选方案中进行筛选，选择最经济、最合理的风险管理策略。与其他决策行为相比，风险管理决策具有以下几方面的特点：

（1）风险管理决策是以风险识别、风险衡量和风险评价为基础的。风险识别、风险衡量和风险评价的目的是为风险管理决策提供信息资料和决策依据；相反，缺乏以风险识别、风险衡量和风险评价为依据的风险管理决策，则是盲目的、没有根据的。

（2）风险管理决策是风险管理目标实现的手段。风险管理决策是风险管理中的核心，是实现风险管理目标的手段，即以最小的成本获得最大的安全保障。没有科学的风险管理决策，也就无法实现风险管理的目标。

（3）风险管理决策的主观性。风险管理决策的对象是可能发生的风险事故，风险管理决策属于不确定情况下的决策，这种决策是风险管理者的主观决策。虽然风险分布的客观性是风险管理决策的依据，但是，由于风险是随机的、多变的，使风险管理决策往往出现偏差。风险管理决策的主观性，决定了风险管理部门必须不断地评价风险管理决策效果，并适时地加以调整。

（4）风险管理决策同决策的贯彻和执行密切相关。风险管理决策的贯彻和执行需要各个风险管理部门的密切配合。贯彻和执行风险管理措施中的任何失误，都有可能影响风险管理决策的效果。区别风险管理决策与决策的贯彻和执行是十分必要的。

2. 风险管理决策的原则

风险管理决策是实现风险管理目标的重要手段，确定风险管理决策目标应该坚持以下几个方面的原则：

（1）全面性原则。

风险管理单位面临的风险是多样的、复杂的，风险管理的目标也是多样的、复杂的，采取的风险管理措施也是多样的、复杂的。然而，每一种风险管理措施都有各自适用的范围和局限性，这也就决定了风险管理决策要把所有的可供选择的方案进行风险权衡，寻求最佳的风险管理决策的组合方案。

（2）可行性原则。

确定风险管理决策方案的目的是进行风险管理。风险管理部门确定的风险决策方案应该是可行的，即确定的风险管理目标应该是具体的、可行的，其需要的资金是风险管理单位可以接受的。

（3）成本收益原则。

随着风险管理成本的增加，风险管理单位所获得的安全保障将会提高。但是，高成本的风险管理决策并不一定是最好的风险管理决策，这是因为风险管理的目标是以最少的经济投入获得最大的安全保障。由此，在风险管理决策中，需要以成本和收益相比较的原则为确定风险管理决策方案的依据。

（4）多样性原则。

风险管理技术是多样的，由此也决定了风险管理决策是多样的，这也就要求风险管理决策部门能够针对不同的风险，采取多样化的风险管理措施，以寻求在降低风险管理成本的同时，获得最大的风险保障。

3. 风险管理决策的程序

风险管理决策的程序是指风险管理单位进行管理决策的步骤，其大致可以分为以下几个步骤：

（1）确定风险管理目标。

确定风险管理目标是风险管理的目的，风险管理单位在进行风险管理决策时，首先要确定的是风险管理目标，即以最小的成本获得最大的安全保障。在进行风险管理决策时，决策者必须根据不同的风险状况，确定风险管理的目标。

（2）设计风险处理方案。

根据风险管理目标，提出若干有价值的风险处理方案。对于某一特定风险的处理手段，也只是在特定的风险和特定的条件下，才能体现出其最直接、最有效的成果。离开特定的条件和特定风险而设计的风险管理方案是没有意义的。

在处理风险的众多手段中，保险具有独特的地位和作用。特别是在识别风险和处理风险具有一定的条件限制而损失控制又不能减少损失程度的情况下，保险是重要的转嫁风险、获得风险融资的手段。选择保险的方式转嫁风险后，风险管理部门需要根据风险的轻重缓急选择其他风险管理技术。

（3）选择处理风险的最佳方案。

在设计各种风险管理方案后，风险管理部门需要比较分析各种风险处理手段，比较实施各种风险管理手段的成本，进行选择和决策，并寻求各种风险处理手段的最佳组合。

（4）风险处理方案的效果评价。

风险处理方案的效果评价是指对风险处理手段的效益性和适用性进行分析、检查、评估和修正。由于风险管理决策的效果在短期内难以实现和评价，又由于风险的隐蔽性、复杂性和多变性，决定了风险管理决策有时不能发挥应有的作用，达不到预期的目标，这就需要评价风险管理决策方案，调整风险管理决策方案。

第二节　保险基础知识

一、保险概述

1. 保险的含义

保险是保险人通过收取保险费的形式建立保险基金用于补偿因自然灾害或意外事故所造成的经济损失或在人身保险事故发生时给付保险金的一种经济补偿制度。

保险使得个人或者机构（即保单持有人或者被保险人）可以把财务上的损失转移给保险人；而保险人则需要替发生损失的保单持有人承担损失，并通过收取保费的方式在所有的保单所有者中分摊该损失。实际上，保险只是企业或者其他机构实行的风险管理体系中的一种工具。

从不同的角度看，保险有不同的含义：

（1）从经济角度看，保险是分摊意外损失、提供经济保障的一种财务安排。通过保险，投保人将巨额的不确定的大额损失变成确定的小额支出，将未来大额或持续的支出转变成目前固定的支出，即保险费。通过保险，提高了投保人的资金效益，因而被认为是一种有效的财务安排。人寿保险中，保险作为一种财务安排的特殊性表现得尤为明显，这是因为人寿保险还具有储蓄和投资的作用，具有理财的特征。

（2）从法律角度看，保险是一种合同行为。保险合同当事人双方在法律地位平等的基础上，签订合同，承担各自的义务，享受各自的权利。投保人根据合同约定，向保险人支付保险费，保险人对于合同约定的可能发生的事故因其发生所造成的财产损失承担赔偿保险金责任，或者当被保险人死亡、伤残、疾病或者达到合同约定的年龄、期限时承担给付保险金责任。

（3）从风险管理角度看，保险是风险管理的一种方法，或者是风险转移的一种机制。通过保险，将众多的单位和个人结合起来，变个体应对风险为大家共同应对风险，从而提高对风险损失的承受能力。保险的作用在于集散风险、分摊损失。

2. 保险的要素

保险的要素是指进行保险经济活动所应具备的基本条件。现代商业保险的要素包括以下 5 方面内容：

（1）可保风险的存在。

可保风险是指符合保险人承保条件的特定风险，也称可保危险或保险危险。理想的可保风险应具备以下 6 个条件：

① 风险应当是纯粹风险，它是一种只有损失机会，没有获利可能的风险。例如，火灾风险只有给人的生命财产带来损失的可能，而绝无带来利益的可能。而投机风险则不然，它既有损失的可能，又有获利的机会。再如股市风险，投机股票既有因股市下跌遭到损失的可能，又有因股市上扬而

获利的机会，保险人是不能对这类投机风险承保的。

②风险应当具有不确定性，具有3层含义：风险是否发生是不确定的；风险发生的时间是不确定的；风险发生原因和结果是不确定的。风险是客观存在的，风险的不确定性是对个体标的而言，如对某个人、某个企业等。如果是确定的风险，那么就是必然要发生的风险。对于个体标的必然发生的风险，保险人是不予承担的。例如，某人患了绝症，并已确诊，他就不能向保险公司投保死亡保险，因为在可预见的时间内，死亡对他来说已是必然的。

③ 风险应该使大量标的均有遭受损失的可能。这一条件需要满足保险经营的大数法则要求。也就是说，某一风险必须是大量标的均有遭受损失的可能性（不确定性），但实际出险的标的仅为少数（确定性），如火灾对建筑物。只有这样的风险，才能计算出合理的保险费率，让投保人付得起保费，保险人也能建立起相应的赔付基金，从而实现保险的“千家万户帮一家”的宗旨。如果某种风险只是一个或少数几个所具有，就失去了保险的大数法则基础，保险人承保该类风险等同于下赌注，进行投机。

④ 风险应该有导致重大损失的可能。风险的发生会导致重大或比较重大的损失可能性，才会有对保险的需求。如果导致损失的可能性只局限于轻微损失的范围，就不需要通过保险来获取保障，因为这在经济上是不合算的。

⑤ 风险不能使大多数的保险对象同时遭受损失，这一条件要求损失的发生具有分散性。保险的实质在于，以多数人支付的小额保费，赔付少数人遭遇的大额损失。如果大多数保险标的同时遭受重大损失，则保险人通过收取保险费建立的保险基金就无法补偿所有损失。

⑥ 风险应当具有现实的可测性。保险的经营要求制定准确的费率，费率的计算依据是风险发生的概率及其所导致标的损失的概率，因此风险必须具有可测性。

（2）大量同质风险的集合与分散。

保险风险的集合与分散应具备两个前提条件：

① 大量风险的集合体；

② 同质风险的集合体，所谓同质风险，是指风险单位在种类、品质、性能、价值等方面大体相近。

（3）保险费率的厘定。

保险是一种经济保障活动，而从经济角度看则是一种特殊商品交换行为。因此，厘定保险商品的价格，即厘定保险费率，便构成了保险的基本要素。需要指出的是，保险费率厘定的含义与保险人在保险市场上的产品定价不同。保险费率厘定主要是根据保险标的的风险状况确定某一保险标的费率，确定保险人应收取的风险保费。影响保险人定价的因素主要是风险状况，以及市场竞争对手的行为、市场供求的变化、保险监管的要求和再保险人承保条件的变化等。当然，保险费率的厘定是保险产品定价的基础。

（4）保险基金的建立。

保险基金是用以补偿或给付因自然灾害、意外事故和人体自然规律所导致的经济损失、人身损害及收入损失，并由保险公司筹集、建立起来的专项货币基金。保险基金主要来源于保险公司开业资金和向投保人收取的保险费，其中保险费是形成保险基金的主要来源。保险基金具有来源的分散性和广泛性、总体上的返还性、使用上的专项性、赔付责任的长期性和运用上的增值性等特点。

（5）保险合同的订立。

保险关系作为一种经济关系，主要体现投保人与保险人之间的商品交换关系，这种经济关系需要有关法律关系对其进行保护和约束，这种法律形式就是保险合同。

3. 保险的特征

保险的特征是指保险活动与其他活动相比所表现出的基本特点。一般来说，现代商业保险的主要特征如下：

（1）经济性。

保险是一种经济保障活动。保险的经济性主要体现在保险活动的性质、保障对象、保障手段、保障目的等方面。保险经济保障活动的保障对象即财产和人身直接或间接属于社会生产中的生产资料和劳动力两大经济要素；其实现保障手段，最终都必须采取支付货币的形式进行补偿或给付；其保障的根本目的是有利于经济发展。

（2）互助性。

保险具有“一人为众，众为一人”的互助特性，并通过保险人用多数投保人缴纳保险费建立的保险基金对少数遭受损失的被保险人提供补偿或给付而得以体现。

（3）法律性。

保险的法律性主要体现在保险合同上。保险合同的法律特征主要如下：保险行为是双方的法律行为；保险行为必须是合法的；保险合同双方当事人必须有行为能力；保险合同双方当事人在合同关系中的地位是平等的。

（4）科学性。

现代保险经营以概率论和大数法则等科学的数理理论为基础，保险费率的厘定、保险准备金的提存等都是以科学的数理计算为依据的。

二、保险的基本原则

保险的基本原则主要有保险利益原则、最大诚信原则、近因原则和损失补偿原则。

1. 保险利益原则

（1）保险利益与保险利益原则的含义。

保险利益是指投保人对保险标的所具有的法律上承认的利益。它体现了投保人与保险标的之间存在的利害关系，倘若保险标的安全，投保人可以从中获益；倘若保险标的受损，投保人必然会蒙受经济损失。

保险利益原则是指在签订保险合同时或履行保险合同过程中，投保人和被保险人对保险标的必须具有保险利益的规定。《中华人民共和国保险法》第十二条规定："投保人对保险标的应当具有保险利益。投保人对保险标的不具有保险利益的，保险合同无效。"具体来说，如果投保人对保险标的不具有保险利益，则签订的保险合同无效；保险合同生效后，投保人或被保险人失去了对保险标的的保险利益，保险合同随之失效，但人身保险合同除外。

（2）保险利益成立的条件。

保险利益成立的条件如下：

① 保险利益应为合法利益。投保人对保险标的所具有的利益要为法律所承认。只有在法律上可以主张的合法利益才能受到国家法律的保护，因此保险利益必须是符合法律规定、符合社会公共秩序、为法律所认可并受

到法律保护的利益。例如，在财产保险中，投保人对保险标的的所有权、占有权、使用权、收益权或对保险标的所承担的责任等，必须是依照法律、法规、有效合同等合法取得、合法享有、合法承担的利益，因违反法律规定或损害社会公共利益而产生的利益不能作为保险利益。例如，因偷税漏税、盗窃、走私、贪污等非法行为所得的利益不得作为投保人的保险利益而投保，如果投保人为不受法律认可的利益投保，则保险合同无效。

② 保险利益应为经济上有价的利益。由于保险保障是通过货币形式的经济补偿或给付来实现的，如果投保人或被保险人的利益不能用货币来反映，则保险人的承保和补偿就难以进行。因此，投保人对保险标的的保险利益在数量上应该可以用货币来计量，无法定量的利益不能成为可保利益。财产保险中，保险利益一般可以精确计算，对那些像纪念品、日记、账册等不能用货币计量其价值的财产，虽然对投保人有利益，但一般不作为可保财产。由于人身无价，一般情况下，人身保险合同的保险利益有一定的特殊性，只要求投保人与被保险人具有利害关系，就认为投保人对被保险人具有保险利益；在个别情况下，人身保险的保险利益也可以计算和限定，如债权人对债务人生命的保险利益可以确定为债务的金额加上利息及保险费。

③ 保险利益应为确定的利益。保险利益必须是一种确定的利益，是投保人对保险标的在客观上或事实上已经存在或可以确定的利益。这种利益是可以用货币形式估价的，而且是客观存在的利益，不是当事人主观臆断的利益。这种客观存在的确定利益包括现有利益和期待利益。现有利益是指在客观上或事实上已经存在的经济利益；期待利益是指在客观上或事实上尚未存在，但根据法律、法规、有效合同的约定等可以确定在将来某一时期内会产生的经济利益。在投保时，现有利益和期待利益均可作为确定保险金额的依据。但在受损索赔时，这一期待利益必须已成为现实利益才属索赔范围，保险人的赔偿或给付以实际损失的保险利益为限。

④ 保险利益应为具有利害关系的利益。投保人对保险标的必须具有利害关系。这里的利害关系是指保险标的的安全与损害直接关系到投保人的切身经济利益。而投保人与保险标的之间不存在利害关系是不能签订保险合同的。《中华人民共和国保险法》规定：在财产保险合同中，保险标

的的毁损灭失直接影响投保人的经济利益，视为投保人对该保险标的具有保险利益；在人身保险合同中，投保人的近亲属（如配偶、子女、债务人等）的生老病死与投保人有一定的经济关系，视为投保人对这些人具有保险利益。

（3）主要险种的保险利益。

① 财产保险的保险利益。

财产保险的保险标的是财产及其有关利益，凡因财产及其有关利益受损而遭受损失的投保人，对其财产及有关利益具有保险利益。

② 人身保险的保险利益。

人身保险的保险标的是人的生命或身体，虽然其价值难以用货币计量，但人身保险合同的签订同样要求投保人与保险标的之间具有利害关系。

③ 责任保险的保险利益。

责任保险的保险标的是被保险人对第三者依法应负的赔偿责任，因承担经济赔偿责任而支付损害赔偿金和其他费用的人具有责任保险的保险利益。

④ 信用保证保险的保险利益。

在信用保证保险中，权利人与被保险人之间必须建立合同关系，他们之间存在经济上的利害关系。债权人对债务人的信用具有保险利益，可以投保信用保险。债务人对自身的信用也具有保险利益，可以按照债权人的要求投保自身信用的保险，即保证保险。

（4）保险利益的时效。

在财产保险和人身保险中，保险利益的时效是有区别的。

① 财产保险的保险利益的时效规定。

在财产保险中，一般要求从保险合同订立到合同终止，始终都应存在保险利益，如果投保时具有保险利益，发生损失时已丧失保险利益，则保险合同无效，被保险人无权获得赔偿。但为适应国际贸易的习惯，海洋运输货物保险的保险利益在时效上具有一定的灵活性，规定在投保时可以不具有保险利益，但索赔时被保险人对保险标的必须具有保险利益。

② 人身保险的保险利益的时效规定。

在人身保险中，由于保险期限长并具有储蓄性，因而强调在订立保险合同时投保人必须具有保险利益，而索赔时不追究有无保险利益，即使投保人对被保险人因离异、雇佣合同解除或其他原因而丧失保险利益，并不影响保险合同效力，保险人仍负给付被保险人保险金的责任。例如，某甲以自己为受益人为其丈夫某乙投保死亡保险，并征得某乙的同意，后双方离婚，被保险人未变更受益人，这样，在某乙因保险事故死亡后，某甲作为受益人并不因已丧失妻子的身份而丧失保险金的请求权。

（5）保险利益原则存在的意义。

保险利益原则存在的意义如下：

① 避免赌博行为的发生。

由于保险具有射幸性特点，具有以较小的支出取得较大经济利益的特点，如果不以保险利益为投保前提，投保人就可能产生利用保险赌博获取超额赔付的投机行为，危害保险业的健康发展，扰乱正常的社会秩序。

② 防止道德风险的产生。

投保人以与自己毫无利害关系的保险标的投保，就会出现投保人为了谋取保险赔偿而任意购买保险，并盼望事故发生的现象；或者保险事故发生后，不积极施救；更有甚者，为了获得巨额赔偿或给付，采用纵火、谋财害命等手段，制造保险事故，增加了道德风险事故的发生。在保险利益原则的规定下，由于投保人与保险标的之间存在利害关系的制约，投保的目的是获得一种经济保障，一般不会诱发道德风险。

③ 便于衡量损失，避免保险纠纷。

保险合同保障的是被保险人的利益，补偿的是被保险人的经济利益损失，而保险利益以投保人对保险标的的现实利益以及可以实现的预期利益为范围，因此是保险人衡量损失及被保险人获得赔偿的依据。保险人的赔付金额不能超过保险利益，否则被保险人将因保险而获得超过其损失的经济利益，这既有悖于损失补偿原则，又容易诱发道德风险和赌博行为。另一方面，如果不以保险利益为原则，还容易引起保险纠纷。例如，借款人以价值 10 万元的房屋作抵押向银行贷款 6 万元，银行将此抵押房屋投保，房屋因保险事故全损，作为被保险人的银行，其损失是 6 万元还是 10 万元？保险人应赔偿 6 万元还是应赔偿 10 万元？如果不根据保险利益原则来衡量，银行的损失就难于确定，就可能引起保险双方在赔偿数额上的纠纷。而以保险利益原则为依据，房屋全损只会导致银行贷款本金加利息的难以收回，因此银行最多损失 6 万元及利息，保险公司不用支付 10 万元赔款。

2. 最大诚信原则

（1）最大诚信原则的含义。

任何一项民事活动，各方当事人都应遵循诚信原则。诚信原则是世界各国立法对民事、商事活动的基本要求。《中华人民共和国保险法》第五条规定："保险活动当事人行使权利、履行义务应当遵循诚实信用原则。"但是在保险合同关系中，对当事人诚信的要求比一般民事活动更严格，要求当事人具有"最大诚信"。保险合同是最大诚信合同。最大诚信的含义是当事人真诚地向对方充分而准确地告知有关保险的所有重要事实，不允许存在任何虚伪、欺骗、隐瞒行为。而且，不仅在保险合同订立时要遵守此项原则，在整个合同有效期间和履行合同过程中也都要求当事人具有"最大诚信"。

最大诚信原则的含义可表述如下：保险合同当事人订立合同及在合同有效期内，应依法向对方提供足以影响对方做出订约与履约决定的全部实质性重要事实，同时绝对信守合同订立的约定与承诺。否则，受到损害的一方，按民事立法规定可以此为由宣布合同无效，或解除合同，或不履行合同约定的义务或责任，甚至对因此而受到的损害还可要求对方予以赔偿。

（2）规定最大诚信原则的原因。

在保险活动中，规定最大诚信原则主要归因于保险经营中信息的不对称性和保险合同的特殊性。

① 保险经营中信息的不对称性。在保险经营中，无论是保险合同订立时，还是保险合同成立后，投保人与保险人对有关保险的重要信息的拥有程度是不对称的。对于保险人，投保人转嫁的风险性质和大小直接决定其能否承保与如何承保。然而，保险标的是广泛而且复杂的，作为风险承担者的保险人却远离保险标的，且有些标的难以进行实地查勘，而投保人对其保险标的的风险及有关情况却是最为清楚的，因此保险人主要也只能根据投保人的告知与陈述来决定是否承保、如何承保以及确定费率。这就使得投保人的告知与陈述是否属实和准确将会直接影响保险人的决定。于是要求投保人基于最大诚信原则履行告知义务，尽量对保险标的的有关信息

进行披露。对于投保人，由于保险合同条款的专业性与复杂性，一般的投保人难以理解与掌握，对保险人使用的保险费率是否合理、承保条件及赔偿方式是否苛刻等也是难以了解的，因此投保人主要根据保险人为其提供的条款说明来决定是否投保以及投保何险种。于是也要求保险人基于最大诚信，履行其应尽的各项义务。

② 保险合同的附合性与射幸性。如前所述，保险合同属于典型的附合合同，因此为避免保险人利用保险条款中含糊或容易使人产生误解的用词来逃避自己的责任，保险人应履行其对保险条款的告知与说明义务。此外，保险合同又是一种典型的射幸合同。按照保险合同约定，当未来保险事故发生时，由保险人承担损失赔偿或给付保险金责任。由于保险人所承保的保险标的的风险事故是不确定的，而投保人购买保险仅支付较少量的保费，保险标的一旦发生保险事故，被保险人所能获得的赔偿或给付将是保费支出的数十倍甚至数百倍或更多。因此，就单个保险合同而言，保险人承担的保险责任远远高于其所收取的保费，倘若投保人不诚实、不守信，必将引发大量保险事故陡然增加保险赔款，使保险人不堪负担而无法永续经营，最终将严重损害广大投保人或被保险人的利益。这也就要求投保人基于最大诚信原则，履行其告知与保证义务。

（3）最大诚信原则的基本内容。

最大诚信原则的基本内容包括告知、保证、弃权与禁止反言。早期的保险合同及有关法律规定中的告知与保证是对投保人与被保险人的约束，现代保险合同及有关法律规定中的告知与保证则是对投保人、保险人等保险合同关系人的共同约束。弃权与禁止反言的规定主要是约束保险人的。

① 告知。

从理论上讲，告知分广义告知和狭义告知两种。广义告知是指保险合同订立时，投保方必须就保险标的的危险状态等有关事项向保险人进行口头或书面陈述，以及合同订立后，标的的危险变更、增加或事故发生的通知；而狭义告知仅指投保方对保险合同成立时保险标的的有关事项向保险人进行口头或书面陈述。事实上，在保险实务中所称的告知，一般指狭义告知，一般不包括保险合同订立后标的的危险变更、增加，或保险事故发生时的告知，这些内容的告知一般称为通知。

② 保证。

保证是最大诚信原则的另一项重要内容。所谓保证，是指保险人要求投保人或被保险人对某一事项的作为或不作为或对某种事态的存在或不存在做出许诺。保证是保险人签发保险单或承担保险义务，要求投保人或被保险人必须履行某种义务的条件，其目的在于控制风险，确保保险标的及其周围环境处于良好的状态中。保证的内容属于保险合同的重要条款之一。

③ 弃权与禁止反言。

弃权是指保险人放弃其在保险合同中可以主张的某种权利；禁止反言是指保险人既已放弃某种权利，日后不得再向被保险人主张这种权利。值得注意的是，弃权与禁止反言在人寿保险中有特殊的时间规定，规定保险方只能在合同订立之后一定期限内（一般为 2 年）以被保险方告知不实或隐瞒为由解除合同，如果超过规定期限没有解除合同，则视为保险人已经放弃这一权力，不得再以此理由解除合同。

（4）违反最大诚信原则的表现和法律后果。

① 告知的违反及其法律后果。

投保人或被保险人违反告知的表现主要有漏报、误告、隐瞒和欺诈4种，投保人一方有意捏造事实，弄虚作假，故意对重要事实不做正确申报并有欺诈意图。

各国法律对违反告知的处分原则是区别对待的：要区分其动机是无意还是有意，对有意的处分比无意的重；要区分其违反的事项是否属于重要事实，对重要事实的处分比非重要事实的重。例如，《中华人民共和国保险法》第十七条规定："投保人因过失未履行如实告知义务，对保险事故的发生有严重影响的，保险人对于保险合同解除前发生的保险事故，不承担赔偿或者给付保险金的责任，但可以退还保险费。""投保人故意不履行如实告知义务的，保险人对于保险合同解除前发生的保险事故，不承担赔偿或者给付保险金的责任，并不退还保险费。"

② 保证的违反及其法律后果。

保险活动中，无论是明示保证还是默示保证，保证的事项均属重要事实，因而被保险人一旦违反保证的事项，保险合同即告失效，或保险人拒绝赔偿损失或给付保险金。此外，除人寿保险外，保险人一般不退还保险费。

3. 近因原则

（1）近因原则的含义。

近因原则是判断风险事故与保险标的损失之间的因果关系，从而确定保险赔偿责任的一项基本原则。长期以来，它是保险实务中处理赔案时所遵循的重要原则之一。近因是指在风险和损失之间，导致损失的最直接、最有效、起决定作用的原因，而不是指时间上或空间上最接近的原因。正如英国法庭于 1907 年给近因所下的定义：“近因是指引起一连串事件并由此导致案件结果的能动的、起决定作用的原因。”1924 年，英国上议院宣读的法官判词中对近因做了进一步的说明：“近因是指处于支配地位或者起决定作用的原因，即使在时间上它并不是最近的。”保险损失的近因是指引起保险事故发生的最直接、最有效、起主导作用或支配作用的原因。近因原则的基本含义如下：在风险与保险标的损失关系中，如果近因属于被保风险，保险人应负赔偿责任；如果近因属于除外风险或未保风险，则保险人不负赔偿责任。

（2）近因的认定与保险责任的确定。

认定近因的关键是确定风险因素与损失之间的关系，确定这种因果关系的基本方法有以下两种：一是从最初事件出发，按逻辑推理直到最终损失发生，最初事件就是最后一个事件的近因。例如，雷击折断大树，大树压坏房屋，房屋倒塌致使家用电器损毁，家用电器损毁的近因就是雷击。二是从损失开始，沿系列自后往前推，追溯到最初事件，如没有中断，最初事件就是近因。例如，第三者被两车相撞致死，导致两车相撞的原因是其中一位驾驶员酒后开车，酒后开车就是致死第三者的近因。

近因判定的正确与否，关系到保险双方当事人的切身利益。由于在保险实务中致损原因多种多样，对近因的认定和保险责任的确定也比较复杂，因此，如何确定损失近因要根据具体情况做具体的分析。

① 单一原因造成的损失。单一原因致损，即造成保险标的损失的原因只有一个，则该原因就是近因。如果该近因属于被保风险，保险人负赔偿责任；如果该近因属未保风险或除外责任，则保险人不承担赔偿责任。例如，某人投保了普通家庭财产险，地震引起房屋倒塌，家庭财产受损，如果保险条款列明“地震属于保险责任”，则保险人应负责赔偿，反之则不赔偿。

② 同时发生的多种原因造成的损失。多种原因同时致损，即各原因的发生无先后之分，且对损害结果的形成都有直接与实质的影响效果，那么原则上它们都是损失的近因。至于是否承担保险责任，可分为两种情况：

多种原因均属被保风险，保险人负责赔偿全部损失。例如，洪水和风暴均属保险责任，洪水和风暴同时造成企业财产损失，保险人负责赔偿全部损失。

多种原因中，既有被保风险，又有除外风险或未保风险，保险人的责任应视损害的可分性而定。如果损害是可以划分的，保险人就只负责被保风险所致损失部分的赔偿。但在保险实务中，在很多情况下损害是无法区分的，保险人有时倾向于不承担任何损失赔偿责任，有时倾向于与被保险人协商解决，对损失按比例分摊。依据《中华人民共和国保险法》以及有关程序法的相关规定，被保险人对保险事故的性质及其原因，只能提供其可能提供的证据，如果被保险人没能提供此项证据，而保险公司也能提供其中某部分损失是属于除外责任的证据，则保险公司就应当对保险标的全部损失承担赔偿义务。

③ 连续发生的多项原因造成损失。多种原因连续发生，即各原因依次发生，持续不断，且具有前因后果的关系。如果损失是由两个以上的原因所造成，且各原因之间的因果关系未中断，那么最先发生并造成一连串事故的原因为近因。如果该近因为保险责任，保险人应负责赔偿损失，反之不负责赔偿。具体分析如下：

连续发生的原因都是被保风险，保险人赔偿全部损失。例如，财产险中地震、火灾都属于保险责任，对地震引起火灾、火灾导致财产损失这样一个因果关系过程，保险人应赔偿损失。

连续发生的原因中含有除外风险或未保风险。分两种情况：第一，如果前因是被保风险，后因是除外风险或未保风险，且后因是前因的必然结果，保险人对损失负全部责任。例如，英国有一个著名的判例：有一艘装载皮革和烟叶的船舶，遭遇海难，大量海水浸入船舱，皮革腐烂。海水虽未直接接触包装烟叶的捆包，但由于腐烂皮革的恶臭，烟叶完全变质。当时被保险人以海难为近因要求保险人全部赔付，但保险人却以烟叶包装没有水渍的痕迹为由而拒赔。最后法院判该案烟叶全损的近因是海难，保险人应负赔偿责任。第二，前因是除外风险或未保风险，后因是承保风险，后因是前因的必然结果，保险人对损失不负责任。例如，莱兰船舶公司对诺威奇保险公司的诉讼案。1918 年第一次世界大战期间，莱兰船舶公司的一艘轮船被敌潜艇用鱼雷击中，但仍拼力驶向哈佛港。由于情况危急，又遇到大风，港务当局担心该船会沉在码头泊位上堵塞港口，拒绝其靠港，其在航行途中船底触礁，终于沉没。该船只保了海上一般风险，没有保战争险，保险公司予以拒赔。法庭判损失的近因是战争，保险公司胜诉。虽然在时间上致损的最近原因是触礁，但船在中鱼雷以后，始终没有脱离险情。触礁是被鱼雷击中引起的，被鱼雷击中（战争）属未保风险。

④ 间断发生的多项原因造成损失。在一连串连续发生的原因中，有一项新的独立的原因介入，导致损失。如果新的独立的原因为被保风险，保险责任由保险人承担；反之，保险人不承担损失赔偿或给付责任。例如，中国某企业集体投保团体人身意外伤害保险。被保险人王某骑车被卡车撞倒，造成伤残并住院治疗，在治疗过程中王某因急性心肌梗死而死亡。由于意外伤害与心肌梗死没有内在联系，心肌梗死并非意外伤害的结果，因此属于新介入的独立原因。心肌梗死是被保险人死亡的近因，其属于疾病范围，不包括在意外伤害保险责任范围，因此保险人对被保险人死亡不负责任，只对其意外伤残按规定支付了保险金。

4. 损失补偿原则

（1）损失补偿原则的含义。

损失补偿原则是指保险合同生效后，当保险标的发生保险责任范围内的损失时，通过保险赔偿，使被保险人恢复到受灾前的经济原状，但不能因损失而获得额外收益。该原则包括两层含义：

① 补偿以保险责任范围内损失的发生为前提，即有损失发生就有补偿，无损失发生则无补偿。在保险合同中体现为被保险人因保险事故所致的经济损失，依据保险合同有权获得赔偿，保险人也应及时承担合同约定的保险保障义务。

② 补偿以被保险人的实际损失及有关费用为限，即以被保险人恢复到受损失前的经济状态为限，因此，保险人的赔偿额不仅包括被保险标的的实际损失价值，还包括被保险人花费的施救费用、诉讼费等。

损失补偿原则是保险理赔的重要原则，坚持这一原则的意义在于：

一是维护保险双方的正当权益。既保障被保险人在受损后获得赔偿的权益，又维护了保险人的赔偿以不超过实际损失为限的权益，使保险合同能在公平互利的原则下履行。

二是防止被保险人通过赔偿而得到额外利益，可以避免保险演变成赌博行为以及诱发道德风险的产生。

（2）损失补偿原则的限制条件。

损失补偿原则的限制条件如下：

① 以实际损失为限。在补偿性保险合同中，保险标的遭受损失后，保险赔偿以被保险人所遭受的实际损失为限，全部损失全部赔偿，部分损失部分赔偿。例如，医疗保险中以被保险人实际花费的医疗费用为限。财产保险中以受损标的当时的市值为限，即以受损标的当时的市场价计算赔款额，赔款额不应超过该项财产损失时的市价。这是因为财产的价值经常发生变化，只有以受损时的市价作为依据计算赔款额，才能使被保险人恢复到受损前的经济状况。例如，一台机床投保时按其市价确定保险金额为 5 万元，发生保险事故时的市场价为 2 万元，保险人只应赔偿 2 万元（尽管保险金额为 5 万元）。这是因为 2 万元赔偿足以使被保险人恢复到受损前的水平。

② 以保险金额为限。保险金额是指保险人承担赔偿或者给付保险金责任的最高限额。赔偿金额只应低于或等于保险金额而不应高于保险金额。这是因为保险金额是以保险人已收取的保费为条件确定的保险最高责任限额，超过这个限额，将使保险人处于不平等的地位。即使发生通货膨胀，仍以保险金额为限。例如，某一企业关键设备投保时按原值投保保险金额为 100 万元，发生保险事故全损，全损时的市场价为 120 万元，保险人的赔偿金额应为 100 万元（因为保险金额为 100 万元）。

③ 以保险利益为限。保险人的赔偿以被保险人所具有的保险利益为前提条件和最高限额，被保险人所得的赔偿以其对受损标的的保险利益为最高限额。财产保险中，如果保险标的在受损时财产权益已全部转让，则被保险人无权索赔；如果受损时保险财产已转让，则被保险人对已转让的财产损失无索赔权。

（3）损失补偿原则的例外。

损失补偿原则虽然是保险的一项基本原则，但在保险实务中有一些例外情况。

① 人身保险的例外。由于人身保险的保险标的是无法估价的人的生命或身体机能，其可保利益也是无法估价的。被保险人发生伤残、死亡等事件，对其本人及家庭所带来的经济损失和精神上的痛苦都不是保险金所能弥补得了的，保险金只能在一定程度上帮助被保险人及其家庭缓解由于保险事故的发生所带来的经济困难，帮助其摆脱困境，给予精神上的安慰，因此人身保险合同不是补偿性合同，而是给付性合同。保险金额是根据被保险人的需要和支付保险费的能力来确定的，当保险事故或保险事件发生时，保险人按双方事先约定的金额给付。因此，损失补偿原则不适用于人身保险。

② 定值保险的例外。所谓定值保险，是指保险合同双方当事人在订立保险时，约定保险标的的价值，并以此确定为保险金额，视为足额保险。当保险事故发生时，保险人不论保险标的的损失当时的市价如何，即不论保险标的的实际价值是大于还是小于保险金额，均按损失程度足额赔付。

③ 重置价值保险的例外。所谓重置价值保险，是指以被保险人重置或重建保险标的所需费用或成本确定保险金额的保险。一般财产保险是按保险标的的实际价值投保，发生损失时，按实际损失赔付，使受损的财产恢复到原来的状态，由此恢复被保险人失去的经济利益。但是，由于通货膨胀、物价上涨等因素，有些财产（如建筑物或机器设备）即使按实际价值足额投保，保险赔款也不足以进行重置或重建。为了满足被保险人对受损的财产进行重置或重建的需要，保险人允许投保人按超过保险标的实际价值的重置或重建价值投保，发生损失时，按重置费用或成本赔付。这样就可能出现保险赔款大于实际损失的情况，因此，重置价值保险也是损失补偿原则的例外。

（4）损失补偿的派生原则。

① 重复保险分摊原则。

重复保险是指投保人对同一保险标的同一保险利益、同一保险事故分别向两个及以上保险人订立保险合同，且在相同的时间内，其保险金额的总和超过保险价值的保险。在重复保险合同条件下，为避免被保险人在数个保险人处重复得到超过损失额的赔偿，以确保保险补偿目的的实现，并维护保险人与被保险人、保险人与保险人之间的公平原则，重复保险的分摊原则应运而生。重复保险分摊原则是指在重复保险的情况下，当保险事故发生时，各保险人应采取适当的分摊方法分配赔偿责任，使被保险人既能得到充分的补偿，又不会超过其实际损失而获得额外的利益。

重复保险的分摊赔偿方式主要包括比例责任分摊、限额责任分摊和顺序责任分摊三种方式。

② 代位追偿原则。

保险事故发生后，如果损失是由被保险人以外的第三者造成，被保险人既可以依据法律规定的民事损害赔偿责任向第三者要求赔偿，也可以依据保险合同规定的索赔权向保险人要求赔偿。如果由保险人和第三者同时赔偿被保险人的损失，就有可能使被保险人获得双重赔偿，这与保险的补偿性质相违背；如果仅由第三者赔偿，又往往会使被保险人得不到及时补偿。于是法律规定了代位追偿原则，以保证当保险标的因第三者责任而遭受损失时，保险人支付的赔款与第三者赔款的总和，不超过保险标的的实际损失。

代位追偿原则是损失补偿原则的派生原则，是指在财产保险中，由于第三者责任导致发生保险事故造成保险标的的损失，保险人按照合同的约定履行保险赔偿义务后，依法取得对保险标的的所有权或对保险标的的损失负有责任的第三者的追偿权。保险人所获得的这种权利就是代位追偿权。

三、保险的种类

1. 保险形式的种类

（1）按照实施方式分类。

按照实施方式，保险可分为自愿保险和法定保险。

① 自愿保险。自愿保险是一种保险人和投保人在自愿原则基础上通过签订保险合同而建立保险关系的保险。

② 法定保险。法定保险又称强制保险，是一种以国家的有关法律为依据而建立保险关系的保险。

二者的区别主要如下：范围和约束力不同；保险费和保险金额的规定标准不同；责任产生的条件不同；在支付保险费和赔款的时间上不同。

（2）按照保险标的分类。

按照保险标的，保险可分为财产保险和人身保险。

① 财产保险。财产保险是保险人对被保险人的财产及其有关利益在发生保险责任范围内的灾害事故而遭受经济损失时给予补偿的保险。

中国财产保险分为财产损失保险、责任保险、信用保险和保证保险。

a. 财产损失保险的种类很多，包括企业财产保险、家庭财产保险、运输工具保险、货物运输保险、工程保险、特殊风险保险和农业保险。

b. 责任保险是一种以被保险人对第三者依法应承担的赔偿责任为保险标的的保险。责任保险的主要险别包括产品责任保险、雇主责任保险、职业责任保险和公众责任保险等。

c. 信用保险是一种权利人向保险人投保债务人的信用风险的保险。信用保险主要险别包括一般商业信用保险、投资保险（又称政治风险保险）和出口信用保险。

d. 保证保险是被保证人（债务人）根据权利人（债权人）的要求，请求保险人担保自己信用的保险。保证保险的 3 个主要险别为合同保证保险、产品质量保证保险和忠诚保证保险。

② 人身保险。人身保险是指以人的生命或身体为保险标的，当被保险人在保险期限内发生死亡、伤残、疾病、年老等事故或生存至保险期满时给付保险金的保险。

人身保险包括人寿保险、健康保险和人身意外伤害保险。

a. 人寿保险是一种以被保险人生存或死亡为保险事故（即给付保险条件）的人身保险。人寿保险的种类有普通人寿保险和新型人寿保险。普通人寿保险分为定期寿险、终身寿险、两全保险和年金保险；新型人寿保险包括分红保险、投资连结保险和万能保险。

b. 健康保险是一种以被保险人支出医疗费用、疾病致残、生育或因疾病、伤害不能工作、收入减少为保险事故的人身保险。健康保险主要承保的内容有医疗保险、疾病保险、失能收入损失保险和护理保险等。

c. 人身意外伤害保险是一种以被保险人因遭受意外伤害事故造成死亡或残废为保险事故的人身保险。人身意外伤害保险包括个人意外伤害保险和团体意外伤害保险，与人寿保险、健康保险相比，人身意外伤害保险最有条件、最适合采用团体投保的方式。

（3）按照保险是否以盈利为目的分类。

按照是否以盈利为目的，保险可分为盈利性保险和非盈利性保险。

① 盈利性保险。盈利性保险为商业保险，是以盈利为目的的保险。

② 非盈利性保险。非盈利性保险是不以盈利为目的的保险。按经营主体不同以是否带有强制性，分为社会保险、政策性保险、相互保险和合作保险。社会保险是国家通过立法对社会劳动者暂时或永久丧失劳动能力，或失业时提供一定的物质帮助以保障其基本生活的一种社会保障制度；政策性保险是政府为了实施某项经济政策而实施的一种非盈利性的自愿保险；相互保险是参加保险的成员之间相互提供保险的制度，其组织形式有相互保险公司和相互保险社；合作保险是参加保险的人以资金入股的方式积聚保险基金，为入股成员提供经济保障的制度。

（4）按照保险实施的依据分类。

按照保险行为实施的依据，保险可分为社会保险和商业保险。

① 社会保险。社会保险是国家通过立法对社会劳动者暂时或永久丧失劳动能力或失业时提供一定的物质帮助以保障其基本生活的一种社会保障制度。

② 商业保险。商业保险是投保人根据合同约定，向保险人支付保险费，保险人对于合同约定的可能发生的事故因其发生所造成的财产损失承担赔偿保险金责任，或者当被保险人死亡、伤残、疾病或者达到合同约定的年龄、期限时承担给付保险金责任的保险行为。

（5）按照保险承保方式分类。

按照保险承保方式，保险可分为原保险、再保险、重复保险、共同保险和复合保险。

① 原保险。原保险是保险人与投保人签订保险合同，构成投保人与保险人权利义务关系的保险。

② 再保险。再保险是一方保险人将原承保的部分或全部保险业务转让给另一方承担的保险，即对保险人的保险。

③ 重复保险。重复保险是投保人对同一保险标的、同一保险利益、同一保险事故同时分别向两个以上保险人订立保险合同，其保险金额之和超过

保险价值的保险。

④ 共同保险。共同保险是由两个或两个以上的保险人同时联合直接承保同一保险标的、同一保险利益、同一保险事故而保险金额之和不超过保险价值的保险。

⑤ 复合保险。复合保险是一种投保人以保险利益的全部或部分，分别向数个保险人投保相同种类保险，签订数个保险合同，其保险金额总和不超过保险价值的保险。

（6）按照保险承保的风险范围分类。

按照保险承保的风险范围，保险可分为单一风险保险和综合风险保险。

① 单一风险保险。单一风险保险是在保险合同中只规定对某一种风险造成的损失承担保险责任的保险。

② 综合风险保险。综合风险保险是保险合同中规定对数种风险造成的损失承担保险责任的保险。

（7）按照保单的投保人分类。

按照保单的投保人不同，保险可分为团体保险和个人保险。

① 团体保险。团体保险是以集体名义使用一份总合同向其团体内成员所提供的保险。

② 个人保险。个人保险是以个人名义向保险人投保的家庭财产保险和人身保险。

此外，由于各国法律差异较大，保险分类标准不统一。例如，美国的法律将保险分为财产和意外保险、人寿和健康保险两大类；日本的法律将保险分为损害保险和生命保险两大类；而中国的保险法将保险分为财产保险和人身保险两大类。

2. 保险业务的种类

现代保险业务的框架由财产保险、人身保险、责任保险和信用保证保险四大部分构成。

（1）财产保险。

财产保险是一种以财产及其相关利益为保险标的，因保险事故发生导致财产利益损失，保险人以保险赔款进行补偿的保险。财产保险有广义与狭义之分。广义的财产保险包括财产损失保险、责任保险、信用保证保险等；狭义的财产保险是一种以有形的物质财富及其相关利益为保险标的的保险，包括火灾保险、海上保险、汽车保险、航空保险、工程保险、利润损失保险和农业保险等。

（2）人身保险。

人身保险是一种以人的身体或生命为保险标的的保险。根据保障的范围不同，人身保险可以分为人寿保险、意外伤害保险和健康保险等。

（3）责任保险。

责任保险是一种以被保险人依法应负的民事赔偿责任或经过特别约定的合同责任为保险标的的保险。责任保险的种类包括公众责任保险、产品责任保险、职业责任保险和雇主责任保险等。

（4）信用保证保险。

信用保证保险是一种以经济合同所约定的有形财产或预期应得经济利益为保险标的的保险。信用保证保险是一种担保性质的保险。按担保对象的不同，信用保证保险可分为信用保险和保证保险两种。

四、保险合同

1. 保险合同的含义

《中华人民共和国保险法》第十条规定："保险合同是投保人与保险人约定保险权利义务关系的协议。"保险合同的当事人是投保人和保险人；保险合同的内容是关于保险的权利义务关系。

2. 保险合同的特征

保险合同作为一种特殊的民商合同，除具有一般合同的法律特征外，还具有一些特有的法律特征。

（1）保险合同是有偿合同。

有偿合同是指因享有一定的权利而必须偿付一定对价的合同。保险合同以投保人支付保险费作为对价换取保险人对风险的保障。投保人与保险人的对价是相互的，投保人的对价是向保险人支付保险费，保险人的对价是承担投保人转移的风险。

（2）保险合同是双务合同。

双务合同是指合同双方当事人互相享有权利、承担义务的合同。保险合同的被保险人在保险事故发生时，依据保险合同享有请求保险人支付保险金或补偿损失的权利，投保人则具有支付保险费的义务。

（3）保险合同是最大诚信合同。

相较于一般合同，保险合同对当事人的诚实信用的要求更为严格，因此被称为最大诚信合同。

保险人诚信表现如下：

① 在订立合同时，应向投保人说明保险合同内容；

② 在约定保险事故时，履行赔付或给付保险金的义务。

投保人诚信表现如下：

① 在订立合同时，应对保险人的询问及有关标的情况作如实告知；

② 标的危险增加时应及时通知；

③ 对标的过去、未来事项也要向保险人做出保证。

（4）保险合同是射幸合同。

“射幸”即碰运气。射幸合同是指合同当事人中至少有一方并不必然履行金钱给付义务，只有当合同中约定的条件具备或合同约定的时间发生时才履行；而合同约定的事件是有可能发生也有可能不发生的不确定事件。

（5）保险合同是附合合同。

附合合同即“格式合同”，是一种内容不是由当事人双方共同协商拟订，而是由一方当事人先拟就，另一方当事人只是做出是否同意的意思表示的合同。

3. 保险合同的种类

（1）按照合同承担风险责任的方式分类，保险合同可分为单一风险合同、综合风险合同和一切险合同。

（2）在各类财产保险中，依据标的价值在订立合同时是否确定，将保险合同分为定值保险合同和不定值保险合同。在人身保险合同中，通常不区分定值保险合同和不定值保险合同。

（3）按照合同的性质分类，保险合同可以分为补偿性保险合同和给付性保险合同。

（4）根据保险标的的不同情况，保险合同可以分为个别保险合同和集合保险合同。前者是以一人或一物为保险标的的保险合同；后者是以多数人或多数物为保险标的的合同，又称团体保险合同。

（5）按照保险标的是否为特定物或是否属于特定范围，保险合同可分为特定保险合同和总括保险合同。特定保险合同是以特定物为保险标的的合同；总括保险合同是以可以变动的多数人或物为保险标的的合同。

（6）按照保险金额与保险标的的实际价值的对比关系划分，保险合同可分为足额保险合同和不足额保险合同。足额保险合同又称全额保险合同，是指保险金额大体相当于财产的实际价值的保险合同。不足额保险合同又称低额保险合同，是指保险金额小于财产实际价值的保险合同。

4. 保险合同的主体

保险合同的主体包括保险合同的当事人、保险合同的关系人和保险合同的辅助人。

（1）保险合同的当事人。

保险合同的当事人，通常指订立并履行合同的自然人、法人或其他组织，其在合同关系中享有权利并承担相应的义务。保险合同的当事人包括保险人和投保人。

① 保险人。保险人是指与投保人订立保险合同，并承担赔偿或给付保险金责任的保险公司。按照《中华人民共和国保险法》的规定，保险人必须符合如下条件：

a. 保险人要具备法定资格；

b. 保险人必须以自己的名义订立保险合同；

c. 保险人必须依照保险合同承担保险责任，这是保险最主要、最基本的合同义务。

② 投保人。投保人是指与保险人订立保险合同，并按照保险合同负有支付保险费义务的人。投保人并不以自然人为限，法人和其他组织也可以成为投保人。投保人需具备的条件如下：

a. 投保人必须具有民事权利能力和民事行为能力；

b. 投保人必须对保险标的具有保险利益；

c. 投保人必须与保险人订立保险合同并按约定交付保险费。

（2）保险合同的关系人。

保险合同的关系人包括被保险人和受益人。

① 被保险人。被保险人是指其财产或者人身受保险合同保障，享有保险金请求权的人，投保人可以为被保险人。当投保人为自己的保险利益投保时，投保人、被保险人为同一人。当投保人为他人利益投保时，必须遵守以下规定：被保险人应是投保人在保险合同中指定的人；投保人要征得被保险人同意；投保人不得为无民事行为能力人投保以死亡为给付保险金条件的人身保险。被保险人的成立应具备的条件如下：

a. 被保险人必须是财产或人身受保险合同保障的人。

b. 被保险人必须享有保险金请求权。

② 受益人。《中华人民共和国保险法》第二十二条规定："受益人是指人身保险合同中由被保险人或者投保人指定的享有保险金请求权的人，投保人、被保险人可以为受益人。"受益人的成立应具备的条件如下：

a. 受益人必须经被保险人或投保人指定，受益人可以是自然人，也可以是法人。

b. 受益人必须是具有保险金请求权的人；受益人的保险金请求权来自人身保险合同的规定，因此受益人获得的保险金不属于被保险人的遗产。但是《中华人民共和国保险法》第六十四条规定，被保险人死亡后，遇有下列情形之一的，保险金作为被保险人的遗产，由保险人向被保险人的继承人履行给付保险金的义务：

（a）没有指定受益人的。

（b）受益人先于被保险人死亡，没有其他受益人的。

（c）受益人依法丧失受益权或者放弃受益权，没有其他受益人的。此时，按《中华人民共和国继承法》规定分配。

（3）保险合同的辅助人。

保险合同的辅助人因国家而异，不同的国家有不同的保险辅助人。一般来说，保险合同的辅助人包括保险代理人、保险经纪人和保险公估人等。

5. 保险合同的客体

保险合同的客体不是保险标的本身，而是投保人于保险标的所具有的法律上承认的利益，即保险利益。投保人对保险标的应当具有保险利益，投保人对保险标的不具有保险利益的保险合同无效。保险标的是保险利益的载体，是投保人申请投保的财产及其有关利益或者人的寿命和身体，是确定保险合同关系和保险责任的依据。

6. 保险合同的内容

（1）保险合同内容的构成。

狭义保险合同的内容仅指保险合同当事人依法约定的权利和义务。广义保险合同的内容则是指以双方权利义务为核心的保险合同的全部记载事项。本书主要介绍广义的保险合同内容。

从保险法律关系的要素上看，保险合同由以下几部分构成：

① 主体部分。包括保险人、投保人、被保险人、受益人及其住所。

② 权利义务部分。包括保险责任和责任免除、保险费及其支付办法、保险金赔偿或给付办法、保险期限和保险责任的开始、违约责任等。

③ 客体部分。保险合同的客体是保险利益，财产保险合同表现为保险价值和保险金额；人身保险合同表现为保险金额。

④ 其他声明事项部分。包括其他法定应记载事项和当事人约定事项，前者如争议处理、订约日期；后者指投保人和保险人在法定事项之外约定的其他事项。

（2）保险合同的基本条款（由保险人拟定）。

① 保险人的名称和住所。

② 投保人、被保险人、受益人的名称和住所。

③ 保险标的。将保险标的作为保险合同的基本条款的法律意义如下：确定合同的种类，明确保险人承担责任的范围及保险法规定的适用；判断投保人是否具有保险利益及是否存在道德风险；确定保险价值及赔款数额；去顶诉讼管辖。

④ 保险责任和责任免除。

⑤ 保险期间和保险责任开始时间。保险期间可以按年、月、日，一个运程期，一个工程期或一个生长期。中国以约定起保日的零点为保险责任开始时间，以合同期满日的 24 点为保险责任终止时间。

⑥ 保险价值。保险价值有 3 种确定方法：双方合同中约定；事故发生后保险标的的市场价；依据法律规定。

⑦ 保险金额。在不定值保险合同中，保险金额可以按实际价值及投保时账面价值确定。在财产保险中保险金额不能超过保险价值；在人身保险

中保险金额由双方当事人自行约定。

⑧ 保险费及其支付办法。投保人基本义务，可一次支付也可分期支付。

⑨ 保险金赔偿或给付办法。财产保险按规定方式计算赔偿，人身保险按合同约定。

⑩ 违约责任和争议处理。一方违约均可能给另一方造成损失。争议处理可采取协商、仲裁、诉讼等方式。

（3）保险合同的特约条款（双方拟定）。

① 附加条款。附加条款是保险合同当事人在基本条款的基础上，另行约定的补充条款，它是对基本条款的修改或变更，效力优于基本条款。

② 保证条款。投保人或被保险人就特定事项担保的条款，即保证某种行为或事实的真实性的条款，一般由法律规定或同业协会制定，如有违反，保险人有权解除合同或拒绝赔偿。

7. 保险合同的形式

对于保险合同应采取何种形式这一问题，中国的保险法并未做出直接规定，既没有明确规定必须采取书面形式，也没有禁止口头形式。在保险实务中，为了便于当事人双方履行合同，特别是在保险事故或事件发生后，能够为被保险人、受益人索赔和为保险人承担保险责任提供法律依据，避免日后发生纠纷，同时也为了便于举证，如无特殊情况，保险合同通常采用书面形式。书面形式的保险合同包括投保单、保险单、保险凭证、暂保单以及除此之外的其他书面协议。

第三节　保险在风险管理中的应用

一、保险和风险的关系

1. 风险是保险产生和发展的前提

风险无处不在，时时威胁生命和财产安全，从而构成了保险关系的基础；其次，风险的发展是保险发展的客观依据，主要表现在风险是随着经济社会的发展和科学技术的进步而不断发生变化的，从而必然促使保险业不断根据形势的变化，设计新险种，开发新业务，最终使保险获得持续发展。

2. 保险是传统有效的风险处理措施

保险是风险管理中传统有效的财务转移机制，人们通过保险将自行承担的风险损失转嫁给保险人，以小额的固定保费支出，换取对未来不确定的、巨大风险损失的经济保障，使风险的损害后果得以减轻或消化。同时，保险人作为与各种风险打交道的专业机构，不仅具有丰富的风险管理经验，而且通过积极参与社会防灾防损以及督促保险客户加强防灾防损，能直接有效地化解某些风险，从而成为社会化风险管理的重要组成部分。

保险对风险管理的影响还在于它是最能够适应风险的不确定性与不平衡性发生规律的合理机制。一方面，保险是通过平时的积累应付保险事故发生时的补偿之需；另一方面，保险能将在时间与空间上不平衡发生的各种风险进行有效分散，这是其他任何机制都无法实现或无法完全实现的。

3. 风险与保险存在互相制约、互相促进的关系

一方面，保险经营效益受到风险管理技术的制约。它包括两层含义：一是保险经营属于商业交易行为，其经营过程同样存在风险，需要风险管理技术来控制在经营过程中的风险；二是对于保险所承保风险的识别、衡量、评价和处理，受到风险管理技术的制约。另一方面，保险的发展与风险管理的发展又相互促进。保险人丰富的风险管理经验，可使各经济单位更好地了解风险，并选择最佳的风险管理对策，从而促进经济单位的风险管理，完善风险管理的实践，促进风险管理的发展；而经济单位风险管理的加强和完善，也会促进保险业的健康、稳定发展。

风险管理和保险不同，风险管理着重识别和衡量纯粹风险，而保险只是应对纯粹风险的一种方法。风险管理中的保险主要是从企业或家庭的角度讲述怎样购买保险。现代风险管理的计划中也广泛使用避免风险、损失管理、转移风险和自担风险等方法。风险管理的范围大于保险和安全管理。

例如，投资股票有三种可能——赚钱、赔钱和不赚不赔，这三种可能性都属于风险的不确定性范畴。然而，保险是通过其特有的处理风险的方法，对被保险人提供保险经济保障的，即当被保险人由于保险事故的发生而遭受经济损失时，由保险人给予保险赔偿或给付，因而保险理论上的风险是指损失发生的不确定性。

二、保险在风险管理中的作用

1. 风险是保险和风险管理的共同对象

风险的存在是保险得以产生、存在和发展的客观原因与条件，并成为保险经营的对象。但是，保险不是唯一的处置风险的办法，更不是所有的风险都可以保险。从这一点上看，风险管理所管理的风险要比保险的范围广泛得多，其处理风险的手段也较保险多。保险只是风险管理的一种财务手段，其着眼于可保风险事故发生前的预防、发生中的控制和发生后的补偿等综合治理。尽管在处置风险手段上存在上述区别，但保险和风险管理所管理的共同对象都是风险。

2. 保险是风险管理的基础，风险管理又是保险经济效益的源泉

（1）风险管理源于保险。从风险管理的历史上看，最早形成系统理论并在实践中广泛应用的风险管理手段就是保险。在风险管理理论形成以前的相当长的时间里，人们主要通过保险的方法来管理企业和个人的风险。从 20 世纪 30 年代初期风险管理在美国兴起，到 20 世纪 80 年代形成全球范围内的国际性风险管理运动，保险一直是风险管理的主要工具，并越来越显示出其重要地位。

（2）保险为风险管理提供了丰富的经验和科学资料。由于保险起步早，业务范围广泛，经过长期的经营活动，积累了丰富的识别风险、预测与估价风险和防灾防损的经验和技术资料，掌握了许多风险发生的规律，制定了大量的预防和控制风险的行之有效的措施。因此，这些都为风险管理理论和实践的发展奠定了基础。

（3）风险管理是保险经济效益的源泉。保险公司是专门经营风险的企业，同样需要进行风险管理。一个卓越的保险公司并不是通过提高保险费率、惜赔等方法来增加利润。它是通过承保大量的同质风险，通过自身防灾防损等管理活动，力求降低赔付率，从而获得预期的利润。作为经营风险的企业，拥有并运用风险管理技术为被保险人提供高水平的风险管理服务，是除展业、理赔、资金运用等环节之外最为重要的一环。

3. 保险业是风险管理的一支主力军

保险业是经营风险的特殊行业，除不断探索风险的内在规律，积极组

织风险分散和经济补偿以外，保险业还造就了一大批熟悉各类风险发生变化特点的风险管理技术队伍。他们为了提高保险公司的经济效益，在直接保险业务之外，还从事有效的防灾防损工作，使大量的社会财富免遭损失。保险公司还通过自身的经营活动和多种形式的宣传，培养国民的风险意识，提高社会的防灾水平。保险公司的风险管理职能，更多的是通过承保其他风险管理手段所无法处置的巨大风险来为社会提供风险管理服务。因此，保险业是风险管理的一支主力军。

三、保险在风险管理中的应用范围

风险的类型多种多样，风险管理可选择的技术也有很多，保险是风险管理的技术之一。但并不是所有的风险都适合或可以采用保险的方法来处理，也就是说，保险公司并非无险不保。这就涉及可保风险，即可以被保险公司所接受承保的风险。可保风险的条件包括：

（1）风险为纯粹风险而非投机风险。

保险的基本职能是对损失进行补偿。纯粹风险由于只有损失机会而无获利可能，对其损失进行补偿符合保险的宗旨。投机风险不能成为可保风险，原因如下：其一，如果保险人承保投机风险，则无论是否发生损失，被保险人都将可能因此而获利，这就有违保险的损失补偿原则；其二，投机风险不具有意外事故性质，一般多为投机者有意识行为所致，而且影响因素复杂，难以适用大数法则。

（2）可保风险具有偶然性和意外性。

风险发生的偶然性是针对单个风险主体而言的，它是指风险的发生与损失程度是不可知的、偶然的。对于必定会发生或已经发生的风险事故，保险人是不会承保的。例如，一个已身患绝症的病人投保死亡保险、汽车已经碰撞了再去买保险、机器设备的折旧和自然损耗等，保险公司是不会承保的。

风险发生的意外性强调的是风险事故的发生和损失后果的扩展都非投保方的故意行为所致。故意行为易引发道德风险，且发生是可以预知的，不符合保险经营的原则，只要是投保人和被保险人的故意行为所致的损失，任何一种保险都将其列为除外责任。

（3）风险载体是大量的、独立的同质风险。

理想的可保条件之一就是其风险载体是大量的、独立的同质风险。这里的“大量”是指实际存在并且保险公司可以承保到的风险单位必须具有一定的数理基础，否则实际的损失率和预期的损失率会有较大范围的波动。风险载体的“独立”是指风险载体发生事故的概率和损失的后果互不影响。例如，保险公司在承保分布密集的木结构建筑的火灾风险时就需慎重考虑。保险以大数法则作为建立保险基金的数理基础，这就需要有大量同质风险的存在。所谓同质风险，是指风险单位在种类、品质、性能、价值等方面大体相近。如果风险不同质，风险事故发生的概率就不同，集中处理这些风险将很困难。只有存在大量同质的风险单位且只有其中少数风险单位受损时，才能体现大数法则所揭示的规律，正确计算损失概率。

（4）可保风险具有现实可测性。

作为可保风险，它的预期损失必须是可以被测定和计算的，这意味着必须有一个在一定合理精确度以内的可确定的概率分布。风险的可测性是掌握其损失率进而厘定保险费率的基础和必要条件。

需要注意的是，建立在经验基础上的损失概率分布对预测未来的损失是有用的，其有一个充分必要条件，即导致未来事件发生损失的因素要与过去的因素基本相一致。例如，近年来，中国鼓励私人购车，鼓励轿车进入家庭，在许多城市私人汽车数量猛增，新司机数量也猛增，交通事故也较以前大大增加。在制定车险费率时，很显然就不能以10年前的车辆损失概率分布作为现在的费率依据。

（5）可保风险损失的程度不宜偏大或偏小。

如果损失的程度偏大，有可能超过保险公司的财务承受能力，影响保险经营的稳定性。例如，海啸、大地震，以及卫星发射时爆炸、航天飞机的失事等，都属于巨灾风险，它们往往使风险载体的独立性不复存在，保险人面临的将是系统性风险。如果这样的风险载体成为保险标的，一旦发生保险事故，保险人将会无力赔付。因此，在普通保险合同条款中，往往将战争、地震等其他的巨灾风险作为除外责任。

相反，如果导致损失的可能性只局限于轻微的范围，就不需要通过保险来获取保障。一方面对投保人来说在经济上不合算，完全可以通过其他的方式（如风险自留）来对风险进行管理；另一方面，对保险人来说，对过于微小的损失进行承保则会加大经营的成本，因此也是不理想的。

需要注意的是，可保风险是一个相对概念，而不是一个绝对概念。随着社会经济的发展，保险业的不断改革完善，可保风险的某些条件可能会放宽，标准也会不断降低。例如，对于精神伤害，由于其不能用货币来衡量，不具有现实的可测性，因此被排除在可保风险的条件之外，但现在很多国家的保险公司已经将其考虑在保险责任范围内；再如巨灾风险，过去是不可保的，而现在由于出现再保险而变得可保了。因此，可保风险的条件也是在不断发展变化的。

第三章 >>>
海洋油气开发流程

海洋油气开发在方针政策上与陆上有较大的差别。在陆上，实行的是边勘探、边开发、边建设的滚动式开发战略；而在海上，由于开发油气田的基础设施投资大，资金和技术密集程度大，因此需要实施整体式开发战略，由此带来的问题是在勘探过程中要不断地取得资料，不断地进行评价，不断地完善开发方案设计，审慎地制订一个油气田的整体式开发方案后才对油气田正式投入开发，因而从勘探到开发的周期上比陆上长。

海洋石油开发各阶段除钻前普查比较容易划分外，地球物理勘探（以下简称物探）、钻井、建设、生产等各阶段都是对各个具体油田而言。但在实际作业中，一个大油田的各阶段的作业可能交叉进行、勘探早期发现油藏时可能提前进入建设阶段，加快建设的油田则可能提前跨入生产阶段，而附近的油田还可能停留在勘探阶段。

第一节　勘探钻井阶段

一、物探阶段

1. 物探工艺过程

这一阶段是进行地球物理考察、通过地震测验来普查被测海区内有无油气藏脉的过程。只有在地震测验有矿藏根据的情况下，才能进一步钻探。这种勘探合同通常是石油公司先向资源所有国政府取得普查合同和勘探投资资格，然后进行勘探作业。根据目前西方的技术水平，半年到一年时间就可完成这种地震物理测验，如果气候条件特别恶劣不利于作业，则需要较长的时间。

物探是寻找石油、天然气的先行官，也是一种间接找油气的方法。其一般是在一个地区或海域进行普查，以发现地下可能储油气的有利地带，然后有重点地进行勘察。根据物探的结果，确定探井井位和打探井，以发现油气构造。

物探一般有重力勘探、磁力勘探、电法勘探以及地震勘探等方法。其中，地震勘探是石油勘探工作中应用最广、最有效的方法，它的突出优点是精度高、分辨率高、穿透度大。因此，大多数情况下采用地震勘探方法寻找新油田。

海上地震勘探在工作船或海上地震船上进行，船上安装有高精度、高灵敏度的检波装置、重力仪、磁力仪等。并可边勘探边对数据用计算机进行处理，勘探质量一般比陆上高。而且海上地震船和勘探工作船可以在海上直来直往，能在短期内高速度、高精度地完成勘测工作，成本约为陆上勘探成本费用的1/10。

确定钻勘探井前，还需要进一步收集和分析盆地周围和盆地内的一切资料，在有油气远景区进行3km × 6km的地震测线勘探，深水区进行18km × 18km的地震测线勘探，做高精度的重力、磁力调查，钻一定数量的参数井。根据以上工作成果，进行油气储量的估算，提出钻井前的油气资源评价报告。

总之，就本质而言，海上地震勘探和陆上地震勘探没有什么区别，都是由人工激发弹性波，用检波器组接收该弹性波在地层界面反射回来的反射波，再由仪器把该反射波记录下来。但是海上物探作业比陆地多了海水这一条件，其在勘探设备上与陆地就有很大区别，不过在资料处理和解释上与陆地相同。

图3–1显示了物探船海上勘探作业情况。

图3–1　物探船海上勘探作业

2. 物探特点

地震反射法是海洋石油勘探中应用最广泛而又发展最迅速的物探方法。这是因为海上地震反射法在方法技术上已日趋完善，在寻找石油、天然气工作中很有成效，并且海上地震工作具有可以在航行中做连续观测、具有高速度的生产能力等突出优点。

海上地震反射法与陆地地震反射法相比，在方法原理、资料处理和解释方法等方面基本一致。但在野外工作方面，由于海洋与陆地有很大的差别，海上地震工作也有许多特殊性。

野外资料采集是整个地震勘探工作中的基础工作，它的基本任务是采集地震数据，是获取原始资料的具体手段，其资料采集的质量决定着勘探的精确度和成果的质量水平。因此，必须对野外地震资料的数据采集工作予以高度的重视。海上地震工作是以地震队（船）的组织形式来完成的。可把地震仪器安装在船上，使用海上专用的电缆和检波器，在地震船航行中连续地进行地震波的激发和接收。

海上地震工作具有下述几方面的特点：

（1）使用非炸药震源，如空气枪；

（2）使用等浮数字电缆；

（3）采用高次覆盖技术，如在南海最高已达 244 次；

（4）采用导航定位技术实时确定船的位置和炮点的位置。

海上地震资料采集与陆地地震资料采集有很大的差异，由于地震船能够昼夜不停地在航行中激发和接收地震波，因此生产效率很高。船的速度通常为 4~5km/h，每天最多可以采集 200km（航行）二维或三维地震资料。此外，由于激发和接收条件都是处于水介质的相同环境中，与陆地采集的资料相比，海上地震资料质量较高。在海上进行资料采集时，船的前进速度为常速很重要，这是因为其关系到震源的激发时间。但是船速受到风浪涌流等多种因素的影响，必须使用导航定位及时调节保持恒定。

此外，在海上连续工作的情况下，还有一些影响多次覆盖的因素。由于海流的影响，接收电缆与设计测线往往具有一定的夹角（称为电缆羽角），炮点间距也不均匀，在反射层倾角很大时，会造成道集内反射点之间分散性较大。这些问题在海上地震工作中都要注意。为了减小电缆羽角的影响，在施工设计时，测线应尽可能垂直于构造走向。为了在实际生产中减小电缆羽角本身，在可能条件下可适当增大船速或在电缆上安放水鸟等。

海洋地震勘探也有静校正问题。这是由于震源与检波器的深度不同，需要校正。此外，当海底崎岖不平时，和陆地风化层校正类似，要进行海底地形校正。

二、钻探阶段

经过物探，获得地层可能存在油气的充足数据后，就可以进行钻探合同的签订（也可能签订包括钻探在内的长期开发合同），勘探阶段是使用钻探设备探明海底情况以取得可靠的油藏数据的过程。海上钻井方法与陆地相同。海上钻井是一项非常昂贵的作业，包括使用特殊的浮式钻井平台，需要供应船和直升机。其中，最重要的是考虑选择何种类型的钻机来完成有关作业。

在正式钻勘探井之前，先经投标才能确定勘探公司负责作业区块，这是因为海上勘探风险大，这一程序是必不可少的。在中标区域确定后，就由中标公司做钻井前的准备工作，如加密地震测线和工程调查等。然后才正式勘探钻井，并根据钻探结果，做出商业性评价。

根据已发现油气流和储量估算情况（包括控制储量、概算储量和可能储量），开始钻评价井。钻评价井的目的是完善和提出最终的开发方案，并最后确定这一油气田是否属于边际油田（在经济上不足以支持安装固定式钻井和采油平台的海上小型油田）。

1. 钻探作业过程

在海洋油气钻井之前，需要进行一系列的准备工作。其中主要有钻井设计，包括平台（船）就位设计、井身设计、井口装置设计、套管设计、固井设计、钻井液设计、钻头设计、水力参数设计、钻具组合设计、井眼轨道设计及其控制、地层评价、防喷器组设计、钻井程序设计、特殊作业程序设计、工程进度计划以及材料计划、成本预算、钻井平台（船）的拖航就位、抛锚系泊及开钻前的准备工作等。

经过初期的地震、加密地震测线和三维地震积累资料后，海上石油勘探工作即进入钻探阶段。在有利于储油的构造上钻的第一口井为预探井。作业者一般租用可移动式钻井设备来钻预探井，以了解有关地质构造中是否蕴含有商业开发价值的油气藏。同时作业者也要租用货轮、辅助船舶、直升机等配合开发工作。预探井一般钻在构造部，即构造的最高部位。这是因为顶部是石油聚集的最有利地区，当预探井有了油气发现之后，该预探井则被称为发现井。当第一口井有了良好油气发现后，为了搞清油田的规模以及油层的变化，获得储量计算和油藏模拟研究所需的各项参数，需要在构造的适当部位钻评价井，对评价井要求取各项参数，包括监测、取心、高压物性取样、分层测试等工作。在钻井和油田开发生产期间，需要连续进行油井测试和油藏评价研究，后者是建立在地震处理解释、地质测井和储层研究、油气井测试及油、气、水特征研究基础上，并着重对油藏进行数值模拟研究及产量预测。基于上述研究，选出最佳方案，结合海况条件，确定和优选工程方案，并对工程设施进行投资估算。在投资估算中应将钻井和完井费用包括在内，而后将产量及投资进行效益分析，在可行情况下，经批准，付诸实施。

2. 海洋钻井作业系统

目前，海洋钻井作业大多采用旋转钻井方式。这种方法一般由地面转盘旋转，直接驱动方钻杆，由方钻杆带动钻杆，并由钻铤向钻头施加压力，旋转钻破地层循环用的钻井液从钻柱内孔向下流动并通过钻头，沿井眼与钻柱的环形空间上返到地面，同时将岩屑带出，经振动筛排出，循序渐进地钻成井眼。

旋转钻井作业由以下系统支撑：

（1）动力系统。

近代钻机均以柴油机作为动力源，其中海洋钻井装置使用的钻机为电驱动型，即柴油机主要用于发电，通过电动机来完成所需的工作。电力负荷用于提升系统和循环系统。同时由于直流电动机具有宽范围的速度—扭矩特性，因此电力传输方式一般使用直流电动机。

（2）提升系统。

提升系统的功能是提升或下放钻柱、（套）管柱和其他井下工具，通称起下钻。提升系统包括井架、底座、天车、游动滑车以及绞车。提升系统两种常规操作是接单根和起下钻。

（3）循环系统。

循环系统的主要功能是在钻进中，通过钻井液从井底清除岩屑（钻屑）。

系统中主要的设备有钻井泵、钻井液净化设备和混合漏斗等。

（4）旋转系统。

旋转系统是使钻头旋转的设备，主要包括水龙头和转盘。水龙头的特点是由方钻杆带动中心管旋转，由主轴承承受钻柱重量，并由上下冲管密封填料实现在旋转条件下的高压循环密封。转盘的功能主要是旋转和承重。海洋用转盘由一台直流电动机单独驱动。转盘中心孔需有足够大的尺寸，以保证大钻头及管子通过，转盘内孔中镶有大方瓦。方钻杆补心一般是套在方钻杆上的整体，部分放入大方瓦中，这样转盘即可带动方钻杆旋转。

（5）井控系统。

井控系统是阻止地层流体从井中无控制地流到地面的设备系统。当钻头钻入油、气、水层后，地层流体的压力超过钻井液柱的压力时，油、气、水流入井筒，最初表现是钻井液受浸染以致井涌，发现上述现象时，应停止钻进，循环处理钻井液，进行井控操作，使钻井液柱压力超过地层流体压力。如果井控失败，地层流体在失控状态下持续流向井眼，使钻井液及流体向上喷涌，就造成井喷。防喷系统装置一般包括闸板防喷器和环形防喷器，后者也称为万能防喷器，可以用来封堵各种形状和不同直径的管子。多数防喷器还可封堵散开的井眼。同环形防喷器相比，闸板防喷器操作简便，但只能对着一个尺寸一定的管子作业，如果管子尺寸改变，则需改变闸板尺寸。闸板可分为管子闸板和全封剪切闸板。

（6）监测系统。

从安全和效率考虑，要求连续不断地监测井，以便很快发现钻井过程中的问题，监测的内容包括深度、进尺速度、转速扭矩、泵量、泵压、钻井液密度、钻井液温度、钻井液中天然气含量和钻井液流速等。这些参数的记录和显示一般由综合录井仪器来完成。

3. 钻井作业中的部分名词解释

（1）钻头。

钻头是破碎岩石的主要工具。选用的钻头应与岩石的可钻性相适应，钻头质量优劣对提高钻速、降低成本和加快建井周期起着重要作用。旋转钻井所用的钻头类型有刮刀钻头、牙轮钻头和金刚石钻头。刮刀钻头主要用于软地层，常用于陆上钻井。牙轮钻头工作扭矩小，牙齿与地层接触面积小，因而比压高；牙轮头旋转时有冲击压碎和剪切作用，能够适用下软地层、硬地层以及坚硬地层。做切削刃的钻头称为金刚石钻头，该钻头属一体式钻头，在软—中硬地层中钻进时，有速度快、进尺多、寿命长、工作平稳、井下事故少、井身质量好等优点。

（2）钻柱。

方钻杆及其以下、钻头以上的各部分钻具为钻柱部分，包括方钻杆、钻杆接头、大小头、钻铤、扶正器、减振器以及扩眼器等。方钻杆的功能是将转盘旋转的扭矩直接传到转杆，直至钻头。方钻杆的内孔可以循环钻井液。方钻杆的断面形状有四方形和六方形两种，通常使用四方形钻杆。钻杆的功能是将钻头送入井底，旋转并循环钻井液。钻杆一般由优质无缝钢管制成，其上下端连接内螺纹接头和外螺纹接头。钻铤由厚壁无缝钢管制成。钻铤本身较重，用于给钻头施加压力。

（3）钻井液。

在旋转钻井中，钻井液的功能是清除岩屑并将其携至地面，对井眼中的地层施加足够的流体静压，并润滑钻头及钻杆。钻井液由水、油或其他液体组成，包括黏土、加重剂及其他。钻井液大体分为水基钻井液、油基钻井液以及清水等。油基钻井液主要用于保护油层及抗高温地层，较少使用。常用的钻井液为水基钻井液，即以淡水为基础，加入优质黏土粉和必要的化学处理剂，必要时还需加入适量的加重材料。

（4）固井。

向井内下入一定尺寸的套管串，并在其周围注入水泥浆，把套管与井壁紧固起来，称作固井。固井的目的是封隔疏松、易塌、易滑等地层；封隔油、气、水层，并防止互相窜漏。

（5）取心。

取心是指由一套取心工具将岩心取到地面上来。岩心是认识油层、气层或某段地层的直观实物资料，其比测井、录井所取得的资料完整。

（6）钻进。

钻进是钻井工程中的核心部分，只有通过钻进才能钻成井眼，以达到油气勘探开发的目的。钻进技术是指从开钻到完钻的全部技术组织工作，主要包括防斜打直井、喷射钻井和最优化钻井等。

（7）定向钻井。

使井身沿预先设计的方向钻达目的层的钻井方法称为定向钻井。海上油气田钻开发井，必须钻定向井。在海上或陆地，遇有井喷失火无法处理时，有时也钻救援井。

（8）完井与试油。

① 完井。完井是钻井工程的最后一个环节，其主要内容包括钻开油气层、确定油井完成方法、安装井口装置。在钻开油气层过程中，防止井喷是需要重点关注的方面，但是由于钻井液柱的压力又会造成对油气层的损害特别是对低压油气层的损害，往往会产生泥侵、水侵的损害，影响或堵塞油气层的通道，导致油气生产能力下降。为了保护油气层，一般采取加快作业速度、减少钻井液浸泡时间、合理选择钻井液密度以减少压差；或使用低固相、无固相优质轻钻井液；或使用完井液钻开油气层以及向油层挤酸解堵等措施。完井的方法一般有裸眼完井、射孔完井和衬管完井等。裸眼完井是套管下至生产层顶部进行固井，生产层段裸露的完井方法。所谓射孔完井，是指油层套管固井后在油层部位射孔。衬管完井也称尾管完井，钻至油气层顶部预先固井，然后用较小的钻头钻开油层，下入衬管固井后射孔完井或下入预先开缝的衬管直接完井。这些方法均下入衬管悬挂器，使衬管与上一层套管相连接。完井后下完油管，立即安装采油（气）树。

② 试油。常规的试油方法是在安装采油树以后进行，称为完井试油。此外，还有钻杆测试等。所谓常规试油，是指试油设备及管汇安装好后，向井内注入清水、较轻的钻井液诱导油气流，然后测试油气层的产能参数，并将油气样品送去分析化验，以期得到确切的资料。钻杆测试是在钻井过程中，特别是探井，遇有油气显示较好的井段，停钻进行测试，测试后再进行钻进；或者获高产油气流时完井投产。钻杆测试也称中途测试，这种方法的原理是利用裸眼封隔器的橡胶件膨胀封在井壁上，将环形控制的液柱隔开，而钻杆内侧形成降压，诱导油气流从钻杆内孔流到地面。

第二节　建设安装阶段

在石油开发过程中，经过海上移动性钻井平台或钻井船的初步钻探后，根据对地层岩心资料的分析，如已确定海底下有丰富油层，值得商业开发，则要开始筹建固定平台以便进行正常生产。固定生产平台将建在井口上，在建立之前作业者对海底储油量必须有正确估计，这是因为平台建造以及各项设施（包括陆上配套设施）规模的大小都与该根本因素有关系。根据油层的情况，作业的石油公司决定安装不同的平台，如装单井生产平台还是装多井生产平台。钻井平台或生产平台的价值取决于平台和生产能力的大小。

在大型钻井平台或生产平台建设的同时，作为后勤基地的生活平台也同时建立起来，平台上的财产包括宿舍、旅馆设备和各种器材、财产等。海上油气田建造所需时间也因具体条件不同而差异很大，特别是开发设备的设计、运输和建筑安装过程受许多因素影响，一个部件的耽搁可能使整个工程的完工拖延一年半载。一般来说这个阶段需要三四年时间。

海上油田和平台建造是一项非常复杂的工程，它要求每一项作业都必须严密精确，技术高超，以保证整个工程安全、顺利地完成。建造过程一般可以分为平台建造、海上运输和平台安装等阶段。

海上油气生产设施由不同部件组成，几乎所有部件均不是在海上建造，而是在陆上预制，预制地点分散各处，有的甚至距离海上安装地点有相当距离。部件预制完毕，所有已完成部件按照要求，陆续通过海上运输到达指定安装地点，并在良好海况下按照正确次序进行安装。整个安装过程非常复杂，需要先进的技术保证安装的准确、及时和安全。

一、海上平台的建造

海洋油气装备属于高端的装备产业，其建造比船舶建造更为复杂，技术要求高，制造难度大，曾长期被国外垄断。石油公司首先从世界各地采办不同的材料存放在平台制造公司的码头上或造船厂里进行建造组装。陆地建造阶段是风险最小的阶段，最大的风险是地震和火灾。高效的海工建造模式是造船企业发展的必经之路，国内船厂通过不断探索，在设计理念、工艺研究、建造技术上已经取得了显著的成绩。

1. 导管架平台的建造技术

平台主要是由钢构制而成。海上井口平台或综合生产平台的支承架称为导管架。导管架是在码头上的平台制造厂制造，其高度根据水深不同而异，一般高出水面15~20m。例如，渤海水深30m，则导管架高度为45~50m；珠江口水深100m，则导管架高度为120m左右。导管架重量为数千吨至万吨不等。导管架之上一般安装两三层甲板，甲板上安装各种生产设备，该部分一般被称为上部模块导管架或上部模块，一般在不同的场地预制，并通过海上运输运至安装场地。一旦组装完毕，钢制导管架就沿着事先铺设好的轨道滑上驳船或者以吊装方式放置在巨型船舶上。放置完毕后，导管架要以焊接方式固定在驳船上，以保证在运输途中的安全稳定。

导管架平台的建造步骤主要分为材料验收、钢材预处理、材料放样与号料、分段组装、平台合龙和平台拖拉装船等。

（1）材料验收。

船厂用于建造平台的材料主要有钢板、型钢、焊材和钢管等。不合格的材料容易造成安全隐患，因此材料检验是必不可少的一环，对整个工程质量起到至关重要的作用。

（2）钢材预处理。

供平台结构使用的钢板和型材在运输堆放过程中会产生变形和腐蚀，这些材料到了船厂以后，首先要进行校平，表面除锈，然后上底漆等预处理工作。这是因为钢是很容易生锈的，若不经过预处理，平台建造完成后，钢板至少产生1/10的锈蚀。

（3）材料放样与号料。

材料放样与号料就是将设计图纸按比例展开，得到船体构件的真实形状与实际尺寸，然后再将这些信息输入至电脑控制的机床程序，通过切割机床在钢板上切割成型。

（4）分段组装。

该过程工作量很大，主要是在车间内把钢板和型材进行焊接，对接成分段，再用平板车将这些分段运输到现场。导管架平台等固定平台的主体和上部模块都在建造场地组装焊接，并完成设备安装，以减少海上安装的工作量。

图3-2显示了导管架平台主体搭建情况。

图 3–2 导管架平台主体搭建

（5）平台合龙。

平台合龙就是在船台上和船坞内把分段组合成整体。该过程涉及大量的起重和焊接作业，劳动强度很高，又由于对设备要求较高，因此该过程是平台生产中的瓶颈。导管架平台采用单片和组合体在滑道旁边建造，然后使用大型吊机将组合体和单片分别翻身，进行整体合龙。

合龙后的导管架平台侧卧，顶端较窄，底部较宽，可通过预先设置的滑道将导管架平台整体移动至运输驳船上。图 3–3 显示了合龙后的导管架平台。

图 3–3 合龙后的导管架平台

（6）平台拖拉装船。

当导管架平台主体建造完毕后，将被拖拉装船，这个过程是平台建造中比较危险的过程，一旦发生事故，将造成整个平台报废。

目前，常用的导管架装船方法有两种：一种是导管架直接采用起重船吊装的方式装船，操作简单，但吊装的重量轻，适用于小型的导管架平台。另一种是对于大型的导管架，通常利用驳船上的绞车通过滑道拖拉到驳船上，再由驳船干拖至指定的海域安装，该方法较为普遍。在整个拖拉过程中，导管架重量从岸上向驳船上转移是最为关键的，稍有不慎，导管架无法放置到驳船上的预定位置，将没法满足拖航的要求，甚至可能发生倾覆的严重后果。

图 3–4 显示了导管架装船情况。

图 3–4　导管架装船

2. 半潜式平台的建造

目前，中国半潜式平台的建造方式有以下几种：

（1）坞内搭载法。

平台在船坞内完成所有分段合龙，按照从底部到顶部顺序建造，完成坞内搭载后，依次开展码头舾装和系统调试环节。该建造方案遵循传统生产模式，充分利用船厂自身的资源。“海洋石油 981”平台就是采用了这种建造方法。

（2）坞内巨型总段提升法。

该方法在不同地点完成巨型总段建造，在总装厂船坞内完成巨型总装整体提升合龙。在船坞内及坞墙上建造钢架，通过液压装置提升上船体，将下船体移至船坞内定位，将下船体合龙焊接。但是每次建造平台需量身定做钢架，材料耗费大，利用率低。

图 3–5 显示了模块对位及焊接情况。

图 3–5　模块对位及焊接

（3）特大型起重设备吊装合龙法。

该建造方法需要起吊重量特别巨大的起重设备。例如，烟台中集莱福士船厂起吊重量 2×10^4t 的泰山吊，先在平地建造上部模块和下船体两大模块，然后利用船坞泰山吊进行整体吊装合龙。该方法使船坞占用周期大大缩短，并减少了高空作业的时间。这台泰山吊已完成 11 座深水半潜式平台上下船体的大合龙。2015 年 6 月 18 日，泰山吊吊起 18727t 的 D90 超深水半潜式钻井平台上船体，创世界高空吊装重量新纪录。

3. 水泥平台的建造

鉴于水泥平台的重量和体积，其不可能像钢制导管架一样进行吊装和安放，因此整个结构是在船坞中进行的。船坞由堤岸同海水隔开。随着建造过程的推进，船坞要注满水，以使水泥框架可以被拖至海岸附近。该地点同样与海水隔开，但具备相当的水深。水泥框架逐渐建高，可以通过一个压舱程序将其逐渐沉入水中，并以锚链固定。在水泥框架构制的同时，其上部模块也在各处预制，并集中放置在靠近海岸的驳船上，准备与水泥基础配接。整个连接过程也需要非常精密的控制。而后，水泥基础进一步压沉，使上部模块部分可以浮动到位，进行连接。一旦连接完毕，清除压舱物，获得必要的浮力，以运达既定目的地。拖航路线必须经过实地勘测，以保证整个航程有足够水深。在整个建筑物运至目的地过程中，一般会有多于6艘的拖轮。另有一类水泥平台是以自身重量安置在海底，通过保留平台底部的压舱物以获得稳定。该平台基底一般用来储存原油。

二、海洋油气开发装备的海上运输

海洋平台的建造场地距离作业海域较远，将海洋平台从建造场地运输至海上作业区域进行安装。没有自航能力的海洋平台在海上的运输方式包括干拖、湿拖两种，有自航能力的海洋平台（如钻井船）则可自航到达工作地点。

海上运输是由巨型起重船舶操作，或者安置在驳船上，由多艘拖轮拖带。另外一艘护送船要伴随整个航程，直至设备被拖至最后安放地。为了确保导管架在海底的稳定性，要用打桩机将导管架的钢柱深深打入海底，以求固定打桩完毕，即在异管架上安放甲板，以便安装上部模块。建造的最后阶段为各种模块、设施、管线的连接阶段。一旦钻塔安置完毕，平台即可钻生产井。

预制好的导管架的各个部分运到组装码头进行组装，组装后的导管架视情况既可以利用轨道滑到起重驳船上，也可以利用巨型起重机吊到运输船舶上。一般情况下，导管架总是被焊接在运输船舶上，这是为了保证其在海上航行过程中的稳定性。

海上拖航一般利用几艘大马力拖轮共同拖曳运载导管架的驳船。一旦开始装运出海，不管是用特殊用途的拖运驳船还是利用自浮装置，将面临风险。统计资料表明，拖航这一阶段的风险的概率是最高的。

1. 干拖运输

干拖就是采用驳船或半潜运输船像运货一样运输海洋平台。为了运输几千吨甚至上万吨的庞然大物，这些运输船舶的载重量都非常大。在干拖过程中，最困难的环节是平台的装卸。吊装作业的起重船最大的起重能力也不过几千吨，为了装卸更重的海洋平台，必须使用半潜运输船装卸。半潜运输船经过特殊设计，布置有很大一块装载甲板。装卸时，船舱里灌水，船体下沉，装载甲板没入水中，水面只露出船艏和几块岛式建筑。这时，可将浮在水面上的平台等大型装备用拖船拉到半潜运输船甲板上方。接着半潜运输船排水，载货甲板慢慢浮出水面，稳稳地接起所要运输的平台。到达目的地后，半潜运输船重新向船舱灌水，船体下沉，装载甲板再次没入水面，装运的平台浮起，与甲板脱离，再由拖船把平台拖出半潜运输船甲板区域，即完成一次装卸过程。

干拖过程跨越距离长，遭遇海况复杂恶劣，驳船和海洋平台联合体运动响应较大。此外，海洋平台干拖运输的进度应合理安排，否则平台无法按时到达安装地点，从而使运输安装的成本大大提高。

图 3–6 显示了半潜式平台干拖运输情况。

图 3–6　半潜式平台干拖运输

2. 湿拖运输

湿拖是指在漂浮状态下用拖轮移运海洋平台。如果把运输船运输海洋平台比作“乘船”，那么拖轮湿拖就如同“牵引式破浪”，平台利用浮力漂浮在水中，并依靠拖轮产生的牵引力前行，如自升式平台，湿拖时，自升式平台的船体漂浮在海面上，桩腿升到船体之上，因受风浪作用，自升式平台的船体像船舶一样会产生摇摆运动。拖航时需要的拖船一般包括主拖船和辅拖船。主拖船为拖航作业中从事拖带平台航行的船舶。辅拖船为拖航作业中从事人员和货物运输、护航、清道以及协助平台起抛锚和定位作业，并在特定条件下需具备拖航能力的船舶。有时拖航作业还需具备拖航能力的护航船，它也是辅拖船的一种。

自升式平台只有在船体完全升离水面后，才具有良好的抗风暴性能。如果拖航期间遇到风暴，且超过平台拖航时能够承受的海况，需要在确认海底情况后，强行插桩，尽快将平台升船离开水面，等待天气好转后再继续拖航。

图 3–7 显示了自升式平台海上湿拖情况。

图 3–7　自升式平台海上湿拖

三、海洋油气开发装备的安装

当安全抵达预定地点后，采用特殊的技术和方法将导管架定位安装在大海上，或利用中型起重机将整个导管架吊装到预定地点上。无论采用哪种方法，这都是一项非常复杂的作业，其要求每一个环节都必须特别精确，否则整个导管架就会倾覆到海里。导管架被定位在预定海域以后，用钢桩将其打入海底以固定下来。该阶段的各项作业通常仅在风平浪静的天气中进行。

打桩作业完成后，在导管架上安装甲板，为安装模块做准备。建造工程的最后阶段也是一项特别紧张的作业，它是将许多不同的模块和各种生产设施的组合体整体吊装到甲板上。海上吊装作业的风险也特别高，再加上标的集中，价值高，因此保险人的收费一贯很高。在平台上安装完钻机，经过测试和试车程序后，油田就从开发建造阶段转入生产阶段。

通常，一座平台式的装备可分为下部结构和上部模块两个部分。下部结构主要是桁架钢结构（如导管架平台）或浮筒立柱结构（如立柱式平台），用于支撑或提供浮力；上部模块除了框架钢结构，还有电气、油气生产、钻井、生活辅助等诸多设备，布置十分复杂，所需建造、装配和调试的时间非常长。

如果先将下部结构建造好再建造上部模块，整个平台的建造工期就会非常长，延误油田的开发进度。为此，可将上部模块和下部结构分别建造，再进行安装拼接和调试，这样既节约了安装时间和成本，又省去了海上调试的时间。目前，平台海上整体模块化安装主要有浮吊法和浮托法两种。

1. 浮吊法

浮吊法是通过大型起重船将上部模块从运输船上吊起，然后准确下放到平台的下部结构上。该方法在500t以下的中小型上部模块安装中较为常用。浮吊法受起吊能力、结构强度和结构物尺寸等因素的限制，加上巨型起重船租用价格昂贵、数量稀少等原因，组块安装的成本和时间随平台重量呈指数增长，因此对大型平台组合安装能力有限。

图3–8显示了浮吊法安装情况。

图3–8　浮吊法安装

2. 浮托法

浮托法是使用运输驳船将上部模块托举到安装位置，在系泊索和拖轮辅助下定位，并与下部结构对准，再利用潮位变化并增加驳船吃水，将上部模块的重量缓慢转移到下部结构上。这种方法并不需要昂贵的起重船，只需要普通的运输驳船即可完成，并且起重能力大，非常适合大中型平台的海上安装。目前，安装中既可以使用单船进入平台立柱中间进行浮托，也可以使用双船位于平台两侧进行浮托（图3–9）。相比于浮吊法，浮托法安装成本较低，耗时较短，受水深和风浪条件等因素制约较少，逐渐成为海上平台组块安装的主流方法。

图 3–9　双船浮托法安装

海上平台浮托安装主要包括进船、对接、沉放、退船 4 个阶段。承载着数万吨上部模块的安装船首先开进腿柱内，精确对准各个腿柱，并通过调节压载水将上部模块重量逐步转移到导管架上，然后继续增加压载水实现船体与上部模块彻底分离，最后将船体退出导管架，完成整个安装过程。

海上平台浮托安装作业的海洋环境复杂多变，对气候、船体运动、受力等要求都很苛刻。这项技术的难度堪比“天宫二号”的太空对接，一直被国外少数国家垄断。经过多年的技术创新和突破，目前中国已成功攻克了海上浮托的关键技术，成为世界上少数几个完整掌握浮托技术的国家，并在浮托种类数量、作业难度和技术复杂性等方面均位居世界前列，能够熟练运用锚缆浮托法、低位浮托法和动力定位浮托法等多种方式进行海上安装作业，实现了世界主流浮托方式的“大满贯”。

例如，世界第二大海上平台组块——“荔湾 3–1”中心平台，就是采用锚缆浮托法进行安装的。浮托重量达 3.2×10^4t，相当于 5 个埃菲尔铁塔或 400 多辆坦克，这一庞大的“身材”为海上作业带来了重重风险。

四、海上输油气管线敷设

海洋油气田的开发不管采用何种模式，海底管道始终是开发的关键部分，它将海上油气田生产设施或陆上处理终端的各个环节形成相互关联的生产操作系统。随着深水海洋油气资源的开发，海底管道的敷设面临巨大的挑战，需要克服常规浅水中所不具备的困难，目前，世界上敷设海底管道的最大水深已接近3000m。

在巨型钢制、水泥制平台的建造过程中，连接各设施之间的管线铺装也同样非常复杂。管线由连头和焊接方式连接在一起，由铺管船铺装，一般连接平台和岸上设施。通常，管线通过铺管船尾部的设备连续进行铺装，这种方式可以确保管线入水时保持正确轨道，从而减少发生弯曲断裂的可能性。根据海底土层的特点，管线在海底可以通过自然方式掩埋或者放置在专门犁出的沟渠中。该沟渠一般稍后要掩埋，以保证管线不被船锚等重物破坏。对于某些沟渠，必须用大理石料进行掩埋。

1. 海底管道分类

按照输送的介质不同，海底管道可以分为输油管道、输气管道、油气混输管道、油水混输管道、油气水混输管道、输水管道、化学药品输送管道等。按照管道横截面结构，海底管道可以分为双层钢管保温管道、单层钢管保温配重层管道、单层钢管道、单层钢管配重层管道、集束管道和挠性软管。

双层钢管保温管道的主要特征是管道具有同心的内钢管和外钢管，内外钢管之间设置保温材料，外钢管对保温材料提供机械保护，这种结构在国内海底输油输气保温管线中使用较为普遍。

单层钢管保温配重层管道的基本结构主要有钢管＋防腐层＋保温层＋聚乙烯护管混凝土配重；钢管＋防腐层＋保温层＋锁口铁皮护层＋混凝土配重；钢管＋防腐层＋抗水型保温层＋混凝土配重。单层钢管保温管道采用的保温材料除满足保温要求外，还应具有一定的抗压性能，管道各层之间的抗剪力也应满足管道在热膨胀及管道敷设期间的剪力传递要求。

单层钢管道在海洋油田开发中输送不需要保温的介质时使用。当需要满足管道在海底稳定要求时，一般在钢管外设置混凝土配重层，此时构成单层钢管配重层管道。

集束管道是指两根或两根管道（电缆）汇集在一起，同一根管道一样来预制及安装。集束管道可分为两种型式：一种是将各自单独的管道（包括电缆）绑扎在一起进行设计及安装，又称子母管结构；另一种是将多种管线和电缆汇集在一根大口径的外套管内，该外套管对内置的众多管线电缆形成良好的保护。

挠性软管是一种具有透气性的软管，它在卷绕成螺旋状的软质树脂制的窄带构成的软管长度方向上先行的窄带端缘部与后续的端缘部之间，设置有透气性窄带。

2. 海底管线敷设

海底管线常用的敷设方法主要有两种：一种是拖管法；另一种是铺管船法。拖管法一般适应海底管线登陆或下海段、滩海及极浅海域或短距离的海底管线海上敷设。铺管船法是采用专用的铺管作业船，且需要有一整套施工机具和船舶与之相配合，一般用于长距离水深、能满足铺管船吃水要求的海底管线海上敷设。

（1）拖管法介绍。

① 拖管法工艺流程。

海底管线拖管法就是在陆地上将管子连成需要的管段长度，发送下水，拖运至敷设地点，在海底预定位置就位，较长的管线需要分段拖运。

敷设工艺程序主要包括以下几部分：陆地预制、发送入海、拖管就位、立管安装、工艺连通、试压试运、挖沟埋管和竣工投产。具体海底管线拖管法施工工艺及控制程序，要根据具体的水深条件、海况条件、拖管的长度、拖轮的能力及海底管线规格型式等经详细分析论证后确定。

陆地发送是指将预制好的管段由陆地上发送下水的过程。主要有两种方式：一种是无轨道牵引法；另一种是有轨道牵引法。无轨道牵引法就是将预制好的管段放置于平整过的自然地坪上，利用陆地上的推土机、吊管机等爬行设备和水中的牵引船舶，将管线发送下水，发送阻力主要来自管道和土壤的摩擦力。有轨道牵引法就是敷设一条轨道，设计一定坡度，轨道上设滑车，滑车上部设管托，在轨道上每相隔一定间距布置一个滑车，管线沿轨道预制，预制完后吊装就位于滑车上部管托上，发送时陆地爬行设备牵引管道，滑车的滚轮在轨道上滚动前进，将管线发送下水。该方法发送平稳，需牵引力小，发送时两台吊管机就可将管线送下水。

② 拖管方法。

拖管方法主要有漂浮法和底拖法。漂浮法即通过在管道上绑扎一定数量的浮筒，使管道在水中处于漂浮状态，用牵引拖轮拖至敷设地点的施工方法。底拖法即管道在水中处于与海床接触的状态，用拖轮拖管的方法。底拖法一般情况下也可绑扎浮筒，但浮筒给予管道的浮力不足以克服管道在水中的重量使其浮起，目的是减少管道与海床间的摩擦力。

两种拖管方法相比较，漂浮法的优点是所需拖轮牵引力较小，管线轨迹在水面上比较直观，操纵灵活；缺点是管线处于波浪作用范围之内，受水面波、涌和海流的作用力影响大，就位轨迹不易控制。底拖法的优点是受波、涌等的作用力影响较小，就位轨迹易控制，而且在突遇恶劣气候条件时，可以弃管沉放于拖航路线上，待气象好时继续拖管；缺点是海床给予管道较大摩擦力，所需拖轮牵引力大。

③ 管线拖航。

针对浅滩海浅水驳船拖管，由于潮位变化及船舶吃水限制，一般情况下，对于海底管线登陆段施工，平均水深 0~4m 海域，可采用自制浅水牵引装置进行拖管。例如，在胜利埕岛浅滩海地区进行海底管线拖管法施工时，使用由多个小浮箱拼装而成的矩形平底浮驳，吃水深度 1m，无自航能力。用小型浅水拖轮把该装置拖到离管道发送滑道一定的距离，小型工程船把浮驳的主锚和 4 只定位锚抛好，把抗滑桩插到海泥中；挂好牵引钢丝绳，启动主绞车，在陆上辅助发送设备的协助下，主绞车收紧牵引钢丝绳，拖运管段便被牵引下水，直到拖运管段靠近自制浅水牵引装置为止；此时通过循环紧放 4 个定位锚钢丝绳，自制浅水牵引浮驳便拖着拖运管段前进，直到主锚钢丝绳收完为止。之后，小型工程船把主锚和 4 只定位锚收起，小型浅水拖轮牵引自制浅水装置前进，同时松开牵引钢丝绳，直到停止前进，小型工程船把主锚和 4 只定位锚抛好，启动主绞车，牵引拖运管段前进。重复上述工作，便可把拖运管段拖到预定位置。

④ 海上接口。

对于较长的管线，分段拖管就位后，需进行海上接口连通。由于海底管道海上接口时，工程船捞管、调管、吊放过程的应力状态较复杂，挠度过大会产生严重塑性变形甚至折断，因此将施工管段的一端吊出海平面时，应采取措施改善捞管、调管、吊放过程中的应力状态，如可以采用预设浮筒的方法减少管线在水中的重量，即在拖管就位时，在拖管段首尾预留一定数量的浮筒。

海底管线海上接口下放后可能在管线中产生较大的残余应力，因此海底管线海上接口应尽量选择在水浅的位置进行，在制定海上拖管就位及海上对接工艺程序时，应对海底管线进行详细应力分析，采取措施避免或减少管线残余应力发生。

（2）铺管船法介绍。

① 铺管船法工艺流程。

铺管船法敷设海底管道较其他方法具有抗风浪能力强、广泛的适用性、机动灵活和作业效率高等优点。它是以铺管船作为中心和其他辅助船（如抛锚船、运管驳船、潜水作业船、供应船、调查船等）组成施工船队。铺管船上装备各种铺管专用设备，如张紧器、管道收 / 放绞车、管段传送装置、对中装置、支撑滚轮、舷吊、托管架和定位设备等。在船甲板上设有一条或两条铺管流水作业线，在作业线上完成管段对中、焊接、无损检验、阳极安装、节点现场防腐处理等工序。

从施工阶段划分，铺管船法安装分起始敷设、正常敷设、弃管回收及铺管结束作业 4 个阶段。起始敷设是指将管线开始从管船下放至海底的阶段，此时要计算管端封头的拉力值及管线逐步跨过托管架不同滚轮时的力；正常敷设是指起始敷设或回收后至敷设作业结束或弃管的阶段；弃管是指因遇台风和恶劣海况时终止敷设将管端封堵后下放到海底的过程，回收是与之相反的过程。

② 铺管船。

铺管船法在现阶段国内外最为常用，是最重要的海底管线敷设方法之一。铺管船法敷设海底管线始于 1940 年，首先是美国用于墨西哥湾，到目前为止，世界上大型铺管船已有百余艘。第一代的铺管船有一个传统的船体，待敷设的管线集中放置在铺管船一边；第二代铺管船一般有一个半潜式船体，待敷设管线集中放置在铺管船一边，并有一个铰接的船尾托管架；第三代的铺管船把待敷设管线集中在船体中央，并有一个固定的悬臂式托管架；第四代的铺管船则使用了动力推进装置。

③ 敷设关键设备。

a. 张紧器。

张紧器主要分为线型张紧器和软管型张紧器两种类型。线型张紧器的张紧力为水平方向的，主要用于进行 S 形的管道敷设，在进行深水管道敷设作业时，其还具有自动张紧的功能；软管型张紧器主要用于柔性管道的敷设。

b. 托管架。

托管架的主要作用是控制管道脱离船体的曲率，保证在安全的范围内，确保管道不会由于过度弯曲而产生屈服或者断裂，这在深水及超深水的情况下尤为重要。在管道敷设过程中，托管架的调节占据总时间的 30% 左右。管道敷设作业可承受的环境条件也是由托管架和船体及管道整体系统的稳定性和抗风浪性决定的。

c. 收放绞车。

收放绞车具有控制、动力一体化的功能，能够非常稳定地进行负重转换，保证管线较平缓地下水。新一代的铺管船负重的转换是全自动选行的，所需时间短，且具有自动张紧的功能。

d. 自动焊接设备。

自动焊接设备主要包括管线对中机、管线内部夹紧器、管线外部焊接器等。管线对中机主要用于对管线进行准确的定位，保证焊接的质量；管线内部夹紧器将管线两端部进行卡紧并固定在适当的位置，以便下一步对管线进行自动焊接；管线外部焊接器可同时对管线的两半边进行焊接。

3. 立管的安装

对于常规吊装法海上现场对接的立管安装方式，其主要安装步骤有水平管移位、水下测量、立管预制、平管起吊、立管起吊、立管与平管组对、立管与平管整体下放。

立管安装的工艺过程如下：首先将铺管船靠近需要安装立管的平台，在 GPS 辅助下按立管安装工艺设计要求就位。从已敷设管道端部到立管预定点之间的距离，由潜水员进行水下测量，并在已敷设管道的测量点刻画痕迹，作为记号。然后捞出拖拉封头上的浮漂，利用舷侧的吊机将管道端部吊出水面，为保证管道弯曲应力不超过材料的屈服极限，起吊前，要对所设吊点及起吊高度进行应力分析计算，起吊时一般设两三个吊点，吊起管道端部后，搭设临时作业平台。根据管道上所做记号，通过放大样法或理论计算法，确定将要预制的立管膨胀弯头及直管段的长度，进行立管预制。然后，在其水平直管段和垂直立管段上设吊点，用铺管船尾部的吊机吊起，使立管的水平直管段与海底管道的吊起端处于同一水平位置，进行对口、焊接、探伤、保温补口等工序。待各道工序检验合格后，吊机将管道和立管慢慢放入水中，使立管逐渐地靠近预设在平台上的立管卡，并进入卡内，此时，潜水员下水将立管卡扣紧，解下起吊绳索，立管安装完毕。

当今，人类按照以上方法已经在从浅至几米到深至500m以上的海域上建造了上千座平台。然而各种事故也伴随而来，虽然巨灾损失不多，但中小型事故损失频繁不断（其中以管线焊接原因造成的事故最多），导致保险公司的承保意愿低落，尤其是与海底相关的作业。因此，保险人对承保海上建造工程的风险远没有承保生产运营期的风险有信心。

经过多年海上施工实践和技术创新，中国海底管线敷设规格实现了从2in[1]到48in的全尺寸覆盖，涵盖了单层管、双层管、子母管等几乎全部海底管线类型，有效推动了中国海底管线敷设能力实现全方位跨越。

通过对深水管线的拉伸、冲击和硬度等各项性能开展技术攻关，最终摸清了深水海底管线的超高精度、表面质量防腐和抗氧化能力等相关要求，成功实现了深水海底管线国产化。

海底管线是海上油气输送的“大动脉”，被喻为海洋油气生产系统的“生命线”。海底管线敷设施工作业难度大，对焊接工艺和装备能力等要求极高。同时，随着水深增加和海床不稳定、岩石强度低等因素影响，海底管线敷设技术难度呈倍数增长。业界认为，海底管线敷设是检验一个国家海洋油气资源开发能力整体水平的重要标志之一。此前，1500m以上深水区海底管线敷设技术一直被少数国际石油工程公司垄断。目前，中国海底管线敷设水深的新纪录为作业水深1542m，来自中国首个深水自营大气田——陵水17–2气田。

---

[1] 1in=25.4mm。

第三节　开发生产阶段

从石油生产控制系统和岸上及水下各种设施管道均已完工时起即转入正常生产。

生产设备开始由承包人转给石油公司，一般分为3个阶段：（1）机械接收期，生产项目由承包人安装妥当时；（2）操作接收期，生产项目开始正常运转，作业人表示愿意接收时；（3）最后接收期，工程承包人将建设器材运离工地时。

开发生产阶段自正常生产开始至油田枯竭废弃为止，生产时间长短根据油层蕴藏量、生产速度而不同，一般在15年至20年。

随着海上石油天然气工业的发展，在传统式固定平台开采的基础上，出现了一些新的开采结构型式。以中海油为例，到目前已逐步形成3种海上油气田生产系统，即固定式平台生产系统、浮式生产系统和水下井口生产系统。生产系统的选择取决于环境因素、水深、油藏的规模和性质、油气质量和性质、油气传输的方式、未来发展利用的可能性、经济发展趋势等。

一、油气生产系统

1. 固定式平台生产系统

该系统使油井生产、油气处理及储存都可在海上平台上进行。该类平台可分为3种：自给式平台，即平台上有钻机、生活及补助设施，可以钻定向开发井；平台—辅助船钻机，即在小型平台上安装井架、绞车，在辅助船上安装生活及其他设备，辅助船锚定在平台附近，并可以移动到其他地方使用；井口平台，即平台上不安装钻机，用悬臂梁结构的自升式钻机或用海底基盘钻井后，安装井口平台，每口井再接回到水面上来。

以中海油某油田为例，该油田共建有2座钻采平台、2座生活平台、1座储罐平台和1座海上输油码头。在钻采平台上，钻有油水井以及一整套油、气、水处理系统。原油经过脱水达标后外输；从原油中分离出来的天然气，一部分用作锅炉及发电机燃料，多余的天然气使用火炬烧掉；分离出来的污水经过处理达标后排入海中。生产人员住在生活平台上，生活平台与钻采平台之间有栈桥相连。2 座钻采平台之间使用海底管线连接，输送原油。在储罐平台上安装储油罐。海上输油码头是专门为油船装油而设置的。

2. 浮式生产系统

该系统由井口平台、海底管线、单点系泊和生产储油轮组成。井口平台由井口管汇、计量分离器等组成，必要时安装发电机及修井装置。原油从油井出来后，经过海底管线至单点系泊，再通过单点系泊到生产储油轮。油、气、水的处理都在生产储油轮上进行。

单点系泊的系泊方式之一是固定塔式。固定塔为一钢质支撑架，将其固定在海底，在固定塔上安装有油、气、水通道的多通接头。该塔既可以在海上系泊浮式生产储油轮，同时又是从井口平台出来的油、气、水输往储油轮的通道。单点系泊造价往往受水深影响。系泊又分单浮筒式系泊和单锚腿式系泊。生产储油轮是指储油轮上安装有油、气、水处理设施，同时又有储油设施，是海上石油生产的重要设施，其吨位视油田的生产能力而定。有的浮式生产储油轮改装后，甚至仍然保留航进装置。这种生产系统相对来说投资较为节省，一旦油田生产完结，该生产储油轮还可以用于其他油田。

3. 水下井口生产系统

该系统主要包括水下完井、水下管汇和水下集油站等。从水下采油树出来的油气经过海底管线到水下管汇进行计量和收集，然后再到平台上进行油气处理，最后用油轮外运。该系统的水下完井系统比较复杂，但在大多数情况下，可与固定式平台和浮式生产系统结合使用。

二、油气处理工艺

1. 油、气、水分离工艺

海洋油气开发中井流必须经过处理，即进行油、气、水等分离、处理和稳定，才能满足储存、输送或外销的要求。为了达到这一目的，设置了一系列生产设备将井流混合物分成单一相态，其中分离器是主要设备，其他还包括换热器、泵、脱水器、稳定装置等设备。

井流混合物是典型的多组分系统。油、气的两相分离是在一定的操作温度和压力下，使混合物达到平衡，尽量使油中的气析出、气中的油凝析，然后再将其分离出来。油、气、水三相分离除将油、气进行分离外，还要将其中的游离水分离出来。

油、气、水分离一般是依靠其密度差，进行沉降分离，分离器的主要分离部分就是应用这个原理。液滴的沉降速度和连续相的物性对分离效果具有决定性影响。

2. 原油稳定工艺

（1）原油稳定的目的和标准。

原油是由碳氢化合物组成的复杂混合物。其中，有分子量很小的气态轻烃，也有分子量为 1500~2000 的重烃。在常温常压下，含有 1~4 个碳原子的正构烷烃是气体，这部分轻烃会从原油中挥发出来，并夹带出大量的 C_5 和 C_6 等组分，造成原油的大量损失。为了降低油气集输过程中的蒸发损耗，将原油中挥发性强的轻烃组分较完全地脱除出来，以降低原油在常温压力下的蒸气压，在原油储存前将轻烃组分从原油中除去，该工艺即为原油稳定。原油的稳定深度是指对未稳定原油中挥发性最强组分 C_1 的分离程度，C_1 分出越彻底，原油的稳定程度越高。由于原油饱和蒸气压主要决定于原油中易挥发组分的含量，因此原油的稳定深度通常可以用最高储存温度下原油的饱和蒸气压来衡量。

从降低原油在储运过程中蒸发损耗的角度考虑，稳定原油饱和蒸气压越低越好。但追求过低的饱和蒸气压，不仅在投资和能量耗损上造成很大的浪费，还会使稳定原油数量减少，原油中汽油馏分含量减少，原油的品质下降。因此，应根据综合经济效益来确定原油的饱和蒸气压。

（2）原油稳定的工艺方法和原理。

原油稳定的方法基本可以分为闪蒸法（一次平衡汽化可以在负压、常压、微正压下进行）和分馏法两类。采用哪种方法，应根据原油的性质、能耗、经济效益等因素综合考虑。原油是复杂的烃类混合物，其蒸气压除了与温度有关，还与组分组成有关。对于同一种原油，其蒸气压随温度的升高而增大；在同一温度下，轻组分含量越高，其蒸气压也越高。因此，可以通过降低原油的温度和减少原油中的轻组分含量来降低其蒸气压。而降低温度的方法受到工艺条件限制，不易实现，通常采用减少原油中的轻烃含量的方法。

闪蒸法的原理即在某一温度下，降低压力会破坏原来的气液平衡状态，使原油中的一部分组分挥发出来，此时，轻组分由于饱和蒸气压高率先挥发出来，而重组分挥发出来的数量相对少得多，以此达到原油稳定的目的。

分馏法即通过把原油加热到一定温度，利用蒸馏原理，使气液两相经过多次平衡分离，使其中易挥发的轻组分尽可能地转移到气相，难以挥发的重组分保留在液相来实现原油稳定。

（3）海洋原油稳定工艺方法。

海洋平台和浮式生产储卸油装置（FPSO）由于受到空间和经济效益的限制，一般利用一系列油、气、水三相分离器，在油、水分离的同时，达到气液分离的目的。判断原油稳定的标准如下：如果稳定原油储存在 FPSO 的油舱中，通常采用国际通用的雷特蒸气压小于10~12psi[1]，同时应根据不同的油品性质和储存温度综合考虑；如果原油是通过海底管线直接输送到平台上或陆地终端的油罐中储存的，通常执行中国行业标准 SY/T 0069—2008《原油稳定设计规范》，即稳定后的饱和蒸气压在其最高储存温度下的设计值不宜超过当地大气压的 0.7 倍。

① 分离压力的选择。

由平衡汽化原理可知，在压力越低、温度越高的条件下，从原油中分离出的气体越多；高压下分离出的气体中轻组分所占的比例（物质的量分数）比低压下分离出的气体中多；在轻组分挥发的同时，伴有重组分的挥发。理论上，分离级数越多，原油稳定效果越好。但是过多地增加分离级数，会使设备的投资和经营费用大幅上升。

由于海洋原油处理的主要目的是脱出原油中所含的水分和易挥发的轻组分，使合格原油的含水率达到销售的指标并安全储存，因此各级分离器的操作温度都是根据原油脱水实验的结果所选取的最佳操作温度，而操作压力的选择则与原油稳定有关。大多数油气田采取在 FPSO 或中心平台上进行原油稳定和脱水处理。对于利用电潜泵采油的油气田，第一级分离器的操作压力不宜太高（300~600kPa），否则会引起电潜泵或增压泵出口压力升高，造成不必要的浪费；对于一些高压油气田，所产井流到达一级分离器

[1] 1psi=6894.757Pa。

后剩余压力可能仍然很高，此时需要增加分离级数，使压力分配平衡。

在原油处理工艺流程中，起稳定作用的通常是热化学脱水器。为了使组分最大限度地挥发出来，达到原油稳定的目的，一般将该设备的操作压力设置为微正压。对于海洋凝析气田，由于天然气处理、输送工艺的需要，不能单纯为了使原油稳定而一味地降低压力，需综合考虑各种因素，以确定合理的工艺流程和操作条件。

② 海洋原油稳定的典型流程。

根据目前中国海洋已经投产的油气田设计资料，海洋原油稳定所采用的工艺流程主要有 4 种：热化学脱水稳定工艺体系；分离脱水 + 稳定 + 泵 + 电脱水工艺体系；分离脱水 + 电脱水 + 稳定工艺体系；分离脱水 + 电脱水（兼稳定）体系。

3. 原油脱水和脱盐工艺

在石油开采过程中，通常从地下采出的原油含有水或盐，且随着开采年限的增加以及注水开发，油井产水量也会不断地增加，直到开采失去经济价值而废弃油井。如果在生产过程中原油不进行脱水处理，一方面含水量较高会增加原油的生产、储运和运输等过程中设备的容量，增加开发过程中的成本；另一方面不能满足用户对含水量的要求，如果达不到用户的要求，就会降低原油的销售价格或失去该原油产品的市场竞争力。脱水的最终目的是分离出油水混合液中的污水及杂质，以获得合格的商品原油，达到原油销售的含水量标准。

常见的原油脱水方法主要有重力沉降、加热沉降、化学脱水、电脱水与电化学脱水等。这几种脱水方法在海洋油田开发中均被采用，大多数情况下为两种或两种以上的方法组合使用。具体采用何种流程和方法可根据油品性质、含水率及乳化程度、油田工程方案等具体情况，通过试验及技术经济对比确定。电化学脱水因具有破乳能力强、脱水效率高、占地面积小等特点，在海洋油田开发中得到了广泛的应用。

原油含盐量过高不仅会增加原油在处理、运输和储存过程中设备或管道的腐蚀，更重要的是对下游炼油厂来说，原油含盐量过高不能进入炼油厂进行直接加工炼制。一般情况下，炼油厂在买入原油时要规定原油含盐量标准。在工艺设计过程中，应根据原油中的含水量和水中的含盐量，计算确定最终原油中的含盐量是否低于规定的指标。如果不能满足要求，则应采取经济有效的工艺方法，使原油中的含盐量低于规定的指标。

脱盐工艺主要利用原油中的盐易溶解于淡水中的原理，采用淡水冲洗含盐原油的方法。由于原油中盐溶于水中，在脱水的同时也脱除了大部分的盐。原油含水量减少，盐含量也相应地减少，并最终能满足用户要求。从理论上看，原油产品含水量越低，则其含盐量就越小；冲洗后水中盐浓度越低，则其含盐量越小。因此，对于含盐原油，脱水越干净，冲洗水及冲洗次数越多，最终原油含盐量越低，但这会大大增加生产成本，一般会考虑采用最经济的工艺处理方案达到能满足用户需要的目标即可。

4. 天然气脱水工艺

油田伴生气和气田气统称天然气，是很好的天然能源和化工燃料。天然气作为燃料时，其优点是燃烧充分、热值高、清洁环保、输送方便等；同时，天然气还可以作为尿素、聚乙烯、聚丙烯、甲醇等化工产品的生产原料。

未经处理的天然气通常都含有饱和的水蒸气，有些气田天然气中还含有硫化氢、二氧化碳等酸性气体，有些气田的天然气也含有氮气。由于用户使用或运输的要求，有时天然气在达到最终用户之前需要进行脱水、脱酸性气体或脱氮处理。本书内容主要针对海洋天然气脱水处理。

绝大部分海洋油田所生产的天然气，供本油田（平台）的电站、热站使用后，剩余的天然气量很小，不值得再利用，通常通过火炬放空；部分天然气产量比较高的海洋油田，除油田（平台）自身用气外，还有较大量的剩余天然气，剩余天然气可通过短距离的海底管道，输送到邻近的油田或平台，作为电站、热站的燃料气使用。上述两类天然气，通常不需要脱水处理，仅通过简单的燃料气处理系统的分液、过滤，即能满足电站、热站对燃料的需求和短距离输送的需要。

对于海洋气田或油气田所产生的天然气，通常是要通过长距离海底管线输送到陆上终端处理厂，在处理厂经过进一步处理后，输往城市燃气、电站、化工厂等最终天然气用户。如果天然气中含有水蒸气，不仅降低了长输管线的输送能力，而且当输送压力和环境条件变化时，水蒸气有可能从天然气中析出，形成液态水，由于输气管线的操作压力一般较高，在高压、低温情况下有可能性形成水合物而导致管道堵塞；当天然气中含有硫化氢、二氧化碳等酸性气体时，液态水的出现会引起对管道、设备的腐蚀。基于以上原因，对于海洋气田或油气田所产生的天然气，如果需要通过长距离管线输送，则需要在海洋进行脱水处理，以防止输送过程中水合物的形成对管道的堵塞和酸性气体对管道的腐蚀。

海洋平台广泛使用的天然气脱水工艺是三甘醇脱水法，其露点降（气体在进塔压力温度下，湿饱和天然气的露点温度与出塔干气在出塔温度压力下的露点温度之差）可达 33~47℃。

三、原油的储存与运输

海洋油田原油的储存和运输通常有两种基本方式：一种是储油设备放在海洋，原油用油轮外运；另一种是用海底管道把原油输送到岸上，再用其他方式运往用户。无论采用哪种方式，对海洋油田开发的投资和操作费用都有重大影响，因此确定技术可行、经济合理的海洋油田储存外输系统方案至关重要。

（1）原油储存。

海洋储油设施是全海洋式油田不可缺少的工程，它为油田连续稳定生产提供了足够的缓冲容量。海洋储油设备的容量取决于油田产量、大小、往返时间以及装油作业受海况的限制条件。如果遇到恶劣的海况条件，波浪高度超过一定的限度，就要停止装油作业。通常海洋储存设备按 7~15 天油田高峰油产量设计。以下介绍几种常用的储油设备。

① 油轮。

油轮是一种浮式储油罐，它是海洋储油最常用的一种方式，特别是对于一些边际油田，在节省费用上有重要意义。油轮的机动性好，在油田生产结束时容易搬迁，可用于新油田的开发。用于储油的油轮应配有油舱和各种管路系统。其中，油舱是用来装油的部分，用单层舱壁将油舱分隔成若干个独立的舱室，以在油轮摇动时减少油品对油轮的水力冲击，增加油轮的稳定性。而各种管路系统主要由进油和装油管系、装油泵组、出售原油的计量和标定装置、装油生产作业的仪表检测和控制系统、用于舱室密封气的生产装置和管系、油舱清洗设备和管系、储油舱加热保温热力系统等组成。

浮式生产储卸油装置（FPSO）和浮式储油轮（FSO）是海洋原油开发

原油储存和外输最为常见的生产设施。相对于FSO，FPSO可进行原油的工艺处理，又能够进行原油的储存和外输，因此目前运用较为广泛。

油轮储油的工艺流程如下：货油舱→泵→计量→外输油轮。

② 平台储罐。

平台储罐即在固定式钢结构物上建造的金属储油罐。这种储罐一般建在浅水区。由于受支撑结构的载荷限制，储油容量不可能很大，过大的储罐容量易发生安全问题。平台储罐的结构和附件与陆地油罐相同。通常在储油平台旁建一个穿梭油轮停靠外输的港码头系统。该系统通常用于生产规模不是很大的油田，一般在生产平台附近再建一个储油平台，用栈桥相连，储油平台也用于穿梭油轮的外输系缆。一般输油（码头）平台为6腿6柱结构，平台结构由导管架和单层甲板组成。系缆墩一般为3腿水下柱结构，等边三角形布置桩，上部为独腿伞形结构。

平台储罐储油的工艺流程如下：来油→储罐→泵→输油臂→穿梭油轮。

③ 海底油罐。

海底油罐是用于水深小于100m的近海区的储油设备。其容积小的有几千立方米，大的有几十万立方米。油罐使用的材料有金属、钢筋混凝土和其他非金属材料，油罐的形状有圆柱形、长方形、椭圆抛物面形、球形等。由于长期浸泡于海水中，因此要特别注意防腐处理。海底油罐要求海底地形平坦，海流对海床的冲刷作用不太严重。这种储罐通常根据油水置换原理设计，因此罐底与海水连通。如果海底地形倾斜，海流冲刷作用严重，当油罐接近满载时，罐内原油有溢出的可能。特别是在水浅而风浪很大的海域，由于海面波浪的作用传到海底，更有可能使罐内油溢出。设计海底油罐结构型式时，要综合考虑海流、波浪、潮汐等作用，以及水深、海底土质条件等诸多因素。因此，不同区域的海底油罐的形状和结构往往不同。海底油罐的优点是能避开风浪的冲击，在天气恶劣的时候，油井可以继续生产；油罐上面的海水能保护油罐不因失火、雷电而发生危险。

除上述储油设备外，海洋采油还使用重力式平台支腿油罐、储油系泊联合装置等储油设备。

（2）原油外输。

海洋各种容器储存的原油最终要用油轮运走，由此发展了海洋装油系统。通常，外运油轮有两艘或更多，它们来回批量地将原油运至用户的卸油港口，这些外运油轮又被称为穿梭油轮。将原油装入油轮的管路并不复杂，比较困难的是穿梭油轮如何在风急浪高的海面上稳定系泊，以保证装油作业的正常进行，这是油轮的系泊问题。油轮系泊已成为海洋油气工程中的重要环节。

常见的系泊方式有海洋岛式码头、多点系泊和单点系泊。

① 海洋岛式码头。

海洋岛式码头有混凝土式或钢平台式两种结构，都适于浅水区域。随着水深和油轮吨位增加，码头的造价显著增加。

② 多点系泊。

多点系泊通常是一种临时性生产油轮系泊方式。穿梭油轮用缆绳或锚链系泊到几个专用浮筒上，每个浮筒用锚链定位到海床上。海洋储油设施通过一条海底管线并借助一段软管和穿梭油轮的进油管汇相连。待穿梭油轮装满原油后，解掉浮筒上的系缆再开走。这种系泊方式操作比较复杂、费时，而且不安全。

③ 单点系泊。

单点系泊的油轮像风向标似的随海流或风向的变化围绕单点系泊装置自由转动，油轮总是保持在最佳的抗风位置。通过海底管道输送来的原油经单点系泊立管和旋转接头后，再经软管进入穿梭油轮或储油轮。这种系泊方式具有安全、可靠、经济等优点，在海洋油田早期开发过程中起着重要作用。

第四章 >>>
海洋油气开发装备

海洋油气开发装备作为海洋资源开发的基础性设施，是海洋生产和生活的基地。到目前为止，世界各个海域共建成平台 1000 多座。海洋平台的发展经历了结构由简单到复杂；建造材料从木材到钢材，再到钢筋混凝土；类型从固定到移动；作业区从浅海到 1000 多米的深海转变。

根据海洋平台实现的功能，海洋钻采平台可分为专门用于钻井的海洋钻井平台、专门用于采油生产的海洋采油平台和既能钻井又能采油的综合式平台。具体到各个海洋油田，平台的使用比较灵活，许多海洋钻井平台在后期也可以通过改造成为海洋采油平台。

根据开发的不同阶段，海洋油气装备大致可以划分为海洋油气勘探钻井装备、海洋油气生产装备及海洋油气集输处理装备等。

第一节　海洋油气勘探钻井装备

一、物探装备

海洋物理勘探有海洋重力、海洋磁测、海洋地震等方法，目前使用最广泛的是海洋地震。海洋地震是通过人工地震方法产生地震波（或称弹性波），地震波向水下及地层传播，当遇到地下岩层的分界面时，就会如声波遇到墙壁一样被反射回来，通过研究反射回的地震波传播特性及其规律，获取地壳地质结构和地层岩性特征，从而确定油气的位置、形态、规模等情况。海洋矿藏物探的主要装备是物探船。

物探船作业时，船向前方行驶，船后放出多条电缆。一条电缆能扫描

100m 左右宽的带状水面的回波信号。电缆之间相距 100m，形成覆盖宽千米、长数千米的海区。物探船上配备有气枪，作业时气枪放入海水中，通过高压空气激发，在水中产生地震波，传到海底后，不同的地质构造（土、石等固体与液态的石油）会反射出不同的反射波。这些反射回来的地震波有早有晚，回来早的地震波是浅地层的反射，回来晚的地震波表示穿透了更加深的地层。大量的测量数据经过计算机处理，地层的分布和结构便一目了然。由此，专家就可以确定油气盆地的范围，从而发现油气田。

物探船的电缆和声波接收器还可以放到不同深度的海中扫描，接收的回波信号形成立体图像，能够更为精确地探测油气储藏构造位置与大小。

图 4–1 为物探船工作示意图。

图 4–1　物探船工作示意图

二、钻井装备

钻井是石油开发最主要的手段之一。通过钻井才能证实勘探地区是否含油以及含油多少；通过钻井才能将地下的油气开采出来。当物探船发现了某海区的油气储藏线索后，还需要进一步勘探，明确该构造中有无油气宝藏。俗话说“不入虎穴，焉得虎子”，这时需要亲眼看一看海底油气藏，最好的办法是在目标地区钻孔采样，也就是通常所说的钻井。取得海底油气储藏地层的实物样本材料（泥芯）后，需要详细分析，研究有没有油气、油气储量多少、已有的技术条件能否开采、应该采用怎样的装备和技术进行开采等问题。最后还需要权衡是否有开采价值，这个问题要考虑的不仅仅是经济因素，有时候还包含国家战略安全方面的因素。

1. 海上钻井及其特点

石油是液体，天然气是气体，都属于能够流动的流体，要把它们开采出来，无论在陆地上还是在海上，都需要钻出洞接上管子，这个洞和管子就称为油井（气井）。打洞与接管子的工作称为钻井。钻井是海洋油气开发的核心任务。

通常印象里的“井”多半是直的，油井（气井）一般也是这样。井身从井口垂直向下，这是陆上钻井的常规情形。但海上油气藏的分布范围有时很大，一个平台的直井开采范围很有限，平台的搬迁费时费力，为提高平台的利用效率，往往会以一个平台为中心，开发周围几千米半径范围的油气藏，这样就需要定向钻井技术，根据需要钻出斜井、水平井。因此，海上钻井直井少、斜井多，还常常采用成组的丛井。

海洋钻井是一项难度大、投资高、风险性大的技术密集型工程。在海洋，为了安装钻机及其配套设备，必须建立一座稳固的钻井平台，用以抵御海洋风浪和潮流等的冲击侵蚀作用。

2. 移动式平台的“定船神器”——定位系统

海上钻井采用浮动式平台时，平台在海浪中不断受到风、浪、流等外界作用力的干扰，产生据摆、漂移，为适应钻井等作业的要求，需要用到定位系统，像“定船神器”一样，让平台的漂移减小。定位系统有锚泊定位系统和动力定位系统两种。

（1）锚泊定位系统。

锚泊定位系统是由多根钢链或钢缆组成的悬链式系泊系统，称为多点锚泊系统，也就是用多个系锚点供海洋平台进行海上锚泊。现在海洋平台锚泊系统的工作水深最深可在1000m以上，其优点是被系泊船或浮体的位移在波浪、海流作用下运动幅度较小，同时费用少；缺点是多点锚泊设施安装和拆除需要使用较多时间，一般用于风向变化不大、波浪较小的海区。

图4-2显示了多点锚泊情况。

图 4-2　多点锚泊

（2）动力定位系统。

当工作水深超过锚泊定位极限，或工作环境风、浪、流情况超过锚泊定位能力时，海洋平台需要另一种定位方式来定位，这就是动力定位。动力定位系统是一种闭环的控制系统，不借助锚泊系统的作用，能不断检测出船舶的实际位置与目标位置的偏差，再根据风、浪、流等外界扰动力的影响计算出使船舶或海洋平台恢复到目标位置所需推力的大小，并对船舶或海洋平台上各推力器进行推力分配，使各推力器产生相应的复位推力，从而使船尽可能保持在海平面要求的位置上。动力定位系统完全靠自身产生的推力定位，不需要依靠外部设备；环境适应性强，能够在任何水深条件下工作。其最大的劣势是燃料消耗大，使用成本高。

3. 钻井系统

钻井系统是海洋钻井平台关键的系统之一，包括起升系统、旋转系统、钻井液循环系统、动力系统、防喷器系统和控制系统等。

（1）起升系统。为了起下钻具、下套管、更换钻头以及控制钻头送进等，钻机装有一套起升系统。该系统主要包括井架、钻井绞车、大钩、天车、游动滑车、立根运移机构、钻杆排放装置及起下钻作业的工具（如机械手等）。

（2）旋转系统。为了转动钻具、破碎岩石，钻机配有顶部驱动、转盘、水龙头、钻头和钻杆柱等。在浮式钻井装置上钻井，还配有升沉补偿装置，以克服因波浪引起钻井装置的升沉对钻井工作的影响。

（3）钻井液循环系统。为了随时清洗井底已破碎的岩石，确保连续钻进，钻机配有钻井液循环系统。该系统包括钻井液池、钻井泵、控制管汇、管线、振动筛、除砂器、除泥器、除气器以及钻井液调节和配制设备等。

（4）动力系统。石油钻机的动力一般有机械驱动和电驱动两种。海洋钻机的驱动形式多为电驱动，即以柴油机为动力，带动交流发电机，通过可控硅整流，以直流电动机驱动绞车、转盘和钻井泵。

（5）防喷器系统。钻井时，为了防止起下钻或钻到高压油、气、水层时发生井喷，必须在井口安装防喷设备。防喷器系统是在发生井喷时，能迅速把井封住的重要井口安全设备。防喷器系统主要包括防喷器组、压井节流管汇及防喷器控制系统三部分。

（6）控制系统。为了指挥各系统协调地工作，在整套钻机中还有各种控制设备，如机械气动、液压或电控制装置以及集中控制台和观测记录仪表等。

此外，还有钻机辅助系统（供气、供油、供水系统）、钻井仪表、钻井工具及钻井机械化设备等；对半潜式钻井平台和钻井船所用的钻机系统。

起升系统、旋转系统和钻井液循环系统是钻井作业的三大系统。针对海上钻井作业，还需要特别介绍顶部驱动系统和升沉补偿系统两种系统。

（1）顶部驱动系统。

顶部驱动系统简称顶驱系统，是安装在井架内部，悬挂在游车下（有的直接位于大钩之下），为钻柱提供转动力矩以实现钻进的钻井系统（图 4–3）。该技术由美国公司于 20 世纪 80 年代发明，是旋转钻井设备百年来的一次革命性的技术进步，目前该技术已在海上钻井中普遍应用。

常规的转盘钻井是由转盘驱动方钻杆带动钻柱使钻头旋转，而顶驱可以直接从井架空间上部驱动钻柱旋转，并沿井架内专用导轨向下送进，从而完成和参与完成旋转钻进、倒划眼、循环钻井液、接单根或接立根、起下钻和下套管的中途上卸扣等。顶驱替代转盘和方钻杆后，能减少接单根次数，提高钻井效率，安全性更好（可节省钻井时间 20% ~30%，并可预防卡钻事故），操作也更省力，特别适合于各种高难度的钻井作业。

图 4–3　顶驱系统

（2）升沉补偿系统。

钻井平台或钻井船在海上钻井时，船体会随着水波起起伏伏，这种升沉运动也会带动井下钻具上下起浮，造成钻头无法控制井底压力，从而影响钻进效率，并且钻具像打桩机一样周期性地撞击井底，会使钻杆不断弯曲，导致疲劳断裂。升沉补偿系统的出现就是为了解决上述问题。

升沉补偿系统包括两大类，分别是钻柱补偿系统和隔水管补偿系统。前者位于大钩和天车上，用于保持钻柱悬挂在起升装置部分的恒张力，主要结构包括主油缸、蓄能器、气体平衡罐，以及相应的阀和管路等。后者主要由张紧器组成，位于钻井甲板之下。升沉补偿系统不但可以调节钻压，而且可以自动送钻，还可使钻头、套管、防喷器等“软着陆”。

图 4–4 显示了升沉补偿系统。

图 4–4　升沉补偿系统

4. 油井构造及钻井作业

为了开发油气矿藏，有时需要钻探数千米厚的岩层。这需要粗大如树干、由金属或陶瓷制成的钻头，钻头装在钻杆上，钻杆是一根一根接起来的。钻井的孔是阶梯形的圆柱体，上大下小，它们是由不同大小的钻头钻出来的。钻一段需要将钻杆提上来逐根拆掉，再换上较小的钻头，将钻杆逐根接起，继续钻探。如此重复这一过程。

一般的钻井作业程序包括钻前准备、一开作业、二开作业、三开作业、四开作业、完井作业和弃井作业等。一开作业首先用较大的钻头钻一段井眼，然后将隔水管放入井中，并用水泥固定套管的外侧，防止井塌陷。二开作业用一个小一些的钻头，从上个套管的底部钻出一个新井眼，然后在这个新的井眼中下套管，并用水泥固定。三开作业用一个更小的钻头钻一个更小的井眼，再下相应的套管，防止塌陷。四开作业再下一个比三开作业更小的钻头，钻至目标层。

如果测井结果很好，则在生产层段下最后一次套管，用水泥固定。然后在井眼内用射孔枪进行射孔，击穿生产层段部分的井壁套管，在井眼中放入生产油管，用封隔器把生产层段和上部的套管空间分隔开，从而完成完井作业。

5. 钻井平台类型

勘探钻井主要的约束条件是钻井海区的水深和风浪情况。勘探钻井平台大多为移动式平台。不同水深常采用的勘探钻井平台类型如下：

（1）水深极浅（＜15m）时，采用钢结构坐底式平台。

（2）水深较浅（＜150m）时，采用自升式平台。

（3）水深为150~300m时，采用锚泊定位半潜式平台或锚泊定位钻井船。

（4）水深大于300m时，采用动力定位半潜式平台或动力定位钻井船。

三、坐底式钻井平台

坐底式钻井平台是一种由沉垫（浮箱）、立柱、上层平台（甲板）和抗滑桩等部分组成的移动式平台。坐底式钻井平台工作时，先由拖轮将其拖至井位，然后灌水下沉，沉垫坐底后，打好抗滑桩，就可以进行钻井作业。由于坐底式钻井平台甲板高度固定，其工作水深较浅（一般为5~30m），因而适宜在极浅海区打探井。这种平台钻井时有沉垫坐在海底，只要海底土壤密实、平坦、无严重冲刷，平台是比较稳定的；此外，平台上设有抗滑桩，可提高平台的坐底稳定性。

坐底式钻井平台的优点是能提供稳定的钻井场地，移动性能好，而且改装后可作为采油平台、储油平台、生活与动力平台等。坐底式钻井平台的缺点是上层平台高度固定，不能调节，工作水深有限，拖航时阻力大；当海底冲刷严重时，钻井易移位，需要采取防滑移、防冲刷及防掏空等措施。

坐底式钻井平台有上下两个船体。上船体又称工作甲板，安置生活舱室和设备，通过艉部开口借助悬臂结构钻井；下船体是沉垫，作为压载和支承的基础。两船体间由支承结构相连。

四、自升式钻井平台

坐底式钻井平台在搬迁时需要升起巨大的沉垫，在实际操作中难度较大。为解决这一问题，人们提出了自升式钻井平台的思路，自升式钻井平台由于造价低、效率高、机动性好而成为最为常用的移动式海洋平台，约占移动式钻井平台总数的1/2。通过长长的桩腿下放至海底作为固定装置，自升式钻井平台已广泛服役于150m水深的近海石油勘探中。受水深的影响，自升式钻井平台成本随作业水深增加显著增加，同时桩腿结构设计也受到限制。均衡钻探深度与成本控制，大多数自升式钻井平台集中在70~90m的水深范围内作业。

1. 自升式钻井平台的工作特点

自升式钻井平台主要用于打勘探井，也可用于打生产井和作为早期生产中的钻采平台，而且可进行修井作业。

自升式钻井平台的优点如下：工作时靠其桩腿支撑站立在海底，因而能够提供稳定的钻井场地；适用于不同的海底土壤条件和100m的水深范围；机动灵活，移动性能好；不带沉垫的自升式钻井平台用钢量较少，造价较低，便于建造。

自升式钻井平台的缺点如下：拖航较困难，在拖航时抵御风暴袭击的能力差；平台定位或离位时操作复杂，对波浪很敏感；带沉垫的自升式钻井平台受海底冲刷而使地基破坏，容易造成整个装置的滑移；当工作水深加大时，桩腿的长度、截面尺寸、重量均将迅速增大，同时使平台在拖航状态的稳定性变差，因而不适于在水深大的海区工作（一般最大工作水深在100m左右）；大型自升式钻井平台的桩腿存在振动问题。

2. 自升式钻井平台的构造特点

自升式钻井平台是一种由曲驳船形船体（上层平台）和数根能够升降的柱腿（带沉垫或不带沉垫）组成的移动式平台。自升式钻井平台海上作业包括拖航就位、升船压载、钻井完井和降船拔桩4个过程。

在自升式钻井平台的角落会配数量不等的桩腿，平台的主体可沿桩腿上升和降落。桩腿既是平台屹立在海上的支柱，又是平台爬升的梯子。平台作业前，往往依靠自身的推进器航行，或用拖船拖至目标海域，定好位置后放下桩腿，并将其插入海底。随后需要做一件非常重要的操作，即预压。所谓预压，是指预先对桩腿施加一定的载荷，使每条桩腿底部踩实，不至于作业时桩腿下陷发生倾斜，甚至倾覆，造成船毁人亡的严重后果。

为适应不同的工作水深，需由升降装置完成升降船和升降柱的工作，在着底作业时，应保持平台位置固定；在拖航时，应保持桩腿位置固定。整个升降装置系统包括动力系统、船体升降机械、桩腿的升降结构和固桩结构。升降装置目前常用气动、液压和电动齿轮 3 种传动方式。通常桁架式桩腿采用电动齿轮传动方式；圆形或方形管柱腿采用气动或液压传动方式。

自升式钻井平台矗立在海上，不可避免地会遭受大风浪的袭击。风作用在平台水面以上的部分，浪作用在平台海面附近，流则作用于海面以下的桩腿上，这将产生倾覆力矩。几乎所有的外力或力矩均由海底的支撑力来承担，由此可以说明预压使桩腿底部牢靠的重要性。

3. 自升式钻井平台的组成

自升式钻井平台的主体形式主要可分为三角形、四边形和五边形。通常在每个角上配一根桩腿支撑平台，少数情况下也会设置 6~8 根桩腿来提高平台的稳定性。平台主体结构应设计得足够强，用于承载钻井采油所需的设备。平台主体部分应设计成水密，确保海水隔离在外面。当平台浮于海面上时，主体部分提供浮力来平衡其重量，支撑钻井采油作业所需的设备。

自升式钻井平台的升降系统由桩腿和升降机构组成。桩腿有两种形式：空心圆柱式（图 4–5）或空心方柱式，以及用钢构件搭建的桁架式（图 4–6）。升降机构也有两种形式：油缸顶推和齿轮齿条驱动。油缸顶推的升降是逐段进行的，升降所需时间长，适用于 50m 以内的浅海环境；齿轮齿条驱动是连续进行的，可用于水深 160m 的环境，这也是目前自升式平台的工作极限水深。

运输方便、作业时无运动，是自升式钻井平台的主要特点。平台由于桩腿插入海底处于固定状态，风、浪、流的环境对船的影响比较小。平台升起作业时，由于考虑了安全气隙，海浪不会拍击到平台。但在拖航时，桩腿升起较大的高度，易受海风的影响，风浪较大时无法完成拖航任务。现在长途迁移已有半潜运输船这样的“移山神器”，可对自升式钻井平台进行“干拖”。

图 4–5　自升式钻井平台（圆柱式桩腿）

图 4–6　自升式钻井平台（桁架式桩腿）

4. 自升式钻井平台的发展

1954 年，世界上首座自升式钻井平台“德隆 1”号（图 4–7）建造成功，由此拉开了该平台广泛应用于海上石油开采的序幕。

图 4–7 “德隆 1”号钻井平台

随着石油钻探技术的不断革新，自升式钻井平台在一些关键技术（包含钻井能力、抗风浪能力、可变载荷和操控性能等方面）上进步神勇，平台开始由浅水海域逐渐朝中等水深及深水海域过渡。“波勃·帕尔麦”号是首座桩腿高度达 273m、适用于深水海域的自升式钻井平台。该平台建于 2003 年，其桩腿高度是金茂大厦总高度的 2/3。

目前，全球共有约 560 座自升式钻井平台，遍及世界各大海域。作业水深集中在 250m 以内，多数平台的使用年限已达 20~30 年，临界于设计使用极限。

五、半潜式钻井平台

随着海洋石油开发的水深不断增加，作业水深常常会超过自升式钻井平台的作业极限水深，这时就需要使用漂浮在水面上的平台进行钻探。漂浮在海上的浮式钻井船在钻井作业时稳定性差，为了解决这个难题，工程师想到在海洋平台上安装下浮体，增大浮力，把平台托出海面，大大减小海浪对平台的冲击，从而提高平台的稳定性，由此产生了半潜式钻井平台。

图 4–8 和图 4–9 分别显示了深水半潜式钻井平台和工程船为半潜式钻井平台服务情况。

图 4-8 深水半潜式钻井平台

图 4-9 工程船在为半潜式钻井平台服务

1. 半潜式钻井平台的构造

半潜式钻井平台又称柱稳式钻井平台，其特点为大部分的沉箱浸入水中，仅横截面很小的立柱与水面交界，形成小水线面、耐波性较好的移动式钻井平台形式。

半潜式平台主体由三大部分组成：上部箱形结构、中部立柱及其撑杆、下部沉箱。上部平台布置全部钻井机械、平台操作设备、物资储备和生活设施。中部立柱连接上层平台和下船体，提供浮力，立柱间由撑杆结构互相连接。下部沉箱能提供浮力，内设压载水舱，通过排水和灌水可将平台升起或下沉。下部沉箱有 2 个，立柱一般有 4~8 根，下部沉箱的上表面与立柱的底部相连。平台作业时，仅立柱处于水线上，使平台的水线面较小，可大幅度减小平台受波浪载荷的不利影响。上部箱形结构与立柱顶部相接，与下部沉箱一起组合成刚度大、稳定性强的钢架结构。该结构也可有效地将上部结构的载荷传递到平台的主要结构上。

当半潜式钻井平台自航或拖航到井位时，先锚泊，然后向下船体和立柱内灌水，待平台下沉到一定设计深度呈半潜状态后，就可进行钻井作业。钻井时，由于平台在风浪作用下产生升沉、摇摆、漂移等运动，影响钻井作业，因此半潜式钻井平台在钻井作业前需要先下水下器具，并采取升沉补偿装置、减摇设施和动力定位系统等措施来保持平台在海面上的位置，方可进行钻井作业。

半潜式钻井平台长期以来被用于钻井和采油，是一种比较成熟的技术。它具有抗风浪能力强（抗风 100~120 节[1]，波高 16~32m）、甲板面积和可变荷载大（达 8000tf）、适应水深范围广（深达 3000m）、钻井能力强（钻井深度 6000~10000m）等优点，同时具有钻井、生产、起重铺管等多种作业功能。

2. 半潜式钻井平台的特点

半潜式钻井平台上设有钻井机械设备、器材和生活舱室等，供钻井作业用。此类平台的上部箱形结构往往抬离水面一定高度，以避免设备及居住处所等受到波浪的冲击而发生破坏或威胁人员安全；水下沉箱完全浸没于水中，以提供足够的浮力；立柱的水线面较小，能够大幅降低平台所受的环境载荷，减小运动幅度；各立柱之间尽可能保持一定距离，以获得足够的稳定性。此外，立柱之间还可能采用撑杆连接在一起，以提高整体的强度和抗风浪能力。

图 4–10 和图 4–11 分别显示了早期多柱型半潜式钻井平台和半潜式钻井平台作业时状态。

[1] 1 节 =1n mile/h=1.852km/h。

图 4-10　早期多柱型半潜式钻井平台

图 4-11　半潜式钻井平台作业时状态

半潜式钻井平台有两种浮式状态：第一种在拖航时，平台基本都浮在水面上，水仅仅浸到浮箱顶部附件；第二种在作业时，水面会达到立柱两种颜色交界处。

与固定式钻井平台不同，半潜式钻井平台漂浮在水面上作业，受到风、浪、流环境条件的作用而时刻产生摆动，包括纵荡、横荡和艏摇方向的低频运动，以及垂荡、横摇和纵摇方向的波频运动，对钻井设备的安全作业产生不利影响，甚至会导致设备的破坏，因此需采用减摇装置、锚泊或动力定位系统、升沉补偿器等多种措施来确保平台各方向的运动维持在设备允许的范围内。

半潜式钻井平台主要用于钻勘探井，也可以钻生产井，并且可作为生产平台用于油田的早期开发，在钻探出石油后，即可迅速转入采油，此时可作为浮式生产系统的主体。

半潜式钻井平台的主要优点如下：工作时吃水深，用锚泊定位稳定性好，能适应恶劣的海况条件；工作水深范围大，用锚泊定位时，工作水深在 200~300m；甲板面积大，有利于钻井作业；移运灵活，移动性能好，自航的半潜式钻井平台的这一特点更为突出。

半潜式钻井平台的主要缺点如下：自航的半潜式钻井平台航速较低，大多数满载航速低于 8km/h，而钻井船为 8~14km/h；平台对负荷敏感，承载能力有限；造价较高，一般造价达一亿美元。

半潜式钻井平台能满足水深多变的要求，又能解决稳定性及移运问题，因此其比其他钻井平台更有发展前景，尤其从海洋石油开发向深度更深、海况更恶劣的海区发展来看，建造半潜式钻井平台应是主要的发展方向。中国首座自主设计、建造的第六代深水半潜式钻井平台“海洋石油981”于 2012 年 5 月在南海海域正式开钻。

3. 半潜式钻井平台的发展

半潜式钻井平台是由坐底式平台演化而来的，历经半个多世纪的发展，目前全球共有半潜式钻井平台 150 座左右，已经由第一代发展到目前引领潮流的第六代，关键技术已经过多次改造和革新。深水半潜式钻井平台目前以第五代、第六代为主，主要特点如下：

（1）引入优良的设计理念，使平台的可变载荷与总排水量的比例超过 20%，空船重量与总排水量的比例小于 25%。

（2）可变载荷大、平台主尺度大、钻井作业配套物资（如水泥粉、重晶石粉、钻井液、燃油、淡水等）的储存能力强。

（3）外部结构加强的节点少，无斜撑连接各立柱的简单主体型式。

（4）平台抗风暴能力强，安全性高。同时，较大的燃油、水储藏能力使自持能力更长，满足全球远海、超深水、全天候、长时间的迁移和作业模式。

（5）可实现3000m的超深水作业。预计未来20年，将出现具有5000m水深钻探能力的半潜式钻井平台。

（6）装备大功率的新一代先进钻井设备、动力定位设备和变频发电设备。

六、钻井船

要在深水、超深水的海底钻井，并不是任何海洋开发装备都能完成的，必须使用钻井船或半潜式平台等有动力定位能力的浮式装置。虽然如今很多浮式钻井装置的设计最大工作水深能达到3000m以上，但真正在此深度上成功钻井的却并不多。

钻井船是利用普通船型的单体船、双体船、二体船或驳船的船体作为钻井工作平台的一种海洋移动式钻井装置。钻井作业时，船体呈漂浮状态，是一种适宜于深水区域作业的钻井装置。其工作水深主要取决于钻井船的定位方法：用锚泊定位，工作水深在200~300m；采用动力定位，工作水深可达6000m。

钻井船到达井位后，先要抛锚定位或动力定位。钻井时和半潜式钻井船平台一样，整个装置处于漂浮状态，在风浪作用下，船体也会产生上下升沉、前后左右摇摆及在海面上漂移等运动，因而需要水下器具和采用升沉补偿装置、减摇设施和动力定位等多种措施来保证船体定位在要求的范围内，才能进行钻井作业。

1. 钻井船概述

钻井船是设有钻井设备，能在多点错泊定位或动力定位状态下进行海上石油钻井作业的专用船舶。钻井船是船型钻井平台，通常是在机动船或驳船上布置钻井设备。钻井船漂浮在水面上，水线面积大，波浪和水流对船的作用明显。此外，钻井船上层建筑大、设备多，平台易受台风的影响，因此钻井船的作业窗口期比较短。但是它可以用现有的船只进行改装，因而能以最快的速度投入使用。

早期的钻井船多数由驳船、油船和货船等旧船改装而成，只适用于浅水、海况温和的海域。现代钻井船带有先进的钻井和生活设施，并且适应水深大，机动性好，自持力强，甲板可变载荷大，带有动力定位系统，同时具有自航能力；缺点是受风浪影响大，稳定性差。新型的钻井船正朝着大型化、自动化、作业多样化的方向发展。

图 4-12 显示了“Maersk Venturer”号钻井船。

图 4-12 “Maersk Venturer”号钻井船

钻井船主要可分为钻井模块、动力模块和生活模块。其中，钻井模块集中在钻井船的舯部位置附近，船舶在此地方的运动比较小，稳定性好，水下设备和钻杆从船舯所开的月池处放入水中。动力模块一般放于船艉，为全船发电，内部的柴油机与推进器相连，推动船前进。生活模块一般布置在船的艏部，可提供上百人同时居住，同时也避开了艉部动力模块振动引起的人员不舒适感。新型钻井船的设计紧凑，双联井架交替使用，甲板可变载荷可达万吨，工作水深超 4000m。

按照推进能力，钻井船分为自航式和非自航式，无自航能力的称为钻井驳，有自航能力的称为钻井船，可灵活移位。按照定位，钻井船分为多点铺泊式、单点锚泊式和动力定位式。按照钻井架在船上的布置，钻井船可分为纵中钻井型和舷侧钻井型两种。纵中钻井型：井架对称于纵中剖面设置于船中。由于在钻井架正下方开有月池，作业结束后，其必须采用钻井液管悬浮方式完井或采用海底完井的钻井作业法，以便在钻井船移位之前先把穿过月池并固着于海底上的导管拆除掉，使其不影响移位工作。舷侧钻井型：于船体一舷设有两根伸出舷外的悬臂梁结构，钻井作业时将井架推出并固定于其上，作业结束后不必拆导管即可移航。但作业载荷集中于一舷，须在另一舷设置压载水舱或伸出舷外的压载水舱以消除横倾。由于消除横倾而向压载水舱灌水及排水，使钻井作业变得复杂。

钻井船船体有一个通往海面的“开口”——月池。月池一般在船体中心部位，从甲板一直到船底，能将钻头、钻杆伸入水中。当然，船体的水密性肯定是有保证的，不用担心该开口会漏水。月池、钻井甲板井架是钻井船与其他用途船舶的重要区别。

钻井船体型较宽，一方面是为了弥补因开月池而下降的船体强度；另一方面也是为了能拥有足够大的空间用于布置整套钻井系统设备。同时，较大的船身也能让其拥有更大的装载空间，可携带更多的钻井所用设备和材料，如钻杆、隔水管、油管、钻井液等，从而减少对供应船的依赖，降低了运营费用，并提高了工作效率，尤其是对于离岸较远的工作海域，更能体现价值。此外，体型较宽意味着水线面积大，船的稳定性好，同时船上重量的变化对钻井船的吃水影响较小。

2. 钻井船的特点

钻井船的最大技术特征就是结合了船和钻井平台两者的特性。它以船的形式出现，既是一个浮体，又拥有较好的自航能力，而且拥有更大的甲板空间及甲板载荷能力。它可以较灵活地在油井的两个工作区域之间航行，现今钻井船的最高航速可以达到 15 节。钻井船比平台的经济性更好。

钻井船适宜在深水中钻勘探井，也可用于钻生产井和作为浮式生产系统中的主体。钻井船的主要优点如下：自航式钻井船调遣迅速，移动性能好，而且航速较高；水线面积较大，船上可变重量（即钻杆、套管、钻井用水、钻井液、钻井液材料、水泥、燃油等钻井作业所需的物资及器材重量）的变化对钻井船吃水的影响较小；储存能力较大，海洋自存能力强；工作水深大，如采用计算机控制推进的自助动力定位钻井船，工作水深不受限制。钻井船的主要缺点如下：受风浪影响大，对波浪运动敏感，稳定性差，对钻井作业不利，工作效率较低，只适宜在海况比较平稳的海区进行钻井作业；甲板使用面积小；动力定位钻井船造价较高。

由于钻井船具有自航能力，机动灵活，能够在深水中钻井，尤其是钻探工作将向更深的海区发展，因此其仍是海洋移动式钻井装置中不可缺少的类型。

3. 钻井船的发展历程

1955 年，世界第一艘钻井船“CUSS I”号诞生。该船由一艘大型甲板驳船改装而成。船上拥有 3 块甲板，工作面积达 2800m^2。船底安装钻机，采用施杆式井架，设计有一套独特的立管和井口。1957 年，该船完成了一次 122m 工作水深的钻探。至 1958 年，“CUSS I”号累计钻探 30000 多米。

目前，钻井船的主要建造国家是韩国和日本，海上石油钻探最深的探井可以达到海底下 7000m。世界各国的钻井船已超过 100 艘，新问世的钻井船排水量不断增加，钻井设备储存更多，同时深水作业能力提高。

第二节　海洋油气生产装备

海洋油气开发的目的是开采石油和天然气，即通过一定的技术手段有效地把地下的石油和天然气开采出来。一个地区的油气藏是否具有开采价值，需通过海上油气勘探来探明油气藏的存储位置、储量和地质构造特性等情况。一旦决定开始油气开采生产，就需要另外一批海洋平台和相关设备大显身手了。为此，建造海洋采油平台用于开采石油和天然气，并对油气进行初步处理（如油气分离、油水分离）。

油气开采生产首先需要进行油田建设：开发钻井、完井、采油。开发钻井是继勘探钻井之后为开采石油所进行的钻探施工，即钻生产井。完井是对已完钻的生产井以一定的作业程序和井内作业器具通过射穿油气层并安装好采油树，来控制油气按照人们的意愿从井中开采出来的过程。采油是指对完井的各井有计划地开启采油树阀门、控制各井产出原油，或以机械提升、化学注入、注水、气举等方式从井内采出石油。

根据作业和水深，油气生产中可采用的平台如下:（1）水深≤160m时，采用混凝土坐底式平台;（2）水深≤350m时，采用导管架平台;（3）水深为500~1500m时，采用张力腿平台、立柱式平台和半潜式生产平台;（4）水深≥1500m时，采用立柱式平台和半潜式生产平台。

在一定的环境条件下提供一个相对稳定的作业平台，是油气生产装备的功能要求。

一、混凝土坐底式平台

混凝土坐底式平台是钢结构坐底式平台的升级版，又称重力式平台（图4-13）。混凝土坐底式平台是固定式平台，最多可在300m水深下作业。混凝土坐底式平台依靠其自身的巨大重量竖立在比较坚硬的海底。这种平台耐海水腐蚀性强，能节省大量钢材，但需灌注的混凝土量极大，必须有一整套能在海洋快速灌注混凝土的专用设备。由于混凝土的抗磨损、抗腐蚀特性好，因此这种平台依靠钢筋混凝土柱体结构支承上部模块，使平台总高比钢结构坐底式平台高，就像一座钢筋混凝土摩天大厦。同时，混凝土坐底式平台具有可承受火灾、爆炸，坐底的沉垫可用来储油的优点。混凝土坐底式平台体型庞大，作业排水量可达上百万吨，因此制造、安装、拖航难度巨大，需要动用7~8艘海洋拖船进行拖航。

图4-13　混凝土坐底式平台

1. 混凝土坐底式平台的主要组成

混凝土坐底式平台主要由底座（或沉垫）、甲板和立柱 3 部分组成。已建成和正在研究、设计的混凝土平台种类繁多，有的把底座做成六角形、正方形、圆形，也有的把立柱做成三腿、四腿、独腿等各种形式。

（1）底座：底座是整个建筑物的基础。为了抵抗巨大的风浪推力，要求平台有很大的底座结构，而较大的底座又正好可以用来储存原油，这就使得混凝土坐底式平台兼具钻、采、储三者的优点。

（2）甲板：甲板为生产提供工作场所，在甲板上可安装各种生产处理设施和生活设施。

（3）立柱：立柱连接在沉垫和甲板之间，用于支撑甲板。

2. 混凝土坐底式平台的主要特点

（1）功能多。混凝土坐底式平台一般具有钻井、采油、储油、输油等多种功能。可以用于设计成多功能的平台，不但可以在水下进行石油储存，而且非常可靠。

（2）海洋作业条件好。有较大的负载性能，而且由于甲板面积大，更容易进行作业、施工。

（3）可以重复利用，不需要在海洋打桩作业。相对于钢导管架平台，混凝土坐底式平台不仅制造周期更短，海洋安装作业时间也更短。此外，还具有节省钢材、易于就地取材、施工技术要求低等特点。例如，北海 Statfjord B 平台，从拖航、定位、沉放座底至基础下灌浆，全部海洋施工作业时间只用了 18 天。

（4）抗疲劳、抗海水腐蚀性能好，耐久性好，使用年限长。通常来说，混凝土结构的设计使用寿命是 50 年左右。在北海安装的混凝土坐底式平台在所处的大风、浪、冰载荷等非常恶劣的海洋环境条件下作业一直较好。

（5）易于维修，费用低。混凝土平台结构损坏的情况不多，出现损坏的维修也是由概率不大的船与平台相撞事故造成的。

二、导管架平台

导管架平台作为浅海地区采油装备，可在水深 10~200m 的范围内（个别平台超过 300m）工作。导管架平台是目前世界上使用最多的一种平台，也是最成熟和最通用的一种平台型式。在海洋建立导管架平台时，先在海底井位处安放一个导管架，再在导管内打桩插入海底岩层，并注水泥，把导管和桩柱组成牢固的整体，最后在导管架上安装钻井或采油平台。

1. 导管架平台概述

导管架平台是用钢管桩通过导管架中空管柱打桩固定在海底的海洋桩基式平台（图 4–14）。导管架本身具有足够的刚性，以保证平台结构的整体刚度，从而提高了平台抵抗风、浪、流等载荷的能力。

图 4–14　导管架平台

导管架平台主体包括基础结构和上部结构两部分。基础结构分为导管架和钢桩。上部结构由甲板、梁、立柱、桁架构成，主要作用是为海上钻、采提供必需的场地，以及布置工作人员的生活设施，提供充足的甲板面积，保证钻井或采油作业能顺利进行。

导管架平台的优点是抗风浪的能力较强，适应的工作水深一般小于 300m。为了避免海浪打到平台底层上，平台的下表面应高出静海面 6~10m。在中国水深 20m 左右的渤海湾地区，通常采用导管架钻井、采油平台。导管架平台主要由导管架、桩和甲板组块三大部分组成。

（1）导管架。导管架是钢架结构，由大直径、厚壁的钢管焊接而成。

钢桁架的主柱（也称大腿或腿柱）作为打桩时的导管，因此称为导管架。导管架主管可以是三根的塔式导管架，也有四柱式、六柱式、八柱式等，视平台上部模块尺寸大小和水深而定。导管架的腿柱之间由水平横撑与斜撑、立向斜撑作为拉筋，以起到传递负荷及加强导管架强度的作用。

（2）桩。导管架依靠桩固定于海底，桩结构有主桩式，即所有的桩均由主腿内打入；也有裙桩式，即在导管架底部四周布置裙桩套筒，裙桩通过套筒打入，裙桩一般是水下桩。

（3）甲板组块。进行甲板组块结构设计时，首先要确定甲板结构的主要轮廓尺度，主要指甲板面积和甲板高程。甲板面积和甲板高程是平台总体规划中的两个重要尺度，其对决定支承结构轮廓尺度有重要影响。

导管架平台安装完成后，底部结构与桩基相连，桩基插入泥面以下为平台提供刚性支持，作业水深一般不超过300m（世界在役最大的导管架平台——Bullwinkle平台作业水深达492m）。导管架平台可采用干式采油，多为综合处理平台，或用于钻井和采油的井口平台。

目前，中国已建成导管架平台200多座，拥有丰富的设计、建造、安装、运维经验。导管架平台仍将是中国用于浅水开发的主力平台。

2. 导管架平台的特点

导管架平台分为主桩式（桩沿导管打入）和裙桩式（桩沿平台四周的裙桩套筒内打入）。

按照导管腿的数量和主要特征，导管架可分为单腿导管架、双腿导管架、三腿导管架、四腿导管架和八腿导管架。

按照水深和导管架工作环境特点划分，水深小于60m的导管架为浅水导管架，水深超过100m的导管架为深水导管架，水深介于二者之间的导管架为浅深导管架。浅水导管架与深水导管架的结构有差别，深水导管架平台拥有更为密集与复杂的拉筋等桁架结构，像密集的立体网络，以承受更大水深的海水压力与其他各种作用力。

按照质量划分，质量在1000t以下的导管架为小型导管架，质量在1000~5000t的导管架为轻型导管架，质量在5000~10000t的导管架为中型导管架，质量在10000t以上的导管架为重型导管架。

3. 导管架平台的发展

世界上第一座固定式海洋平台建于 1887 年，安装在美国加利福尼亚州的油田上。1947 年，在美国墨西哥湾海域水深 6m 处成功地安装了世界上第一座钢质导管架平台。此后，海洋油气平台开始迅速得到发展。

20 世纪 70 年代末，巨型导管架平台已工作于墨西哥湾 400 多米的水深中。这种导管架式平台逐渐地扩展到更深的水域和更恶劣的海洋环境中。迄今为止，世界上建成的大中型导管架海洋平台约有 7800 座，服役时间超过 25 年的导管架平台占比 50% 以上。这些平台以勘探、开发海洋资源为主。

三、张力腿平台

导管架平台的极限作业水深不能超过 500m，那么更深处的海洋油气资源就需要依靠浮式钻井平台来担此重任。人们在探索深海采油平台时，开始尝试一种具有类似导管架平台的塔体，又增加了一些构件，以限制和约束塔体在外力作用下所产生的漂荡，从而满足油气开采对位置稳定性基本要求，这种平台即为张力腿平台。

1. 张力腿平台的结构

张力腿平台是一种垂直系泊的顺应式平台，其主要的设计思想是通过平台自身的特殊结构型式和安装方法，产生远大于平台结构自重的浮力，浮力除了抵消自重，剩余部分（称为剩余浮力）与张力腿的预张力平衡。预张力作用在张力腿平台的垂直张力腿系统上，使张力腿时刻处于受拉的绷紧状态。较大的张力腿预张力使平台平面外的运动较小，近似于刚性。

张力腿平台主船体包括垂直于水面的立柱以及浸没于水中的浮箱。张力腿平台的立柱一般为圆柱形结构，是平台波浪力和海流力的主要承受部件。下浮体是三四组或多组箱形结构，浮箱首尾与各立柱相接，形成环状结构。

张力腿将平台和海底固接在一起，为生产提供一个相对平稳安全的工作环境。此外，张力腿平台本体主要是直立浮筒结构，一般浮筒所受波浪力的水平方向分力较垂直方向分力大，因而通过张力腿在水平面内的柔性实现平台水平方向运动。张力腿平台的结构型式使得其具有良好的运动性能。

图 4–15 和图 4–16 分别显示了三柱式张力腿平台和四柱式张力腿平台。

图 4–15　三柱式张力腿平台

图 4–16　四柱式张力腿平台

2. 张力腿平台的特点

目前，全球张力腿平台已投入使用的有 24 座，其共同点如下：具有良好的运动响应特性；可在 300~1500m 水深大展身手。张力腿平台保留了传统的固定式生产平台的许多作业优势，其生产操作方式和维护作业方式与传统固定式平台相似。但是，对于深海油田，由于张力腿平台造价低，特别是在 300~1500m 水深范围内，采用张力腿平台优势更为明显。

四、立柱式平台

1. 立柱式平台的结构

立柱式平台是一种典型的应用于深水的浮式平台（图 4–17）。立柱式平台集钻井、生产、海上原油处理、石油储藏和装卸等多功能于一身，与浮式生产储油轮配合使用。

图 4–17　服役中的立柱式平台

与其他类型的平台相比，立柱式平台吃水较深，最深近 200m；垂荡和横摇周期长，具有良好的运动性能。自 1997 年第一座立柱式平台在墨西哥湾海域投产以来，20 多年间，立柱式平台已成为深海油气开发的主要平台类型之一。

传统立柱式平台的主体为大直径、大吃水的具有规则外形的柱状浮式结构。主体的外壳上还装有两三列侧板结构，侧板沿整个主体的长度方向呈螺旋状布置。螺旋状侧板能够对经过平台圆柱形主体的水流起到分流作用，减少对平台有害的涡激运动。

立柱式平台的主体柱状结构水线以下部分为密封空心体，以提供浮力，称为浮力舱。主体中有 4 种形式的舱：第一种是硬舱，位于壳体的上部，其作用是提供平台的浮力；中间部分是储存舱；在平台建造时，底部为平衡/稳定舱；当平台已经系泊并准备开始生产时，平衡/稳定舱则转化为固定压载舱，主要用来降低重心高度。

2. 立柱式平台的特点

立柱式平台是一种深吃水平台，具有很好的稳定性和较好的安全性。

由于吃水深、水线面积小，立柱式平台的垂荡运动比半潜式平台小，在系泊系统和主体浮力控制下，具有良好的运动特性，特别是垂荡运动和漂移小，适宜于深水锚泊定位，成为目前主要的适用深水干式井口作业的浮式平台。与其他浮式结构相比，立柱式平台具有以下三大优势：

（1）特别适宜于深水作业。

立柱式平台投入使用后，经历了各种恶劣海况，从未发生过重大的安全事故。

（2）灵活性好。

采用缆索系泊系统固定，使得立柱式平台便于拖航和安装，在原油田开发完后，可以拆除系泊系统，直接转移到下一个地点，特别适宜于在分布面广、出油点较为分散的海域进行石油探采。

（3）经济性好。

由于采用系泊索固定，立柱式平台造价不会随水深的增加而提高。

五、水下生产系统

20世纪50年代，当时的海洋石油勘探无法在较深的水域建造和安装平台，为此人们利用水下完井技术发展出水下生产系统，并在20世纪60年代建造出第一座水下井口。随着深海油气开发规模的不断扩大，除了深水生产平台，水下生产系统也被越来越多地用于油气开发。

1. 水下生产系统的特点

水下生产系统适用于深水油田，固定式生产平台和浮式生产平台都能使用。同时，它又是一种相对独立的生产系统，与生产平台及海底管道等设施组成海洋油田开发系统。

水下生产系统通过在水下布置油井、采油树、生产管汇，放置油气多相泵、分离器等工艺设备和水下通信控制设施及海底管道，将采出井流回

接至附近水下 / 水面依托设施或岸上终端进行处理。

水下生产系统适应性强，可适应不同的水深，不受海上恶劣环境的影响。由于将大量设备安装在海底，水下生产系统大大节省了原本需要占用平台的荷载和空间；也不再需要将采出井流送回平台进行处理，简化了生产过程。

水下生产系统可比海上采油平台节省建设投资。随着海上深水油气田及边际油田的开发，水下生产系统在结合固定平台、浮式生产设施组成完整的油气田开发方式上得到了广泛应用。3000m 水深以内的水下生产系统已在西非、墨西哥湾、北海等区域经过了实践检验。

2. 水下生产系统的组成

水下生产系统由水下井口、采油树、管汇、水下控制系统和脐带缆、水下分离系统组成。

（1）水下井口。

水下井口是海底油气输送通道中的关键节点，其主要功能是有效控制来自海底井口的工作压力，保证海底油气按照设定的流速和流量输送到海底油气集输处理系统，并最终输送到采油平台及陆上终端。

图 4–18 显示了水下井口。

图 4–18　水下井口

（2）采油树。

采油树，又称十字树、X 形树或圣诞树。它是一个位于通向油井顶端开口处的组件，包括用来生产、测量和维修的阀门，以及安全系统和一系列监视器械。采油树连接了来自井下的生产管道和出油管，同时作为油井顶端和外部环境隔绝开的重要屏障。采油树包括许多可以用来调节或阻止所产原油蒸气、天然气和液体从井内涌出的阀门。采油树通过海底管道连接到生产管汇系统。

水下采油树的构造比陆上采油树复杂，按照阀组的位置分为立式采油树和卧式采油树。两种采油树的主要区别是阀门相对于井口生产油管的方向不同，卧式采油树的控制阀门和抽汲阀门与生产油管柱孔保持垂直，油管悬挂器的顶部和底部环绕着侧向孔环向密封。此外，卧式采油树可以适应大直径的油管和联合装置，后期维护更容易，在修井方面也比立式采油树更节约时间，因而得到广泛的使用。

（3）管汇。

水下生产系统的管汇由管子和阀门组成，用来分配、控制管理石油和天然气的流动。管汇安装在海底井群之间，主要把各井采出的油气集合起来通过海底管线输送到海上平台或陆上终端。图 4–19 显示了水下管汇系统。

图 4–19　水下管汇系统

从管汇终端到一些大型的结构（如水下加工系统）都属于管汇，因此有多种类型的管汇。管汇系统和采油井是相互独立的，采油井和海底管道通过跨接管与管汇系统相连接。管汇系统主要由管汇主体、支撑结构和基础组成。

管汇系统的安装需要工作船、起重机船或者浮式钻井船等配合完成。

（4）水下控制系统和脐带缆。

水下控制系统和脐带缆相互配合，对水下生产系统进行控制。目前，水下控制系统主要是采用电液复合控制，需由水上设施提供液压液作为动力，通过脐带缆传递控制和液压信号至水下控制模块，再将采集到的井口压力、温度等信号通过脐带缆传送到水上控制终端，从而实现对水下生产的监视与控制。由于水下生产系统设备较多，且布置分散，一般要在水下设置分配单元或脐带缆终端设备，按照水下生产系统设备的布置将脐带缆供应的液压、电力及化学药剂通过水下分配单元进行二次或多次分配。

随着海洋油气资源开发向深海拓展，水下生产系统增添了水下分离、水下增压和水下清管等系统。

（5）水下分离系统。

在海底实现水下分离，可以降低能耗，减少水合物抑制剂的使用，增强海底管线的输送能力，提高输送效率。按照功能，水下分离系统又分为油水分离系统和气液分离系统。

水下油水分离系统是在海底对生产流体进行初步处理，即进行油水分离，分离出的水输送至注水井，回注至生产井储层，与传统的处理方式（即将产出液送至海上或陆上处理设备进行处理）相比，大幅降低了将海底油气举升至海上终端所需的能量。

水下气液分离系统产出气液经生产管汇输送到分离器进行气液分离，分离出的气体和液体再分别经管线输送到海上生产单元。其主要功能是提高油的产量和采收率，对于一些特定的区块，当采用传统技术已不能得到收益时，采用该系统可以延长区块的开采寿命。由于该系统允许使用高效设备，因此还可以与水下增压系统配合工作。

第三节　海洋油气集输处理装备

通过油井从地底开采出的流体称为碳氢井流，这种流体内含有油、气、水、泥及其他杂质，而油气处理就是清除杂质，分离油、气、水、泥，然后进入储存容器。经过这种初步处理的油品称为原油。而后经过炼油工序的处理，才能提炼出汽油、煤油、柴油和重油等各种产品，这些产品可以为各行各业所利用。

与陆上油气处理系统不同的是，海洋平台油气处理系统除有油、气、水分离系统，计量系统，污水处理系统和火炬燃烧系统以外，总体布局更加紧凑，安全规定更加严格，因此其处理能力更强。例如，中国“海洋石油 17”号浮式生产储卸油装置每天可以处理原油 19×10^4bbl，处理能力相当于陆上面积为 10km^2 的油气加工厂。

本节主要对浮式生产储卸油装置（FPSO）进行介绍。图 4–20 和图 4–21 分别显示了 FPSO 与水下生产系统、FPSO 与穿梭油轮。

图 4–20　FPSO 与水下生产系统

图 4–21　FPSO 与穿梭油轮

一、FPSO 概述

海上油气处理是对开采出的油气井流进行处理，基本为物理过程，常采用 FPSO 进行油气分离、含油污水处理，以及原油产品的储存和外输，其系统功能相当于一座海上油气处理工厂，是集人员居住与生产指挥系统于一体的综合性海上石油生产基地。

作为海洋油气开发系统组成部分的FPSO，是目前海洋工程装备中的高技术产品，它通常与钻井平台或海底采油系统、穿梭油轮等组成一个完整的采油、原油处理、储油和卸油系统。FPSO作业原理如下：通过海底输油管线接收从海底油井中采出的油、气、水等混合物，经过加工处理成合格的原油或天然气，成品原油储存在货油舱，到一定储量时，经过外输系统输送到穿梭油轮。

FPSO是应用范围最广、应用数量最多的浮式生产装备。经过40多年的实践积累，FPSO技术已经日臻完善，分布在世界各油气生产海域，占浮式海洋工程装备的半壁江山。基于经济性、环境适应性、建造灵活性等系列优势，FPSO在未来油气田开发（特别是超深水油气田开发）中仍会发挥主导作用。

二、FPSO特点与组成

作为海上油气生产设施，FPSO主要由系泊系统、载体系统、生产工艺系统和外输系统组成，涵盖数十个子系统。相较于其他采油生产装备，FPSO的优势在于存储和外输。目前，最大的FPSO载重量已超过35×10^4t。船形装备使其与穿梭油轮转驳外输时更便利，还省去了海底输油管道费用。

FPSO抗风浪能力强，适应水深范围广，转移方便，可重复使用，这些优点让其广泛适合于各种海洋油气田开发，已成为海上油气田开发的主流生产方式。FPSO适合开发的油气田包括远离海岸的深海、浅海海域及边际油气田。

FPSO结构由上部组块和船体两大部分组成，外形类似油轮，但复杂程度远高于油轮。船体部分实现FPSO的一项重要功能——储油，同时又作为平台，承载各种功能模块作为上部组块。图4-22和图4-23分别显示了FPSO主船体和FPSO储油舱。

FPSO的船体在风、浪、流、潮作用下，要能够长期被约束在一定范围内，所受的外载荷比普通油轮复杂得多，局部结构强度要做特殊设计。此外，作为载体，船体包含动力模块、生产模块、储油模块、消防模块和生活模块等，在布局和分隔上更加讲究，安全、救生、环保等要求高。

图 4-22　FPSO 主船体

图 4-23　FPSO 储油舱

按照船体的结构型式，FPSO 分为船形 FPSO 和圆筒形 FPSO；按照系泊方式，FPSO 分为单点系泊 FPSO 和多点系泊 FPSO。

1. FPSO 的定位系统

FPSO 的定位方式分为多点系泊和单点系泊。

（1）多点系泊。

多点系泊通过多个固定点用锚链将 FPSO 固定，能够阻止 FPSO 横向移动（图 4-24）。这种方式只适合海况较好的海区。

（2）单点系泊。

单点系泊分为转塔式和钢臂式等多种类型，其中较常用的是内转塔系泊系统（图 4-25）、外转塔系泊系统（图 4-26）和软钢臂系泊系统。

图 4-24　多点系泊

图 4-25　内转塔单点系泊

图 4-26　外转塔单点系泊

内转塔系泊系统转塔位于船体内部，内转塔高度一般与船体型深相同，下部直径超过 10m。外转塔系泊系统转塔位于船体外部，转塔底部与多根锚链相连，锚链的另一端锚固在海底。软钢臂系泊系统由导管架、旋转接接头、系泊铰接臂以及 FPSO 上的支架组成，通过导管架固定于海底。

无论是什么类型的单点系泊系统，都涉及机械强度高、密封性好的机械旋转接头。在风、浪、流的转动下，该旋转接头不仅承受着巨大的动载荷，还要在运动中保证管道畅通，以及供电和信号的传输。旋转接头装置往往处于风、浪、流、潮等交替作用之下，在这样的“风口浪尖”之上，如果发生事故，救援十分困难，因此旋转接头装置必须具有很高的安全性。由于海上设施离岸维修条件差、检修周期长，因此要求旋转接头装置性能可靠、经久耐用。在整个采油系统中，旋转接头装置是一个要求极高的关键设备。

单点系泊最显著的特点是“风标效应”。当风、浪、流方向改变时，船体会绕单点系泊为中心 360° 旋转，转动到受风、浪、流等环境载荷影响较小的位置，垂向运动和系泊缆张力较小。

1958 年，世界上第一套单点系泊系统在瑞典作为“海上加油站”成功投产，揭开了单点系泊技术在海洋石油开采和海上原油中转等领域上的应用序幕。中国第一套单点系泊系统于 1994 年 9 月建成投产。60 多年来，单点系泊技术随着近海石油勘探开发和海上运输业的发展而迅速发展。

2. 油气处理系统

FPSO 的油气处理系统包括油、气、水分离系统，计量系统，污水处理系统和火炬燃烧系统等。

从井内采出的混合流体通过物理、机械等方法分离出达到向外输出标准的原油、天然气和达到排放入海标准的污水的整个过程，被称为油气分离处理。将各采油平台分离处理后的原油和天然气加以集中、储存，并通过穿梭油轮和海底油气管线等方式将原油、天然气输送至油气终端，被称为油气集输。

3. FPSO 油气外输系统

FPSO 油气外输系统包括卷缆绞车、软管卷车等，用于连接和固定穿梭油轮和收放原油输送软管。FPSO 油气外输方式包括旁靠外输（图 4–27）和串靠外输（图 4–28）。

图 4-27　FPSO 旁靠外输

图 4-28　FPSO 串靠外输

（1）旁靠外输。

旁靠外输是 FPSO 和穿梭油轮以双方艏部同向或艏艉同向并排作业的一种原油外输方式。旁靠外输时，穿梭油轮和 FPSO 之间通过带缆连接，穿梭油轮始终随 FPSO 的转动而转动，从而使穿梭油轮和 FPSO 之间保持相对位置稳定。为了避免穿梭油轮和 FPSO 发生碰撞，穿梭油轮和 FPSO 上需安装防护装置。

旁靠外输受海况影响较为明显，特别是 FPSO 和穿梭油轮船体形状和尺寸差别较大时。经验表明，平均波高小于 1.5m 时，可以采用旁靠外输方式外输原油。旁靠外输方式虽然受环境条件限制，但对于海况条件良好的海域，由于旁靠外输方式所要求的系泊设施和原油输送软管比串靠外输方式少，投资也较少，因此具有一定优势。

（2）串靠外输。

串靠外输是FPSO和穿梭油轮采取前后停靠进行原油外输的一种方式。串靠外输过程中，穿梭油轮自主航行至距FPSO安全的距离，由一条拖轮协助将由FPSO引过来的系泊缆绳传递到穿梭油轮上。穿梭油轮通过缆绳连接于FPSO的船艉。之后由拖轮再将输油软管传递到穿梭油轮上连接好输油管线。拖轮要始终根据变化的潮流不断调整船位，使穿梭油轮和FPSO保持在一条直线上，并保持50~100m安全距离，直至外输作业完毕。

当穿梭油轮与FPSO以艏艉相接的方式输油时，辅助拖轮反方向拖拽穿梭油轮，使钢缆张紧，保持油轮与FPSO的距离。

串靠外输方式在FPSO与穿梭油轮快速解脱和迅速脱离方面灵活性强，对两船吨位匹配、装载工况、海况条件等要求较低。串靠外输可以在波高5m时安全工作，更适用于单点系泊FPSO。

三、FPSO应用方案

FPSO可以与导管架井口平台、自升式钻采平台、半潜式生产平台或外输油（气）管组合成为完整的海上采油、油气处理、储油和卸油系统。

1. FPSO与导管架井口平台组合的应用方案

（1）导管架井口平台负责向海底钻探，并通过立管将海底的原油（未经加工处理过的混合石油）开采出来。

（2）由于导管架平台不能存储油，因此将开采出来的原油输送给附近的FPSO。

（3）通过FPSO上的处理系统，将原油分离为石油、天然气、沥青等物质。

（4）FPSO上处理后的石油可储存在FPSO的储油舱内。

（5）穿梭油轮定期驶向FPSO，将存储于储油舱内的石油抽出，并运向各大港口。

图4–29显示了导管架平台+船形FPSO+穿梭油轮组合情况。

图 4-29　导管架平台 + 船形 FPSO+ 穿梭油轮

2. FPSO 与自升式平台组合的应用方案

该方案同 FPSO 与导管架井口平台组合的钻采、储卸油的步骤基本一致。

自升式平台与导管架平台类似，受水深的限制，一般服役于水深 200m 以内的浅水区域。自升式平台可以将插入海底的桩腿收起，更换海域作业，因此移动式的自升式平台比固定式的导管架平台应用价值更高。

图 4-30 显示了自升式平台 + 圆筒形 FPSO+ 穿梭油轮组合情况。

图 4-30　自升式平台 + 圆筒形 FPSO+ 穿梭油轮

3. FPSO 与半潜式生产平台、穿梭油轮组合的应用方案

（1）由半潜式生产平台将海底的原油抽出，通过处理装置将原油分离出纯度高、杂质少的石油。

（2）由于半潜式生产平台一般没有储油舱，因此需要将处理好的石油输送到 FPSO 上进行存储，FPSO 也可将石油继续处理。

（3）通过穿梭油轮将处理好的石油运输至各大港口。由于 FPSO 与半潜式生产平台最大的作业水深均可达到上千米，因此该组合方案可应用于深水海域。

图 4–31 显示了半潜式生产平台 +FPSO+ 外输管线组合情况。

图 4–31　半潜式生产平台 +FPSO+ 外输管线

4. FPSO 与外输油管的应用方案

（1）FPSO 将海底的原油抽取出来，通过其上的设备将原油进行初步加工，并存储在储油舱内。

（2）将 FPSO 与外输油管连接，通过卸油装置将原油或天然气经由外输油管输送至岸上。该方案不需要穿梭油轮来回运油，但需相当长的海底管线。

此外，FPSO 更适用于深水采油，与海底采油系统和穿梭油轮组合成完整的深水采油、油气处理、原油储存和卸油系统。

第五章 >>>
海洋油气开发特点及风险分析

海洋油气开发行业是技术密集型行业，为了提高安全性和自动化程度，应用了大量的高新技术，技术复杂程度高、综合性强，投资金额一般较大。此外，海洋巨大的水体及变幻莫测的海况为正常的海洋油气开发带来的巨大困难。

海洋油气开发过程中，还可能由于各种风险因素的影响给企业造成巨大的损失，包括海洋环境风险、自然灾害风险、人的风险、设备设施风险、责任风险、社会风险、生产过程风险等。

第一节　海洋油气开发特点

一、海洋油气开发工程特点

海洋油田开发与陆上油田开发相比，在开发工艺技术上并无本质上的区别，所不同的是油田位于海底，巨大的水体及变幻莫测的海况给海洋油田的开发带来异乎寻常的困难。因此，海洋油气开发工程具有技术复杂、难度高，投资巨大，高风险，海洋环境影响大，开发建设周期长而油田开发寿命短等特点。

（1）技术复杂、难度高。

海洋油气开发工程技术复杂，涉及面广，其涉及海洋物探工程、海洋油藏工程、海洋钻井工程、海洋采油工程、海洋油气集输、海洋建筑工程、海洋施工、海洋定位导航、海洋救捞、海洋环境保护、海洋通信遥控、海洋安全保障、海洋运输、海洋气象、海洋工程地质以及现代工程技术管理等诸多技术领域。因此，海洋油气开发工程是一个知识、资金、技术密集而又具有风险的系统工程。

（2）投资巨大。

开发海洋油田，要在恶劣的海洋环境中建造平台、铺设海底平台，确保海洋油气生产作业的安全，不仅技术复杂，而且所需的设备质量高、数量大，使得开发海洋油田的投资巨大。据统计，海洋油田的投资额将随海区环境及水深的不同而比陆上高出3~19倍。例如，打一口深度为3000m的海洋油井的投资为同等深度的陆上油井的4倍；又如，某一水深为130m、年产原油17.51×10^4t规模的海洋油田，其建筑投资达53亿美元，投入正常生产后，每年操作费为4亿美元。

（3）高风险。

石油行业本身具有易燃易爆、高温高压、有毒有害、连续作业的行业特点。海洋石油设施上设备、流程密集，空间狭小，作业岗位多，交叉作业多，事故救援困难、难于处理，安全管理复杂、风险集中，风险度大大高于陆上石油开发行业，任何一项设备隐患、制度缺陷、程序遗漏、工作疏忽或个人违章，都可能造成事故，带来难以预料的严重后果。

（4）海洋环境影响大。

海洋环境气象恶劣，变化无常，空气潮湿，主要受风、浪、流、涌、海冰、潮汐等因素影响。它们都对海洋石油的勘探开发造成了巨大的影响。例如，风大浪急时，有的船舶只能进港避风，不能正常出海完成工作任务，平台上起重机等部分设备不能正常使用；出现意外情况得不到及时救援；发生油气泄漏造成海洋环境大面积污染，使海洋渔业和海洋生物受到损失等。

由于恶劣的海洋环境会给海洋油气开发带来危害，因此开发海洋油气具有一定的危险。尤其是海洋环境具有很强的区域特征，人们难以沿用其他海区的开发经验，同时在开发过程中会出现一些难以预料的问题，因此风险大。据记载，仅近几十年，国外就发生过4次大的海洋油气开发事故。1980年3月27日，由挪威制造的“亚历山大·基兰”号钻井平台在北海遭遇9级大风而沉没，导致123人遇难。

（5）开发建设周期长而油田开发寿命短。

海洋油田从勘探到开发一般需要3~5年，从开发到投产需要3~4年，总建设周期长达6~10年（陆上油田建设周期一般在2年以内）。其周期之所以长，主要是由于海洋油田开发的技术复杂、投资巨大，而又具风险性，因此必须经过详尽分析论证。在勘探过程中，每向前推进一步都必须经过可行性论证。在开发之前，一般还要经过投资机会研究、初步可行性研究和详细可行性研究三个阶段。经过反复多次的评价研究，决策者才能做出开发投资的决策，以减少投资的损失和风险。

在油田投入开发后，考虑到在恶劣的海洋环境中作业存在海洋平台的腐蚀及结构的疲劳问题，以及昂贵的海洋操作费用，一般采用加快采油速度的办法，尽可能缩短在风险环境中的作业时间。因此，海洋油田开发寿命比较短，中小油田开发寿命大都为8~10年。

二、海洋油气开发工艺特点

现代海洋油气开发工艺上的许多特点，大都是针对海洋环境和海洋建筑物的特征而确定的。这些特点归纳起来有以下4个方面：

（1）必须高速度、高效率地完成各项开发工艺作业。海洋环境状况变幻莫测，许多作业要抢时间才能完成，因此要特别注意工艺作业的效率。对整个油田的开发来说，由于所用的各种海洋建筑物和工艺设备本身的使用寿命都有限，因此一般要求海洋油田有较高的开发速度。

（2）必须有较高的工艺质量标准，可靠地完成各项开发工艺作业。海洋工作条件和使用的设备较复杂，每项工艺作业后如出现问题，再要修整、补救较困难，部分甚至不可能修整、补救，由此造成的损失很大。

（3）必须高度注意作业安全和防止污染。海洋油气开发时，由于建筑物上的场地空间有限，离岸较远，海洋交通不便，而充有油气的设备又集中，作业时稍有不慎，常引起一系列事故。因此，除了设置完备的安全保护和防止污染的系统，严守操作规程，执行有关安全和防止污染的制度是特别重要的。

（4）必须讲求经济效益。海洋油田开发的投资比同样生产水平的陆上油田高很多，原因是建造各种海洋建筑物和海洋钻井的费用以及各种生产设施费用都较高。因此，综合利用海洋建筑物，研究适合海洋条件和钻井工艺的技术及生产设施，并提高工作效率，才能取得较好的经济效益。

三、海洋油气开发技术特点

海洋石油行业是技术密集型行业，为了提高安全性和自动化程度，应用了大量的高新技术，技术复杂程度高、综合性强。

近十几年来，由于海洋油气开发的技术和设备日趋完善，已经可以在任意水深的海区进行油气勘探；在水深 1000m 以上的海区进行钻井；在水深 1000m 的海区采油。海洋钻井建筑物的结构、性能和建造技术等均有所改善。为适应深水钻井，使用自升式平台、漂浮式平台和半潜式平台，这些平台采用大型化和自动化的动力定位系统，稳定性好、装载量大、自持力强。

此外，还有一种全潜式的钻井装置，即直接在海底钻井，这样可以免遭风浪的袭击，工作稳定且不需要庞大的平台。当然，这也会带来一系列的新问题，有待进一步研究解决。各国对海洋钻井设备也做了一定改进，配置了大功率的动力设备，提高了机械化、自动化的程度；新型钻头与随钻测量系统的研制、应用与发展，不仅提高了钻井效率，而且促进了井下动力钻具的发展。

海洋采油的建筑物及工艺设备改用模块组装或橇装机组的方式，成为具有多种用途的油气开发综合体系。海底油气系统的工艺内容日趋完善，逐渐可以自成体系。

油气集输和储运也完全转到海洋进行，成为海洋油气开发联合体的一部分。为了节省钢材、降低造价、提高防腐能力，钢筋混凝土的集输、储运建筑日益增多。随着海底铺管技术的成熟，费用逐渐降低，海底管线在海洋油气开发中也将得到更广泛的应用。

第二节　海洋油气开发整体风险分析

海洋油气开发面临的主要风险因素包括海洋环境风险、自然灾害风险、人的风险、设备设施风险、污染责任风险、社会风险、管理风险、生产过程风险、平台结构风险和海底管道风险等。

一、海洋环境风险

由于海洋环境变化复杂，海洋油气开发工程除需承受海水的腐蚀、海洋生物的污染等作用外，还必须承受地震、台风、海浪、潮汐、海流和冰凌等强烈自然因素的影响，在浅海区还要经受岸滩演变和泥沙运移等的影响。因此，进行海洋建筑物和结构物的外力分析时考虑各种动力因素的随机特性，在结构计算中考虑动态问题，在基础设计中考虑周期性的荷载作用和土壤性能的不确定性，在材料选择上考虑经济耐用等，都是十分必要的。海洋工程耗资巨大，事故后果严重，对其安全程度严格论证和检验是必不可少的。海洋油气资源开发和空间利用，以及海洋工程设施的大量兴建，会给海洋环境带来种种影响，如岸滩演变、水域污染、生态平衡恶化等，都必须给予足够的重视。除进行预报分析研究、加强现场监测外，还要采取各种预防和改善措施。

海洋环境是一个复杂的系统，由海水、风、浪、流、涌、海冰、雾等因素组成，各个要素相互联系和影响，对海洋石油开发过程中人们的工作生活产生了较大的影响。因此，人们应当了解这些因素的特点和可能带来的危害，在作业中注重预报和监测，采取预防措施，科学决策，将危害控制在最小限度内，以达到安全生产的目的。

海洋环境因素包括海洋气象学中的风、温度、湿度及海雾等，海洋水文学中海浪、潮汐、海流、风暴潮、海啸及海冰等，海洋地质学中的地震、海底地形地貌、海底土壤等，海洋化学中的大气、海水、海泥构成的海洋环境对金属结构的腐蚀，以及海洋生物学的附着生物等。以下对海洋油气开发影响较大的环境因素进行介绍。

1. 海水

海水是一个多组分、多相态的复杂体系。1kg 海水中含量大于 1mg 的化学成分有 11 种，包括 Na^+、Mg^{2+}、Ca^{2+}、K^+ 和 Cl^-，它们占海水中所有溶解成分的 99.9% 以上。除此之外，还有大量的微量元素，至今已分析出 80 多种元素。

海水中含盐量是海水中离子浓度的标志，通常用盐度来表示。由于海水盐度高，因此无法直接饮用。海水的温度低，人如果落水，很快就会因温度消耗而冻伤，甚至丧生。

人们在海洋环境工作时，一旦落水，生存的时间很短，危险性很大。为了避免出现落水的情况，在工作过程中要针对可能坠落的环节或地点，采取加设防护栏、安全网等措施，对工作人员进行防坠落的安全教育。此外，为了能够在海水中求生，工作人员都应配备和穿戴救生衣，以防意外发生。

2. 风

风是海洋环境中一种常见的自然现象。空气相对于地面做水平运动即为风。使空气大幅水平流动的主要作用力是气压梯度力，气压梯度力是由地球表面大气压力不均匀而形成的。风可以被人们了解和利用，同时又是一种带有破坏性作用的因素。风作用于海洋石油平台等构筑物，产生风荷载而引起对构筑物底部的风倾力矩；作用于海上船舶等漂浮物，其风倾力矩异常导致漂浮体失去稳定性。

风既有方向又有大小，在描述风的状况时，需要测量风向和风速。风向是指风的来向，在气象上用 16 个方位来表示。风速是单位时间内空气所流经的水平距离。常用的风速表示单位有 m/s、km/h 和 n mile/h。

通常，人们习惯于用风力等级来表示风的大小。风力等级是根据风对地面或海面的影响程度来确定的。目前常用的“蒲福风级”是英国海军大将蒲福于 1805 年拟定的，从 0 级到 12 级共分 13 个等级。无风为 0 级；最强的风称为飓风，风力 12 级，风速 32.7~36.9m/s。为便于研究，1946 年后，人们把蒲福风级扩展到最大 17 级。

风力的计算是海洋石油工程设计中不可缺少的条件。在海洋石油工程施工和勘探开发过程中，必须了解工作海区的风的规律性和特点，掌握风对海区作业的影响，合理利用良好天气。海洋石油设施和船舶的抗风能力和等级都要结合工作海区风的规律和特点来合理选择确定。

如果对海区的风力情况掌握不清楚，就会出现许多意外事件，有时可能会酿成事故。据统计，1955—1982 年 28 年间，世界上因风和浪原因翻沉的石油平台 36 座。此外，有的船舶在风力加大时缆绳被扯断，有的平台上的物品在大风天气情况下被刮跑，工作人员的安全帽被吹走等。因此，在整个海洋石油勘探开发工作过程中，应当充分考虑风的影响，采取防范措施，避免造成损失。

根据渤海湾湾内20年的风速记录统计得出：最大实测风速31m/s，各年极端最大风速出现时的风向多偏北，其中NNW向频率约占50%。冬季盛行偏北风，其中2月和12月特别明显，偏北风频率占60%左右；夏季盛行偏南风，春季和秋季风向频率分布各向较均匀，几乎没有差异。

大风大浪对海上平台的危害主要如下：损坏生产附属设施；引发大浪对平台进行冲击，巨浪破碎后冲击平台上的生产设施导致物理性损坏；影响平台正常生产作业，造成营业中断损失；刮落平台设施，尤其是高价值设备，造成财产损失；造成平台失电无法正常生产。

平台一般在设计时考虑的环境条件使用了百年一遇的风浪参数。平台也会根据天气预报，在台风或大风到来前，对平台相关设备设施进行加固处理。企业一般也会每年对风载荷、海浪对平台结构的冲击进行模拟分析。

3. 热带气旋

热带气旋是发生在热带海洋上的暖性气旋性涡旋。它是主要的热带天气系统，也是一种危害极大的灾害性天气系统，对海洋石油勘探开发和船舶航行有着严重威胁。海上工作人员应有效地掌握热带气旋的活动规律和天气特点，收集和发布预报工作，及早采取防范措施，以减少和避免损失。

根据热带气旋近中心最大风力等级，热带气旋分为热带低压、热带风暴、强热带风暴和台风。

热带低压属于热带气旋强度最弱的级别（其最大风力为62km/h）。

热带风暴是指中心附近地面最大风力达8~9级（17.2~24.4m/s）的热带气旋。

强热带风暴中心附近持续风力为88~117km/h。

台风是一个强烈的热带气旋，中心气压很低，其如同水中的漩涡，是在热带洋面上围绕其中心急速旋转同时又向前移动的空气漩涡。台风在移动时像陀螺一样，人们有时把它比作“空气陀螺”。

台风的范围很大，其直径常从几百千米到上千千米，垂直厚度为10余千米，垂直与水平范围之比约1∶50。

台风一般在大约离赤道5个纬度以上的洋面上形成，其产生必须具备特有的条件：一是要有广阔范围的高温、高湿的大气。热带洋面上的底层大气的温度和湿度主要取决于海面水温，台风只能形成于海面水温高于26℃的暖洋面上，而且在60m深度内的海水水温都要高于26℃；二是要有低层大气向中心辐合、高层向外扩散的初始扰动，而且高层辐散必须超过低层辐合，才能维持足够的上升气流，低层扰动才能不断加强；三是垂直方向风速不能相差太大，上下层空气相对运动很小，才能使初始扰动中水汽凝结所释放的潜热能集中保存在台风眼区的空气柱中，形成并加强台风眼中心结构；四是要有足够大的地转偏向力作用，地球自转作用有利于气旋性涡旋的生成。

台风运动除自身呈快速逆时针（北半球）旋转移动外，主要受副热带高压和长波槽等大尺度天气系统的引导。正常情况下，台风移动路径平滑、稳定，但少数台风移动路径曲折多变，有停滞、打转、突然转向、移速突然变化、路径飘移不定等多种形式。

台风具有突发性强、破坏力大的特点，是世界上最严重的自然灾害之一。台风来临时，伴随有狂风、暴雨、巨浪，极容易造成人员伤亡及财产损失。例如，1983 年 10 月 25 日，“爪哇海”号钻井船在中国南海遭受 16 号台风而翻沉，造成重大人员伤亡和财产损失。因此，海洋石油设施在遇到台风来袭时，一般实施关井和撤离措施，船舶提前采取避风措施，防止造成人员伤亡。

4. 风暴潮

风暴潮是指由于强烈的大气扰动所引起的海面异常升高。中国的风暴潮可分为两类：一类是由热带气旋（台风、飓风）引起的风暴潮；另一类是由温带气旋和冷空气活动而产生的温带气旋风暴潮。如果风暴潮与天文潮的高潮同时发生，则会使海面暴涨，海水外溢，冲毁堤岸，侵入陆地，造成巨大的灾害。风暴潮伴随大风、大浪，潮位上涨会给海洋石油设施造成危害。

因此，在设计海洋石油设施时，应当充分考虑风暴潮带来的影响，尤其对设施高程的影响，如果海洋石油设施高程设计太低，会被潮水所淹没。

5. 海浪

海浪是发生在海洋中的一种波动现象，又称波浪，具有明显的周期性，经过一定的时间间隔，运动重复进行。有的专家将海浪按波形分为风浪、涌浪和混合浪。由风直接作用于海面生成的波动称为风浪。这种海浪的波向、波高与风要素密切相关。当风区内的风开始减小，或风浪离开风区传到远处，这时的波浪称为涌浪。“风停浪不息”“无风三尺浪”即是涌浪的写照。涌浪不像风浪那样复杂，其波面比较平滑，波峰线较长，波长较大，波形接近摆线。涌浪的波长要比其波高大 40~100 倍，对于非常低的涌浪，其波长可能超过波高 1000 倍以上。涌浪也会给船舶和海洋石油作业造成一定影响，尤其给船舶造成较大的摇摆和晃动，给安全行驶带来危害。混合浪是指风浪与涌浪叠合和相互作用形成的波浪。

海浪对海上船舶航行和石油作业有很大影响，冲击力非常大，破坏力也是惊人的。拍岸浪对海岸每平方米作用力可达到 30~50tf。大浪来袭时，如果有人员或固定不牢的物品靠近设施边缘，就有可能被击打到海里，发生危险。例如，1982 年初加拿大东海岸 Ocean Ranger 钻井平台失事，84 人无一生还，事故原因是海浪打破了控制室玻璃窗，海水浸入，破坏了控制电路，造成平台失去平衡而沉没。

因此，为了防止海浪造成的危害，海上设备应具备防水、防潮的功能，海上设施在设计时应考虑海浪的冲击影响。此外，在工作过程中，工作人员应配备和穿戴救生衣。

6. 海流

海流是指海水大规模相对稳定的流动，是海水的普遍运动形式之一。在一定的海域，海流的流向和流速都有一定的规律。海流流速通常以 cm/s 为单位，流向为去向，以地理方位角表示。例如，海水以 10cm/s 向北流动，则其流向为 0° 或北，与风向的表示方法恰恰相反，绘图时常用箭头表示，箭头长度表示量值，箭头表示方向。

由于海流的存在，一旦发生人员落水，海流将大大消耗人员的体力，即使是游泳水平比较高的人，也会被强大的海流冲走而丧失生命。如果是物品散落，也很快会沿流向被冲得很远。如果原油污染，则会在海面上大面积漂流，给海洋生态造成危害。在消除原油污染时，应充分考虑海流的影响，从而采取有效的防止扩散的措施。

7. 潮汐

潮汐是海水在月球和太阳引潮力作用下所发生的周期性运动，包括海面周期性的垂直涨落和海水周期性的水平流动。

在潮汐发生过程中，海水不断上涨的时期为涨潮；当海平面达到高潮位时，海水不升也不降，称为平潮；之后海水开始下降，称为退潮；当退到低潮位时，海水不再下降，称为低潮。从低潮到高潮的时间称为涨潮时，高潮到低潮的时间称为落潮时，两者之和称为周期，低潮位到高潮位的间距称为潮差。

海面潮汐的涨落具有多变性和周期性，在船舶航行、海洋石油作业和施工过程中都会遇到潮汐，潮汐对船舶停靠和海洋石油构筑物的施工有较大影响。海洋石油工程构筑物的高程依据高潮水位确定，构筑物过高，会造成浪费；构筑物过低，则不足以防浪，难以保障海上安全。例如，一条海上通井路曾因涨潮被水淹没，路上车辆行驶时无法辨别方向，受海浪冲击翻沉而造成人员死亡。

潮差段是波浪力和海冰主要作用的范围，同时也是海水腐蚀最严重的范围，对钢结构的腐蚀有较大影响，在设计时应当考虑采取必要的防腐措施。

8. 海冰

海冰是由海水冻结而成的，是出现在海中的所有冰的总称。海冰对结构物的作用力有挤压力、撞击力、垂向附着力和膨胀力等。其中，挤压力由结在结构物上的海冰在风或海流作用下，使海冰挤向结构物而产生的力；撞击力是浮冰在海流或风的作用下，以一定的漂动速度撞击在结构物上而产生的力；垂向附着力是冻结在结构物上的海冰随潮位升降而施加于结构物上的力；膨胀力是由结构物内外的海冰因温度变化而产生的力。海冰对海洋石油勘探开发、船舶航行等造成严重障碍，有时引发灾害。

海水冰点温度和最大密度时温度均随盐度增大而线性下降。在盐度为24.69‰时，海水的冰点温度与最大密度时的温度一致，均为 -1.33℃。海域初冬第一次出现海冰的日期称为该海域的初冰日，而翌年初春海冰最后消失的日期称为该海域的终冰日。初冰日与终冰日间隔的天数称为结冰期，简称冰期。

按照海冰的运动状态，海冰可分为浮冰和固定冰。按照海冰的生成和发展过程，并考虑其厚度，海冰可划分为初生冰、饼冰、冰皮、板冰、灰白冰和厚冰。

海冰运动时的推力和撞击力是巨大的，在存在海冰的寒冷海域，如果对海冰的作用力估计不足，在海洋石油勘探开发中就会存在隐患，甚至造成严重的后果。例如，1962 年及 1963 年在阿拉斯加库克湾先后建造的两座海上钻井平台，由于设计时未考虑冬季海冰的影响，于 1964 年冬均被海冰摧毁。可见，海冰对海上构筑物的作用力是设计时应考虑的主要载荷之一。

在中国渤海和黄海北部，海冰灾害的发生比较频繁。根据国家海洋环境预报中心资料统计，严重的和比较严重的海冰灾害大致每 5 年发生一次，而局部海区海冰灾害几乎年年都有发生。渤海湾的严重冰期约一个半月，一般从 1 月上旬开始至 2 月中旬结束。

海冰对海上平台的危害主要表现在静载荷、动载荷以及海冰的爬坡堆积。主要危害如下：

（1）平整冰盖的挤压。大面积冰盖在风浪和潮涌的驱动下整体移动，会对近岸结构物产生水平方向的静压力，这种作用力很大，是造成滩海油气事故的主要原因。

（2）流冰撞击及磨损。除大面积冰原对平台结构的挤压作用以外，面积较小的浮冰在风浪的作用下对海上平台也会产生撞击及磨损。

（3）对构筑物的竖向力。当堆积在平台支架的冰牢固地与支架冻结在一起，水位涨落时，冰会随着水位变化对平台产生上拔或下压的作用力。

（4）实际运行经验表明，冰载荷的作用下结构冰激振动问题比较突出。

海冰不仅影响平台生产生活的正常补给，海冰堆积也会给平台的结构强度带来影响。平台需要在严重冰期期间关注海冰预警，提前做好防范以及应急管理措施，以减少可能发生的损失。

9. 海啸

海啸是一种具有强大破坏力的海浪，是由海底地震、火山爆发、水下滑坡、塌陷所激发的、波长可达几百千米的海洋巨波。海啸在滨海区域的表现形式是海水陡涨，骤然形成“水墙”，形成高度为 10 多米到几十米不等的巨浪，伴随着隆隆巨响，瞬时侵入滨海陆地。这种巨浪冲到哪里，哪里便是一片废墟，吞没良田和城镇村庄，然后海水又骤然退去，或先退后涨，有时反复多次，造成巨大的生命财产损失。

例如，2004 年 12 月 26 日发生在印度洋的海啸造成 23 万多人遇难失踪，印度尼西亚、泰国等 9 个国家受到不同程度的人员伤亡，这次海啸是由苏门答腊岛 8 级以上地震引发的，可见海啸的危害之大。在从事海洋工作过程中，及时收集有关信息，提早预报和预防是减少海啸造成损失的重要措施之一。

10. 海雾

海雾是海面低层大气中一种水蒸气凝结的气象现象。有雾时一般风速都很小，风速大时雾滴很快就被吹散或蒸发掉。

海雾是海洋上危险气象之一，它使人们视线受到严重障碍，给船舶正常航行带来较大的影响，伴随潮湿天气，也为正常生产带来一定影响。遇到海雾天气，船舶应当及时停止航行，采取避让措施，防止发生意外碰撞。

海上平台一般都配备有雾笛，在大雾天气可以发出警报，防止平台周围各类船舶误撞平台。

11. 盐雾

此处的盐雾是指含有氯化物的海洋空气，其主要腐蚀成分是海洋中的氯化物盐——NaCl，NaCl 主要来源于海洋。盐雾具有一定的危害，大气腐蚀就是一种常见的和最有破坏性的表现。盐雾由于含有 Cl^- 而穿透金属表面的氧化层和防护层与内部金属发生电化学反应，从而引起对金属材料表面的腐蚀。

同时，Cl^- 含有一定的水合能，易被吸附在金属结构表面的孔隙、裂缝排挤并取代氯化层中的氧，把不溶性的氧化物变成可溶性的氯化物，形成沉淀物造成腐蚀。在海洋环境中，不可避免地存在盐雾，也就会给结构物或设备带来危害。因此，用于海洋的设施或设备都应具有防盐雾的性能，从而提高使用寿命。

二、自然灾害风险

除了海洋环境因素可能导致损失风险发生，常规的自然灾害风险如地震、暴雨、雷击等也可能给海洋油气开发带来一定影响。

1. 地震

平台在设计建造阶段也会考虑区域地震的影响，发生强烈度地震可能对平台桩基以及上层结构设备造成一定程度的损坏，地震引起土体位移和振动，由地震引发的海床土壤的液化、滑移和塌陷使海底土壤丧失稳定。地震不仅会造成一次性破坏（设备设施本身的破坏），还可能由设备设施的破坏造成介质泄漏而发生次生灾害，甚至造成大规模资产损失。

2. 暴雨

暴雨对海上平台生产的影响主要如下：因平台为框架结构，上下分层，每层外围是护栏，持续暴雨造成平台作业环境能见度降低，并且路面湿滑，员工在生产巡检及作业中容易发生滑倒摔伤事故；因平台设有围堰，降雨短时不能及时排出，会在生产区域形成积水，影响正常生产经营；持续暴雨对平台夹板进行冲刷，若遇泄漏的原油，可能将原油一起带入海中形成污染事故。

3. 雷击

雷暴风险主要集中在电性质的破坏、热性质的破坏和设备设施的破坏三方面。严重损害电气设备和电子设备，导致人员触电、设备损坏、生产中断等事件发生。

雷电是雨季较为常见的灾害天气，如果防雷设施不全或失效，有可能发生雷击事故，从而引起设备损失或引发火灾事故。海上平台及钻井井架均安装有避雷设施，防止雷击造成平台设备及人员伤害。

三、人的风险

1. 疏忽、过失、误操作

如果员工疲劳作业，人员培训时间短，对新技术、新工艺、新设备理解不透彻，容易发生人员误操作风险。海上作业空间比较小，自然条件恶劣，生产生活空间有限，而且由于油气生产设施和生活设施集中，在发生事故后容易产生连锁反应，酿成重大恶性事故。

海上平台在设计建造阶段，一般都会考虑误操作可能造成的事故，从本质安全的角度出发，设计了一系列防止误操作的结构和措施，避免由于操作人员过失引发事故，但所有的设计不可能把所有的过失或者误操作都考虑在内，人员的过失或误操作还是需要考虑和重视的一个方面。

2. 缺乏经验

新入职员工或初次登录平台的员工技术和经验不足，现场经验缺乏，对作业流程、生产工艺、设备设施不熟悉，如果入厂培训不到位或者培训效果不太好，可能存在造成设备损坏、物料泄漏及人身伤害的风险。

平台一般会对新员工组织系统培训，建立完善现场培训制度，除了内部各层级、各批次的培训，每年也会选择一些不同岗位的员工参加外部培训，加强同行业人员之间的沟通和交流，提高生产作业及管理能力。国内油气开发力度不断增大，油服行业正处于扩张期，人员需求量较大，对承包商及其人员经验要加强监督监管。

3. 违规操作

在生产作业过程中，如果存在违反操作规程进行作业的行为，不仅可能造成操作人员伤害事故，还可能导致火灾爆炸等事故，进而导致财产损失和污染责任。随着人们安全意识的提高以及海洋石油公司 HSE 管理的不断完善，员工违规操作的情况不断减少。

4. 违章指挥

在生产过程中，尤其是在钻井、修井以及小型施工过程中，为了加快进度，可能存在违章指挥的情况，如果不加以控制或制止，可能引发意外事故，造成财产损失与人身伤亡事故。随着安全管理理念和安全文化建设的不断推进，海洋油气开发过程中发生的违章情况不断减少。

四、设备设施风险

设备设施发生故障可能会导致海上油田开发生产中断，严重时发生油气泄漏、火灾、爆炸等事故，造成环境污染、人员伤害和财产损失。海上平台设备设施的风险主要包括设备缺陷、设备故障，防护缺陷，磨损和腐蚀等方面。

1. 设备缺陷、设备故障

海上平台和油气处理的设备设施自动化程度较高，而且设备与设备之间相互交叉相连，单一的设备故障很容易造成连带的其他设备故障，重要设备故障可能造成生产中断，严重的可能造成火灾、爆炸等严重事故。人为失误、意外撞击、裂纹、材料缺陷等问题也可能导致管路阀门、法兰、弯头等处的泄漏，导致设备及设备间管线的泄漏，引起财产损失和污染责任。

2. 防护缺陷

海上平台在建造阶段一般都同时配套建设了防护设施，如果防护设施出现缺陷，发生意外事故的可能性就比较高，如防雷、管道、设备和平台框架防腐存在缺陷，或者应急设施存在缺陷，可能导致意外事故的发生，造成财产损失。有些海上生产平台由天然气透平发电机来供电，如果可燃气体探测器、报警装置、电控截止阀等设备失效，不能及时发现泄漏的可燃气体，可燃气体浓度达到爆炸极限，一旦遇到火源，可能发生火灾或爆炸事故。

3. 磨损

机械运转过程中相互摩擦损耗尤其是动设备转动部件的磨损可能导致设备损坏。海上吊装作业频繁，包括钢丝绳在内的吊具长时间使用会发生自然磨损，使其强度降低，进而在使用过程中引发断裂危险，伤及周边设备及人员。海上平台在投产运行多年后，很多设备也使用多年，也存在设备磨损的情况，如果维护保养不到位，可能发生设备故障、介质泄漏等意外事故。

4. 腐蚀

腐蚀问题是关系到海上油气开发的重要问题。管线、设备的腐蚀，将有可能大大缩短油田的开采寿命，降低油田的经营效益。由于油田的产液及伴生气的性质不同，各个油田的腐蚀状况也各不相同。一般来说，伴生气中 H_2S 含量高的油田腐蚀状况比较严重。

海洋环境条件可分为海洋大气、海水飞溅、潮差、海水全浸和海底土壤 5 部分。钢结构在海洋环境中每一部分的腐蚀行为和特点各不相同。根据不同环境条件下腐蚀特点和平均腐蚀率的不同，钢结构在海洋环境中可分为 5 大腐蚀区——海洋大气区、海水飞溅区、潮差区、海水全浸区和海底土壤区。

图 5–1 为海上钢结构腐蚀示意图。

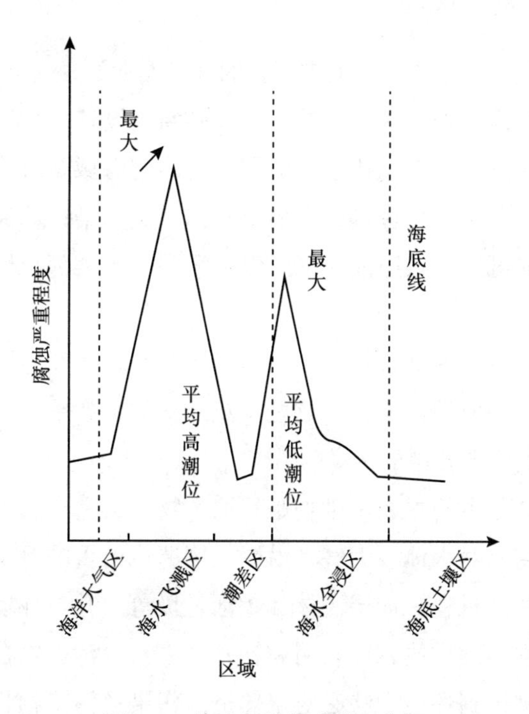

图 5–1 海上钢结构腐蚀示意图

钢桩在海洋环境中腐蚀最严重的部位是在平均高潮位以上的海水飞溅区。此外油气生产设施若外防腐缺失，则会因海洋环境加速腐蚀，降低使用寿命。因腐蚀导致的油气泄漏遇点火源容易引发火灾、爆炸事故，若处理不当还能造成周边海域的环境污染责任事故。

海上设施由于受到海盐的腐蚀，造成结构锈穿，设备损坏，严重的可能造成平台倾覆；对于海底管道，长期浸泡在海水中，管道运行过程中存在外腐蚀（由于管道包覆层的缺陷，海水以及海底生物、腐蚀性物质同管道接触而产生腐蚀）和内腐蚀（管道内长期输送介质，介质中的杂质会对管道内壁造成腐蚀）。

腐蚀会降低设备设施的使用年限，工艺设施因腐蚀造成穿孔，导致油气泄漏引起环境污染以及火灾爆炸事故的发生。因此，企业需要定期对平台设施进行防腐作业，一般海上平台作业者也会分阶段、分区域地进行平台防腐作业，将防腐工作当作平台生产管理的重要内容。

五、污染责任风险

由于海洋石油工业是在海上进行石油开发作业的，一旦发生重大事故，容易产生大的海洋污染。井喷失控、管道破裂、设备故障、火灾爆炸等事故，导致原油或其他生产用化学品泄漏，对周边海域及海滩造成污染；施工、生产液废液和生活垃圾排放也会对水体造成污染；原油外输作业发生碰撞等事故，也可能导致原油泄漏。以上泄漏、污染都会导致严重的污染责任事故。

海上平台发生的污染责任，一是由于在钻井、生产运行过程中污染物小量泄漏、渗漏造成的污染；二是发生意外事故，如平台、海底管线发生泄漏事故，造成周围海域的污染。

石油钻井作业中的主要污染物是石油类物质、重金属离子和人工合成高分子材料。它们对水体、大气、沿岸土壤造成严重的污染，其污染物的主要来源是钻井液材料、地层流体和生活垃圾等。其对环境的污染具有以下特点：污染物连续排放，如岩屑和钻井液废液等污染物在钻井过程中是持续产生的，排放到环境中势必对水体造成污染；污染物相对集中，容易控制；一旦造成污染，后果无法估量等。

海上平台一般会制订全面的溢油应急计划，主要内容包括环境资源状况、溢油风险分析、应急联络程序、事故处理方案和溢油应急能力等，但企业仍然需要采取各种软硬件管理措施，杜绝严重环境污染事故的发生。

按照国家海事局的污染排放标准（零排放），针对平台的实际工作与污染物的特性，可以通过制订和落实作业期间的环保计划和环保策略控制，把环境污染降低到最低程度；同时加强人员 HSE 和井控相关培训技能，从源头和处理两方面进行控制，从源头上减少污染物的产生，处理时污染物集中送岸回收，真正做到零污染。

六、社会风险

1. 碰撞风险

碰撞是海上作业存在的重要风险之一，海上平台发生碰撞的可能情况包括船舶由于气候原因或动力故障、人员误操作导致平台管架发生碰撞。直升机起降过程中也可能由于直升机故障或操作失误导致直升机和平台发生撞击，造成财产损失或人员伤亡。

无论是气候原因还是船舶故障，都可能引发船舶与平台发生意外碰撞。在海洋油气开发过程中，各种类型船舶使用均较多，包括渔船、守护船、供给船、倒班船、航道船及旅游船等，如果船舶发生动力故障，或者驾驶员瞭望疏忽、判断失误、措施不当，再碰上恶劣天气，尤其是风、雾、降雨等恶劣天气对船舶航行影响，导致能见度降低，很有可能发生船舶与平台相撞的情况，在海浪综合作用下，反复冲撞平台同一位置，平台结构强度不断降低以致结构失效。

平台作业者一般会在平台周围设置有供船舶靠泊的防撞护栏和防护平台的护栏。平台作业需要执行更严格的预警机制，以确保防范外来失控船舶或者渔船通过其他方位进入平台警戒区。

2. 第三方破坏

平台发生第三方破坏的原因除了航道内船只偏离航道冲撞海上油气设施，可能存在其他第三方破坏行为。根据渤海湾海上平台生产运行经验，存在渔民不理会警示警告，在平台周围区域捕鱼，擅自登上平台尤其是无人平台的行为，可能会给平台生产带来影响。平台一般都安装有防护网等防止渔民攀登的防护设施，降低渔民擅自登上平台的可能性。

3. 公共卫生

海上平台生活区人员较为集中，空气流通不畅或空气污染，会造成呼吸道传染病；公用食具没有消毒完全及水源污染，会造成肠道传染病；此外，苍蝇、蚊子、老鼠等也会引起自然疫源性疾病等。因此，平台餐饮卫生管理一般非常严格，除了登平台人员需要健康证，餐具也会高温消毒。

七、管理风险

1. 承包商管理

海洋油气作业公司针对承包商会建立相关承包商管理规定，实行承包商准入和现场安全管理措施来控制减小承包商活动风险。海洋油气开发承包商一般在工程施工、技术服务、设备维修、后勤服务等过程中大量参与。作业公司对承包商建立相关承包商管理规定，实行承包商准入和现场安全管理措施来控制减小承包商活动风险，但由于承包商较多，一旦承包商风险事故发生，可能造成承包商自身、作业公司甚至第三方的人员伤害和财产损失，影响到油田的正常生产。

2. 特种作业管理

海上平台特种作业主要有吊装起重作业、登高作业、受限空间作业、电气焊作业和热工作业等，由于作业空间有限，操作不当或安全防护措施不恰当，也可能引发意外事故，造成财产损失或人身伤害。

3. 合同风险

海洋油气开发作业公司的合同主要涉及承包商、供应商、雇员及其他服务单位。合同风险主要包括合同本身风险和合同履约风险。合同本身风险即合同条款形成的风险，主要包括合同价格、结算方式、合同工期、工程款支付、洽商单及变更单、其他费用等的风险。合同履约风险即在合同执行过程中形成的风险。

八、生产过程风险

1. 钻井作业风险

钻井作业包括钻井施工、测井、录井、固定以及相关的配套服务，需要各方密切配合，需要了解地质、工具、工程等方面的知识。地层压力波动、人员误操作或者其他原因可能导致井喷失控、井眼报废和井下机具损失等事故。

（1）井喷失控。

注水井未停注、钻遇异常高压地层、起下钻速度过快、钻井液密度过低等会引起井喷。井喷失控不仅可能造成平台损毁、井眼报废、井下工具被埋，还可能造成严重的海洋污染事故。

（2）井眼报废。

发生卡钻等井下事故，工具落井，打捞失败，桥塞或水泥塞封井侧钻，导致下部井眼报废；防碰设计有缺陷、随钻测井工具信号错误、操作人员误操作下错指令等，都可能导致钻进过程中碰到邻井井眼；钻遇邻井套管，也可能导致井眼报废及邻井套管损坏。

（3）井下机具损失。

发生卡钻或工具落井事故，如果打捞失败，可能导致井下工具损失，由于海上平台下部采用的一般是进口价值较贵的旋转导向工具，单套价值较高，发生井下事故导致的损失也较大。

2. 火灾爆炸风险

平台生产、处理、外输的主要介质包括原油和天然气，均属于易燃物质，在生产作业过程中，可能发生介质泄漏，遇到火源发生火灾爆炸等意外事故。此外，电气原因也是平台可能发生火灾的隐患之一，这些电气原因包括电器、电线和电缆老化、松脱、破损、受潮、短路、超负载、发热、检修防护不到位等。电气线路、电气设备维护保养不恰当、不及时也可能引起火灾。火灾爆炸等意外事故可能造成财产损失、人员伤害及环境污染等。

针对上述风险，平台可以通过工程设计、防护措施、检维修程序、固定消防保护、应急预案以及配备完备的应急消防设施等措施降低风险。海洋平台一般设置感温探头、感烟探头和可燃气体报警仪，并可以自动关断，油气密闭输送，并可通过压力、温度变化进行自动控制和调节。平台设置有各类消防系统与消防设施，应急计划中也有消防的相关内容。由于火灾爆炸造成的损失和影响非常巨大，因此对该类风险的预防一刻也不能放松。

3. 生产中断风险

海上平台在生产作业过程中，发生生产中断的原因主要如下：海洋恶劣环境影响；井喷、火灾爆炸等重大事故；平台供电中断情况；油气外输管道故障或发生泄漏事故；平台关键设备故障或损坏等。生产中断将给企业生产带来不同程度的损失。

（1）海洋恶劣环境影响。

海洋平台受到台风、海浪、海冰等恶劣天气影响，可能给海洋油气开发生产带来一定影响，严重时可能造成生产中断。

（2）井喷、火灾爆炸等重大事故。

井喷失控、重大火灾爆炸意外事故往往导致平台上油气处理装置巨大的破坏，考虑到事故处理、设备采购、重建的过程较长，导致生产中断损失。

（3）平台供电中断情况。

因外部供电中断，造成平台部分生产井关断产生损失。供电线路由于雷击、暴风等影响，可能导致平台部分生产井供电中断，进而可能造成电潜泵损坏。

（4）油气外输管道故障或发生泄漏事故。

平台生产的原油和天然气一般通过海底管道或油轮输送到岸上，如果外输管道发生意外事故，或者由于气候原因油轮无法到达平台，可能会造成平台部分生产井关断。

（5）平台关键设备故障或损坏。

平台关键设备故障也可能导致生产中断，如加热器和分离器发生故障，可能给油气生产处理带来影响，给企业带来一定的财产损失。

九、平台结构风险

海洋平台投产使用多年后，平台主体结构一般会出现不可避免的锈蚀现象，平台也承受着物载荷、风载荷、浪载荷，并承受交变载荷和高应力载荷的综合作用，可能导致平台局部不同程度损伤。平台也存在着结构局部振动大、海洋生物附着管架等情况。

导管架平台存在的风险主要由结构的变更、上部组块设备的变更、海洋荷载、地基基础以及人为操作失误等因素共同决定。平台所在区域波浪和海流的冲刷严重，也可能致使桩基丧失轴向和横向支撑能力。平台所在区域海床出现沉积物大面积滑移或塌陷，或因地基土壤不均匀，造成桩基的不均匀沉陷，使平台基础构件间出现相对位移造成破坏。尤其在平台结构连接处，因疲劳累积损伤，出现疲劳断裂，容易导致平台损坏。

平台在波浪、海流等振动荷载的作用下，或受其上安装的机械设备运行振动的影响，整体或局部出现共振，导致平台损坏。平台在位运行期间，选用防腐措施不当、阴极保护电流过大或过小、杂散电流的侵入等均会影响平台导管架钢结构的防腐效果，大大降低平台的使用寿命，如果腐蚀过度，平台承载能力会大大降低，在设计荷载范围内，也有可能发生坍塌。

总之，平台结构腐蚀、局部振动大、海洋生物附着管架以及桩基冲刷等都可能不同程度地影响海洋平台及管架结构强度。例如，海洋生物附着会增大平台受到的波流载荷，附着厚度不能超过设计初始值。平台桩腿以及隔水导管上一般安装有海洋生物浮动去除装置，且有潜水员进行清理。在平台的检查检测过程中，一般重点检查关键部位损坏、变形或断裂，如桩腿疲劳、撞击损害、栏杆及格栅板缺失、直升机甲板结构损坏、立管卡子缺失等。

十、海底管道风险

海洋平台海底管道运营期的主要风险来自自然灾害、社会活动、管道本体原因和作业风险等方面，具体如下：

（1）从自然灾害、地质情况分析，海床受潮汐、水流、泥沙等影响非常大，演变快。在该类环境下，管道容易因潮汐、海浪冲刷影响导致管道悬空，甚至位移，可能导致管道变形，危害生产运行。冬季冰灾也可能损坏海底管道，增加意外事故发生的风险。

（2）渔业活动也可能对海底管道运行造成影响。渔业资源丰富，渔业活动频繁的海域，可能对海底管道有一定威胁。

（3）管道本体风险主要包括管道的金属腐蚀、管道焊接处应力开裂、设计制造缺陷等导致管道损坏。

（4）作业风险主要来自清管 / 内检测操作失误导致发生管道堵塞、管道憋压等意外事故。

第三节　海洋油气开发各阶段风险分析

海上油气开发投资大、风险集中、技术复杂，如发生意外事故，不仅给企业造成巨大的财产损失，也可能造成员工人身伤亡和海洋环境污染。从保险角度来看，海洋油气开发的各个阶段的风险也有其特殊性。

一、物探作业风险

海上地震勘探，先由震源激发弹性波，然后由地震船拖着电缆不停沿着测线前进，接收该弹性波在地层界面上反射回来的反射波，再由仪器把该反射波记录下来。震源是产生弹性波的装置，能量要足够大，并要有适当的频谱。实践中，由于在海水中使用炸药爆炸，对海洋生物损害太大，因此海上石油勘探中广泛使用的是非炸药震源，如电火花震源、空气枪震源和蒸汽枪震源等。电火花震源是由强大的高压电流通过电缆在铜电极中放电，电压高放电时将发出很大声响，形成冲击波，即地震波；空气枪震源是由储集在一定容器中的高压空气突然在海水中释放，产生强大冲击波，储存并释放高压空气的装置被称为空气枪；蒸汽枪震源则是利用喷射到水中的高温、高压的蒸汽，很快形成强大的冲击波。

物探阶段的风险主要涉及物理探测船和水下接收系统（即等浮电缆）两部分。地震探测一般由专门承包商负责其各自运输工具的损失，同时承担航进过程的责任。承包商同时也要承担各自器具的损失，主要是等浮电缆极易受损，保险市场接受该部分风险的成本非常高。目前在实践中，也有该部分风险由承包商自己承担的管理方式。

物理探测船的风险与普通船风险相似，但水下接收系统的风险则有其特点。水下接收系统一般长数千米，由前导段、弹性减震段、工作段及尾部段几部分组成。在工作段范围内，均匀分布若干定深器和测深器，前者保证等浮电缆可以沉到预定深度，后者把等浮电缆的深度信息传到船上的深度指示器上。尾部段包括浮锚、雷达反射浮标等，浮锚阻止整个系统的左右摆动；雷达反射浮标是船上近程雷达的反射靶，通过观测它的位置，可以确定等浮电缆的偏移。工作段是水下接收系统的核心部分，用以接收由地层反射回来的反射信号，并以电信号形式，传送给地震仪器。等浮电缆在海上作业极易受过往船只及水下渔网等不明障碍物勾挂而造成损失或灭失。例如，2000 年 11 月 13 日，“发现号”物探船在东海试验电缆，夜间电缆被一外籍商船旋桨切断；2001 年 5 月 4 日，“发现号”物探船在渤海作业时，电缆被水下渔网挂住拉断。上述两次事故均造成数十万美元的损失。由于电缆的高风险性，在作业时物探船白天要挂信号旗，夜间挂信号灯，电缆尾部要有尾标，通常要雇用一条或两条渔船护航。

二、钻井作业风险

在整个钻井作业过程中，作业关系人（作业者和承包商）面临着人身伤亡、经济赔偿责任和财产损失等一系列风险。以财产损失为例，如井塌卡钻和键槽卡钻，前者一般发生在吸水膨胀的泥岩、页岩和胶结不好的砾石层，现象是上提遇卡、泵压升高等；后者多发生在硬地层，井斜变化大形成急弯，因长时间钻进和起下钻，在井壁磨出细槽，起钻时钻头拉入键槽被卡，现象是循环正常，能转动钻柱和下放钻柱，但不能上提。

整个钻井作业的核心风险仍是井喷。2000 年以后，国际保险市场的价格一直呈走高趋势。但从赔付记录上看，中国海域中外石油公司钻采过程中的井喷记录一直良好，国内外保险赔付情况的差异在企业决策者决定风险的自留和转移过程中，会起到相当大的影响。

井喷，即在井失去控制的情况下，油、气及井内其他流体无目的地流出地表或海底。钻井过程中，当井内钻井液柱压力低于地层流体压力时，就会失去地层与井眼系统压力的平衡，往往导致井喷。井内的压力必须维持一种平衡，才能保证钻井作业的稳定。如果钻井液太轻，地层压力就会迫使油气进入井孔；相反，钻井液又会被压入地层中。如果钻井液中带有气泡，反映出油气层或井内流体发生气侵，使钻井液密度降低，有发生井喷的危险，应及时加重钻井液进行压井，同时还要检查防喷器，以备不测。

井喷一般由以下几个原因造成：第一，地层压力掌握不准确，特别是对异常高压地层深度掌握不准确，钻开油气层估计和准备不足；第二，由于地层油、气、水侵入钻井液，导致钻井液密度降低；第三，起钻尚未向井内灌钻井液或遇有漏失地层等而导致的钻井液柱降低等。

控制井喷是一项成本十分昂贵的工作，与很多因素有关，如井的位置、井控专业技术水平和井控设备的完整性等。没有一定的方式可以估计井控的最大成本。也许为了控制一口井的井喷，需要钻另外几口救援井，这样又必须考虑调动钻井船的费用。

三、建造过程风险

从保险业的角度来看，海上油气生产设施的建造是整个海上能源保险业赔付惨重的一个领域。这个阶段既有平台导管架运送过程中的纯海洋风险，如拖轮在拖带过程中的碰撞和搁浅，也有安装过程中的巨灾，同时还有频繁的小额损失，尤其是水下作业和管线焊接过程中的损失。根据 Marsh 所做的近 30 年石油天然气工业的巨灾损失统计，海上石油业损失规模排名在前 15 位的，就有 4 例发生在建造安装阶段，损失原因分别为运送途中的碰撞、上部模块吊装失误引起的爆炸、自然灾害造成铺管船的损失和水泥平台设计失误等。

作为保险承保人，对海上油气建造项目的风险评估主要集中在项目本身的风险。其风险主要源于项目本身的工艺流程特点、新技术使用程度、地理位置及相关环境等。为了确保项目开发的经济效益，业主往往要在技术和方案方面推陈出新，突破旧框子。但对于承保人，业主和开发商成本的下降，往往会增加承保人需要承担的风险。以中海油锦州 9–3 油田为例，该油田位于辽东湾北部重冰区，冰期长，环境条件恶劣，水深 6.7~7.4m。油田由东区和西区组成。东区是一座无人驻守井口平台，西区包括一座钻采平台、一座储油平台和两座系缆平台，东区和西区的距离为 2.7km。东区生产的原油通过海底管线输送至西区，和西区的原油一同处理，处理合格后，存储于储油沉箱中，再通过 5000t 和 3000t 穿梭油轮外输。东区的注水水源和电力都来自西区，通过注水海底管线和 6.6kV 的海底电缆输送。该项目从立项到投产经历了近 10 年的时间，10 年间开展了 3 次基本设计、1 次基本设计修改、详细设计和施工设计。为了确保项目开发的经济效益，最后的方案突破常规将东区作为无人驻守井口平台，西区钻采平台的支撑利用 1993 年在海上已经安装好的旧沉箱进行改造。沉箱的桩腿间距、承载能力和结构型式均无法改变，这就决定了上部组块的结构型式及其承载能力，而在以往的项目中都是根据总体布置的需要确定桩腿跨距和桩的承载能力。锦州 9–3 油田的这一特点从根本上影响了油田的吊装方案、设备布置和救生设施布置等一系列问题，从而影响了承保人对海上建造常规风险的评估。

海上油气项目建造过程中，另一种风险是海底管线的风险。以海上管线铺装为例，历史上管线铺装发生索赔的频率极高，而根据某国际石油公司在中国海域上石油设施建造期间的赔付情况统计，1997—2003 年建造险 24 起赔案中，有 12 起是与管线、电缆有关，其中 11 起损失金额小于 900 万元人民币，300 万 ~ 900 万元人民币之间的损失赔付金额占全部赔付金额的 59.85%，发生件数为全部索赔案例的 50%。其生产阶段 10 起损失中，7 起同管线、电缆损失有关，其中 6 起损失在 1000 万 ~2000 万元之间，只有 1 起赔付金额低于 1000 万元的损失。

管线损失同管线敷设的方式和使用的材料有极大关系。由于维修费用往往随着管线口径和水深同比例增加，因此也受管线口径和水深影响。过去管线方面的损失主要是管线敷设过程中的弯曲和断裂，随着对疲劳和压力理解的增加，弯曲率逐渐降低。由于海洋石油业开始在更深水域作业，水深带来的压力也随之增加，同样给管线带来新的潜在风险。

从历史数据看，管线敷设过程中的错误焊接仍然是损失的主要原因，修复方式的发展提高了修复质量和修复速度，但也增加了维修成本。例如，水下干式焊接或高压下焊接，这种焊接方式是指在海底处于干燥和若干大气压的环境中焊接。在海底焊接管线是将一个大的钟罩结构下入海中，并与管道卡紧，然后从钟罩中心处将一个下面开口的方箱放到管道上，方箱中备有各种系统的电源。钟罩内的海水由供呼吸的混合空气在高压下由海底排出，形成干燥环境，潜水焊工在高气压下施焊。海底管线焊接是一种非常昂贵的修复方式。

四、生产阶段风险

对于保险业，海上石油生产设施蕴含的风险因素包括海洋风险、钻井风险、复杂的技术设备以及资产的巨额价值，是保险市场要慎重对待的问题。简单来说，海上石油生产风险包括自然灾害、火灾、爆炸、井喷、碰撞、维护和修理过程中的建造、建造缺陷和设备缺陷、疲劳和腐蚀、海底地陷和结构崩塌、政治风险等。

就自然灾害而言，中国渤海和黄海北部的海冰和南中国海的台风都值得关注。海水结冰区的大小与冬季气温有关，渤海、黄海海冰结冰厚度一般小于 2m。海水受风、浪和潮汐的作用折断后形成大块流冰。海冰、流冰和堆积冰对作业危害较大。在中国海洋开发史上，曾有钻井平台被海冰推倒的案例。1969 年 1 月至 3 月中旬，渤海湾受寒流侵袭，连降大雪，并连续刮起 5 级至 6 级以上的偏东、东北大风，长时间持续低温使渤海西部冰层堆积，冰厚达 50~70cm。在冰流冲击下，“渤海老 2 号”钻井平台被推倒。在同样的事故中，“渤海 1 号”钻井平台也是劫后余生。至于台风的风险，虽然到目前中海油仍无巨灾由台风产生，但结合世界其他海域海上石油生产的记录来看，风、台风、气旋对海上平台（尤其是固定平台）的影响极大，承保人极为关注。据统计，平均每年墨西哥湾因飓风造成的损失高达 2.5 亿美元。2002 年的 LILI 飓风更是造成该海域 6 座海上油气生产平台和 4 座勘探开发钻塔的损坏，并造成一系列相关的管线、油气终端等的损失。

第六章 >>> 海洋油气开发风险防控

鉴于海洋油气开发高风险的特性，为了更有效规避和削减风险，企业需要采取一系列的管理手段和技术手段，如建立一种长效的安全管理机制，配备相应的安全设备、装备和设施。此外，从事海洋油气开发应当格外注重对海洋环境的保护，避免发生污染事故。

第一节 海洋油气开发 HSE 管理体系

海洋石油企业在从事海洋油气开发过程中，面对高风险的工作，如何有效规避和削减风险，建立一种长效的安全管理机制是关系企业可持续健康发展的重要前提。因此，HSE（Health，Safety，Environment 的英文缩略语）管理体系产生并发展，成为海洋石油企业一种有效的管理手段和体系。

HSE 管理体系是目前国际上石油行业通行的一种管理体系，是 20 世纪后期在国际石油天然气行业逐步发展和完善起来的管理体系。HSE 管理体系总结了同行业管理过程中的经验教训和体系的优点及缺点，是一种以突出预防为主、全员参与、持续改进的管理体系。HSE 管理体系的应用对提高企业管理水平和竞争力有着举足轻重的作用。随着经济全球化进程的发展，HSE 管理体系逐渐成为各类国内企业进入国际市场的通行证，作用日显重要，特别是在石油石化行业得到广泛应用，从事海洋油气开发的企业全部实行 HSE 管理体系。HSE 管理体系对提高企业安全管理水平、保护员工健康和防止海洋污染均发挥了巨大作用，为可持续发展提供了强有力的保障。

一、HSE 管理体系的产生

HSE 概念首次提出于 20 世纪 80 年代。它产生的背景条件是企业安全管理水平较低，事故频发，管理上存在漏洞。当时，国际上几次特大事故引起了人们对安全工作的反思，推动了安全工作创新和体系的建立。

例如，1987 年瑞士的 SANDEZ 大火，1988 年英国北海油田的“帕玻尔·阿尔法”平台爆炸事故，1989 年的埃克森公司 VALDEZ 油轮泄油事故，均造成了重大人员伤亡和财产损失，引起了国际工业界的极大关注。

其中，对 HSE 管理体系产生深远影响是英国北海油田的“帕玻尔·阿尔法”平台爆炸事故。1988 年 6 月 6 日，英国北海油田的“帕玻尔·阿尔法”平台发生爆炸事故，造成平台 167 人死亡，平台倾覆，损失巨大，这是海洋石油作业迄今为止最大的伤亡事故。英国政府组织了由卡伦爵士率领的官方调查，对该起海上平台的事故原因和安全管理状况进行了为期两年的彻底调查，得出了一系列结论，为改进海上作业的安全管理水平提出了 106 条建议。报告不仅对安全管理体制有了新的认识，而且制定了新的海上安全法规体系，并建立了新的管理模式。建议被英国政府全部采纳，并要求石油作业公司建立完整的安全评估管理体系和安全状况报告制度。

壳牌公司则首先制定出自己的安全管理体系（SMS），并在公司范围内实施了海上作业安全状况报告程序。在实施过程中，通过摸索把健康、安全和环境形成一个整体的管理体系。1991 年，壳牌公司颁布了 HSE 方针指南。1991 年在荷兰海牙召开了第一届石油天然气勘探开发的健康、安全与环境国际会议，HSE 这一概念逐步得到大家认识。HSE 管理体系由此开始实施，并逐渐发展起来。

从事海洋油气开发的人们认识到，为了避免重大事故的发生，必须采取更加有效的管理措施和方法。

HSE 管理体系在工业发展过程中产生，是在人们对加强企业安全管理工作、避免事故发生的需求下逐步产生的，是企业可持续发展的需求下人类社会进步的表现。

二、HSE 管理体系的发展

1. HSE 管理体系在国外知名企业中的发展

以 HSE 管理体系在壳牌公司的发展为例，1992 年，壳牌公司正式出版安全管理体系标准 EP92-01100，形成安全管理体系（SMS）。

1994 年 9 月，壳牌公司 HSE 委员会制定的“HSE 管理体系”经壳牌公司领导管理委员会（Committee of Managing Directors）批准正式颁发。与此同时，油气开发的安全、环保国际会议在印度尼西亚的雅加达召开，这次会议影响面很大，有全球各大石油公司和服务厂商的参与。通过这次会议，有关 HSE 的活动在全球范围内迅速展开。

1995 年，壳牌公司将英国政府调查报告所提出的 SUS 和 SC（安全状况报告）、安全管理体系标准、EP92-01100、石油作业公司的经验和危害管理的技术集于一体，采用与 ISO 9000 和英国标准 BS 5750 质量保证体系相一致的原则，充实了健康、安全、环境 3 项内容，形成了完整的一体化的 HSE 管理体系。这是石油行业长期以来安全管理体系经验积累和丰富发展的产物。

这一标准的制定和执行在一些西方石油公司中很快传播，国际标准化组织（以下简称 ISO）的 TC67 分委会随之在成员国家的推动下着手从事 HSE 管理体系的标准制定工作。ISO/TC67 是负责石油天然气工业材料、设备和海上结构标准化的技术委员会，其秘书处设在美国石油学会，中国是该委员会的成员国。1996 年 1 月，ISO/TC67 分委会发布了 ISO/CD 14690《石油和天然气工业健康、安全与环境管理体系》，得到了世界各主要石油公司的认可，成为石油石化行业企业进入国际市场的入场券。世界各大石油公司（如美国杜邦公司、美国菲利普斯中国有限公司、壳牌公司、BP 公司、挪威国家石油公司等）都建立并实施了 HSE 管理体系，均收到了较好的效果。该体系在世界石油石化这一高危行业得到普遍应用和推广。

2. HSE 管理体系在国际社会及组织间的发展

从 20 世纪 90 年代初，一些发达国家率先开展了实施职业安全健康管理体系的活动，职业安全健康管理开始进入系统化阶段。进入 20 世纪 90 年代后期，一些国家的政府和行业协会开始编制一系列职业安全健康管理体系的标准和导则。例如，1996年，英国颁布了BS 8800《职业安全卫生管理体系指南》国家标准；美国工业卫生协会制定了关于职业安全卫生管理体系的指导性文件。1997年，澳大利亚、新西兰提出了《职业安全卫生管理体系原则、体系和支持技术通用指南》草案。1999年，日本工业安全卫生协会提出了《职业安全卫生管理体系导则》；挪威船级社制定了《职业安全卫生管理体系认证标准》。

1999年，英国标准协会、挪威船级社等13个组织提出职业安全卫生评价系列（以下简称OHSAS）标准，即OHSAS18001《职业安全卫生管理体系——规范》、OHSAS18002《职业安全卫生管理体系——OHSAS18001实施指南》。2001年12月，国际劳工组织正式发布《职业安全健康管理体系导则》。该导则的发布，成为全球推进职业安全健康管理体系的重大标志。

3. HSE管理体系在中国的发展

在中国石油勘探开发的实践活动中，历来重视安全工作，很早就提出了“安全第一、预防为主”的管理方针。但是，第一次较为系统地接触到HSE管理理念，是在1994年印度尼西亚雅加达召开的第二届油气开发安全、环保国际会议上，中国石油作为会议的发起人和资助者派代表团参加了会议，通过会议深刻体会到建立与实施HSE管理体系、遵循国际惯例与行业标准、树立“全员、全过程、全方位、全天候”HSE管理理念对中国石油天然气工业发展的重要意义。与此同时，中国的承包商队伍在开发外部市场、参与国际合作和激烈的市场竞争的过程中，深切地意识到企业投标资格预审中HSE管理体系“一票否决制”的迫切要求。

随着中国石油工业对外开放步伐的不断加大，中国石油石化行业强烈认识到其管理方式也要与国际接轨。

1996年1月，ISO/TC67的SC6分委会发布ISO/CD 14690《石油天然气工业健康、安全与环境管理体系》，中国石油石化企业关注、翻译并将其转化。

中国石油对该标准进行转化，并于1997年6月27日正式颁布了SY/T 6276—1997《石油天然气工业健康、安全与环境管理体系》，于1997年9月1日实施；1997年7月17日，SY/T 6280—1997《石油地震队健康、安全与环境管理规范》颁布；1997 年 8 月，SY/T 6283—1997《石油天然气钻井健康、安全与环境管理体系指南》颁布，并于 1997 年 11 月 1 日实施。自 1998 年开始，中国石油所属企业全面推广和实施 HSE 管理体系。

中国石化发布了 Q/SHS 0001.1—2001《中国石化安全、环境与健康（HSE）管理体系》、Q/SHS 0001.2—2001《油田企业安全、环境与健康（HSE）管理规范（试行）》、Q/SHS 0001.6—2001《油田企业基层队 HSE 实施程序编制指南（试行）》、Q/SHS 0001.10—2001《职能部门 HSE 职责实施计划编制指南（试行）》、Q/SHS 0001.3—2001《炼油化工行业安全、环境与健康（HSE）管理规范（试行）》、Q/SHS 0001.5—2001《施工企业安全、环境与健康（HSE）管理规范（试行）》、Q/SHS 0001.4—2001《销售企业安全、环境与健康（HSE）管理规范（试行》、Q/SHS 0001.9—2001《施工企业工程项目 HSE 实施程序编制指南》等一系列标准和规定，形成了系统的 HSE 管理体系标准。自 2002 年开始，中国石化所属企业推行了 HSE 管理体系。

2001 年 5 月，中国石油完成了质量健康安全与环境管理体系一体化研究工作，提出了质量健康安全与环境一体化管理模式。该管理体系的实施标志着中国石油石化工业步入了崭新的 HSE 管理发展时代。中海油在与国际石油公司的合作过程中，较早地接触并实施了 HSE 管理体系，建立了较完善的安全管理制度和管理体系，并逐步与国际接轨，取得了海洋石油开发良好的安全业绩。

2001 年 12 月，国家经贸委依据中国职业安全健康法律法规，结合其颁布并实施《职业安全卫生管理体系试行标准》所取得的经验，参考国际劳工组织《职业安全健康管理体系导则》，制定并发布了《职业安全健康管理体系指导意见》和《职业安全健康管理体系审核规范》。国家标准化委员会制定了《职业健康安全管理体系规范》，进一步推动中国职业安全健康管理工作向科学化、规范化方向发展。

三、HSE 管理体系的发展趋势

经过近些年的发展，HSE 管理体系在国际上的发展呈现以下趋势：

（1）国际贸易与交往中 HSE 成为企业通向世界市场的通行证。建立和持续改进 HSE 管理体系已成为国际上企业安全管理的大趋势。HSE 管理体系从石油企业向其他类型的企业推广。

（2）HSE 管理体系的建立和审核逐步走向标准化。随着各公司 HSE 的深入开展，必然会带来体系的不断完善，从而推动体系的统一化和标准化，国际上还将会出台和通过一系列的相关标准，进一步规范和深化体系的应用。

（3）以人为本、持续改进的思想得到充分贯彻和体现。该体系注重保护员工健康，注重从以人为本的角度出发，贯穿于各项工作的始终。

（4）HSE 管理体系与质量管理体系的一体化。为节约成本，减少烦琐的程序，有的公司已开始一体化的工作，但目前应用还不普遍，尚处在摸索阶段。

随着企业和人们对 HSE 管理体系认识的提高和工作的逐步开展，HSE 管理体系在中国呈现出良好的发展势头。中国三大石油石化集团都推行了这一体系，而且还有许多企业推行了职业安全卫生管理体系。在 HSE 管理体系领域，中国与国外差距并不是很大，目前已开展的认证工作也走在世界前列。越来越多的企业认识到推广 HSE 管理体系对企业安全管理的重要意义，特别是中国企业处于事故高发阶段，企业都在寻找一条减少事故、保障安全的方法和途径，HSE 管理体系的切实推行更有着重要的现实意义。因此，HSE 管理体系在中国会进一步得到应用和推广，是大势所趋。与此同时，有的企业也在探索和试行 QHSE 管理体系，即质量管理体系与 HSE 管理体系。

HSE 管理体系是一种科学有效的企业管理体系，是一种事前通过开展危害识别与评价，确定在各项活动中可能存在的危害及后果的严重性，从而采取有效的防范措施和应急预案来防止事故的发生或把风险降到最低的程度，以减少人员伤害、财产损失和环境污染的有效管理体系，同时也是一种不断完善发展创新的管理体系，它始终贯穿着事前预防、持续改进的理念。HSE 管理体系是将实施健康、安全与环境管理的组织机构、职责、程序、培训和资源等要素有机组成的整体。这些要素通过系统的运行模式融合在一起，注重事前预防和风险分析，体现以人为本的原则，遵循 PDCA（Plan 计划、Do 实施、Check 检查、Act 改进）管理模式，将社会和企业可持续发展纳入企业管理。

HSE 管理体系有其固有的特点，具体地讲，有先进性、系统性、预防性、可持续改进和长效性、自愿性等特点。

（1）先进性。

HSE 体系所宣传和贯穿始终的理念是先进的，如从员工的角度出发，注重以人为本，注重全员参与等，方法先进、可行、多样。目前，HSE 管理体系在职业安全卫生领域是走在世界前列的，是前沿的管理体系，易于企业结合实际应用和创新。

（2）系统性。

HSE 管理体系本身就是一个大系统，通过这一系统，使各要素有机组合，并由此形成各种体系文件，包括手册、程序文件、作业文件等，构成了一个层次分明、相互联系的文件体系。系统性是 HSE 管理体系的固有特点，条理清晰，密切联系，有机组合，否则就无法构成一个有效的体系，也就没有生命力。

（3）预防性。

危害辨识、风险分析与评价是 HSE 管理体系的精髓所在，它充分体现了“预防为主”的方针。实施有效的风险分析评价和控制措施可实现对事故的超前预防和生产作业的全过程控制，真正起到预防事故、保护员工健康的作用。因此，HSE 管理体系从制度上以及体系运行上规范了企业中的预防性安全工作，言之有物，不再是空洞的说教，充分体现了预防性的特点。

（4）可持续改进和长效性。

HSE 管理体系的一个基础理念是实现持续改进，这是一个组织管理体系不断强化的过程，周而复始地进行“计划、实施、检查、改进”活动，形成 PDCA 循环，形成了长效机制，使健康、安全与环境表现不断改进，呈现出螺旋上升的状态。

（5）自愿性。

HSE 标准本身是推荐执行标准，非强制性标准，建立 HSE 管理体系非政府要求，而是企业在全球市场的驱动下自觉自愿的行为；建立 HSE 管理体系也是企业管理自身生存、发展的要求，使企业的管理走上科学化、规范化轨道，逐步建立起现代企业管理制度并实现与国际惯例的衔接；同时建立 HSE 管理体系可树立良好的企业形象，更好地保护员工和社会利益。因此，越来越多的企业主动开始推行 HSE 管理体系并进行认证工作。

国际石油公司推行 HSE 管理方面有许多成功的经验，在实施过程中有以下共同特点：

（1）HSE 管理体系标准相似，建立的方法相似。

（2）公司的最高领导层思想上高度重视，自身认识程度比较高。

（3）各级领导承诺为可持续发展做出贡献。

（4）HSE 管理体系和理念贯穿于各项工作，各个角落。

（5）坚持开展风险评估与控制。

（6）把员工的培训放在重要位置，建立起规范的培训程序。

（7）建立了完善的审核与评审制度。

（8）HSE 的行为模式和理念成为企业文化的重要组成部分。

（9）HSE 管理绩效的好坏与公司形象密切相关。

（10）认真细致地开展法律、法规辨识，把遵守和贯彻现行的法律、法规作为一项重要内容。

（11）有效的奖惩机制是推行 HSE 管理体系的保障。

四、HSE 管理体系的适用范围

HSE 管理体系的适用范围比较广泛。目前，HSE 管理体系主要在石油石化行业等高危行业得到应用，其他一些企业也在尝试应用。该体系可以适用于所有领域和行业的企业，如制造业、服务业企业等。HSE 管理体系总体上在中国处于起步和发展阶段，各个企业应用的水平高低不齐，也有一定的差别，这也为其进一步推广提供了广阔的空间，应用和发展前景较大。

五、HSE 管理体系的理念

HSE 管理体系所体现的许多管理理念是先进的，也是值得在企业的管理中进行深入推行的原因所在。HSE 管理体系主要体现了以下管理理念：

（1）注重领导承诺的理念。企业对社会的承诺、对员工的承诺，领导对资源保证和法律责任的承诺，是 HSE 管理体系顺利实施的前提。领导承诺由以前的被动方式转变为主动方式，是管理思想的转变。承诺由企业最高管理者在体系建立前提出，在广泛征求意见的基础上，以正式文件（手册）的方式对外公开发布，以利于相关方的监督。

承诺要传递到企业内部和外部相关各方，并逐渐形成一种自主承诺改善条件、提高管理水平的企业思维方式和文化。

（2）体现以人为本的理念。企业在开展各项工作和管理活动过程中，始终贯穿以人为本的思想，在保护人的生命的角度和前提下，使企业的各项工作得以顺利进行。人的生命健康是无价的，工业生产过程中不能以牺牲人的生命为代价来换取产品。

（3）体现预防为主、事故是可以预防的理念。中国安全生产的方针是“安全第一、预防为主”，许多企业在贯彻这一方针的过程中并没有将其规范化和落到实处，而 HSE 管理体系始终贯穿对各项工作事前预防的理念，贯穿所有事故都是可以预防的理念。美国杜邦公司的成功经验是“所有的工伤和职业病都是可以预防的”“所有的事件及小事故或未遂事故均应进行详细调查，最重要的是通过有效的分析，找出真正的起因，指导今后的工作”。事故的发生往往是由人的不安全行为、机械设备的不良状态、环境的因素和管理上的缺陷等引起的。企业中虽然沿袭了一些好的做法，但没有系统化和规范化，缺乏连续性，而 HSE 管理体系系统地建立起了预防的机制，如果能切实推行，就能建立起长效机制。

（4）贯穿持续改进、可持续发展的理念。HSE 管理体系贯穿持续改进和可持续发展的理念，也就是人们常说的“没有最好，只有更好”。HSE 管理体系建立了定期审核和评审的机制。每次审核要根据不符合项实施改进，不断完善，使体系始终保持持续改进的趋势，不断改进不足，坚持和发扬好的做法，按 PDCA 循环上升，实现企业的可持续发展。

（5）体现全员参与的理念。常言道，安全工作是全员的工作，是全社会的工作。HSE 管理体系中就充分体现了全员参与的理念。在确定各岗位的职责时要求全员参与，在进行危害辨识时要求全员参与，在进行人员培训时要求全员参与，在进行审核时要求全员参与。通过广泛的参与，使 HSE 理念深入每一个员工的思想，进而提高全员的 HSE 意识，并转化为每一个员工的日常行为。

六、推行与实施 HSE 管理体系的优点和作用

推行与实施 HSE 管理体系的优点和作用如下：

（1）能够有效地贯彻国家的可持续发展战略。

（2）可促进中国各类企业进入国际市场。

（3）可预防和减少各类事故的发生，保护员工身体健康。

（4）可减少企业的成本，节约能源和资源。

（5）可提高企业健康、安全与环境管理水平。

（6）可树立良好的企业形象。

七、海洋石油企业推行与实施 HSE 管理的主要原因

海洋石油企业推行与实施 HSE 管理的主要原因如下：

（1）国际社会发展趋势和惯例的要求。随着中国加入世界贸易组织（以下简称 WTO），国际合作的机会日益增多，国际合作的领域日趋广泛，汲取与学习国外石油公司共同认可的 HSE 管理体系标准，迅速与国际接轨，成为中国石油工业的必然选择。否则，中国的石油工业将在国际市场的激烈竞争中被淘汰。因此，中国的海洋石油企业率先推行了 HSE 管理体系，其他部分企业在国际交往中正逐步认识到建立体系的重要性，并开始实施。

（2）国家法律法规的要求。国家相关法律法规和以人为本的政策要求企业注重安全工作和员工健康，并制定了一系列的标准推行这一体系。一个企业首先应当在遵守国家法律和保护员工生命健康的前提下开展企业活动，因此企业应当找到一条有效的途径来贯彻和达到国家法律法规的要求，通过建立 HSE 管理体系可以有效地满足上述要求。

（3）企业可持续发展的要求。只有企业有安全稳定的环境，企业才可能实现可持续发展，一个事故频发的企业很难不断地发展壮大。推行 HSE 管理体系是企业自身可持续发展、不断做大做强的需求。

（4）员工的要求。每个企业的职工都希望有一个安全舒适的工作环境，没有职业病和各类事故的发生。社会大众希望石油勘探开发活动对其日常生活和生存环境没有任何影响和危害。因此，只有通过实施 HSE 管理

体系标准，才能满足员工与公众的期望。

推行 HSE 管理体系还有许多优点和作用，这些优点和作用都促使其在中国企业在企业管理过程中提高企业整体管理水平中的应用。

第二节　海洋油气开发安全设施管理

海洋油气开发安全设施是指满足海洋油气开发要求和适合海洋特点，符合海洋油气开发相关标准的安全设备、装置和设施。为了保证海洋油气开发人员的生命安全和财产安全，对安全设施要求非常严格，必须符合严格的标准，且检验合格后才能装备到海上设施。从业人员也应当掌握这些安全设施的性能和使用方法。

海洋油气开发安全设施按照功能主要可以划分为消防系统、逃生救生系统、报警系统等。这些系统是安全设施中的重要因素，是海洋油气安全的保障。

一、消防系统

海洋油气消防系统是重要的安全设施，在平台或船舶发生火灾时，会发挥灭火的作用，有效地减少人员伤害和财产损失。

火灾是指在时间和空间上失去控制的燃烧所造成的灾害。火灾分为 A、B、C、D、E 五类。A 类火灾是指固体物质火灾，如木材、棉、毛、纸张等引起的火灾；B 类火灾是指液体火灾和可熔化的固体物质火灾，如原油、乙醇、石蜡等引起的火灾；C 类火灾是指气体火灾，如天然气、丙烷、氢气等引起的火灾；D 类火灾是指金属火灾，如钾、钠、镁、铝镁合金等引起的火灾；E 类火灾是指带电设备火灾，如发电机、电缆等引起的火灾。针对不同的火灾，应该采取不同的消防系统。

目前，消防系统设施种类很多。一般地，按照所使用的灭火剂不同，消防系统可分为水灭火系统、泡沫灭火系统、二氧化碳灭火系统和干粉灭火系统等；按照是否可移动，消防系统可分为固定灭火装置、半固定灭火装置和移动灭火装置；按照是否可以遥控，消防系统可分为遥控灭火装置、遥控—手动灭火装置和手动灭火装置。各消防系统的设计安装均应满足相关的设计标准，通过准确的计算来确定各种设施的数量和分布，以满足灭火的需要。

以下简要介绍水灭火系统、泡沫灭火系统、二氧化碳灭火系统和干粉灭火系统。

1. 水灭火系统

（1）原理。

在海洋平台或船舶上应用的水灭火系统是以海水为灭火介质组成的灭火系统。海水在受热汽化时，体积增大1700多倍，当大量的水蒸气笼罩于燃烧物的周围时，可以阻止空气进入燃烧区，从而大大减少氧的含量，使燃烧因缺氧而熄灭。在用水灭火时，加压水能喷射到较远的地方，具有较大的冲击作用，能冲过燃烧表面而进入内部，使未着火的部分与燃烧区隔离开来，防止燃烧物继续分解燃烧，主要依靠冷却和窒息作用进行灭火。水灭火系统的主要缺点是产生水流损失和造成污染、不能用于带电火灾的扑救。在设计水灭火系统时，根据需灭火部位和可能着火物质设计整个系统的灭火能力。

（2）系统组成。

水灭火系统主要由消防泵、消防管网、控制阀、水幕系统、水枪和水炮、水消防栓等组成。

① 消防泵。

消防泵是消防系统的核心设备，主要功能是为整个消防系统管网供水。它的正常与否直接关系到能否在关键时刻正常供水，从而满足灭火需求。

在设计时，根据海洋石油设施的类别、用途和保护区域的大小综合考虑，按照灭火所需的用水量，计算单台消防泵的排量，并设计有备用的消防泵。一般配备两台以上的消防泵，并有主电源和应急电源两种供电方式，有现场、遥控两种启动方式。对消防泵定期进行检查和维护，定期运行，出现故障及时排除。

② 消防管网。

消防管网是专门输送消防用水的管网，不可与消防无关的其他管网相连，一般应采用双回路供水。在长距离的钢制管道上应安装膨胀节或软管，防止热胀冷缩。冬季放空管网中的残液和水，应采取防冻措施，防止管网冻堵。

③ 控制阀。

安装在消防管网上的控制阀对消防管网的开启和关闭进行控制，一般应具有远传遥控功能，便于实现集中遥控操作。

④ 水幕系统。

水幕系统是由水幕喷头、管道、控制阀等组成的阻火喷水系统。喷头要定期检查清洗，防止被海水中的泥沙或杂物堵塞。对需要进行水幕保护和防火隔断的处所，宜设置水幕系统。

⑤ 水枪和水炮。

一般选用口径为 19mm 的水雾两用水枪。使用水枪喷水时，有直流喷射和喷雾喷射两种方式。消防水枪、水龙带共同存放在消防栓附近的消防箱内。

消防水炮具有压力大、射程远和易操作的特点，根据整个消防水灭火系统能力设计配备消防水炮的位置和数量。

⑥ 水消防栓。

水消防栓口径一般为 65mm 或 50mm，用来与消防水龙带连接灭火，同时通过阀门控制出水压力和流量。

2. 泡沫灭火系统

为了扑灭油类火灾，一般大量采用泡沫灭火系统。随着技术进步，水成膜灭火剂、细水雾灭火剂等新型灭火剂也逐渐得到应用。

（1）原理。

凡能与水混合，用机械或化学反应的方法产生灭火泡沫的灭火剂，称为泡沫灭火剂。泡沫是一种体积小、表面被液体围成的小泡群，相对密度为 1.001~0.5。由于它的相对密度远远小于一般的可燃、易燃液体，因此可以漂浮在液体表面，形成保护层，使燃烧物与空气隔断，达到窒息灭火的目的。泡沫灭火剂主要用于扑灭一般可燃、易燃液体的火灾，如原油火灾。同时泡沫还有一定的黏性，能黏附在固体上，因此其对扑灭固体火灾也有一定效果。

泡沫灭火剂分为化学泡沫和空气泡沫两大类。其中，空气泡沫是指能够与水混合，通过机械方法产生的泡沫，因此也被称为机械泡沫灭火剂。

泡沫灭火剂分为低倍数泡沫灭火剂、中倍数泡沫灭火剂、高倍数泡沫灭火剂三种。低倍数泡沫灭火剂的发泡倍数在20倍以下；中倍数泡沫灭火剂的发泡倍数为20~500倍；高倍数泡沫灭火剂的发泡倍数为500~1000倍。其中，低倍数泡沫灭火剂分为蛋白泡沫、氟蛋白泡沫、水成膜泡沫、合成泡沫和抗溶性泡沫等几种类型。在平台和船舶上应用泡沫灭火系统，要根据需保护控制的原油或其他易燃物的储存量、灭火强度来设计整个系统的灭火能力。

（2）系统组成。

泡沫灭火系统一般主要由泡沫液压力储罐、泡沫压力比例混合器、空气泡沫产生器、泡沫枪和泡沫炮、泡沫消防栓等组成。

① 泡沫液压力储罐。

泡沫液压力储罐是专门储存泡沫液的装置。它是经过严格设计、制造、检验后才能使用的压力容器。泡沫灭火剂一般采用与海水能配伍的6%低倍数泡沫，在储罐中储存，为防止变质，定期进行检验。储罐上的安全阀也要定期检验。

② 泡沫压力比例混合器。

通过泡沫压力比例混合器，可将具有一定压力的海水和具有一定压力的灭火剂按照设定的比例混合，形成泡沫混合液供给泡沫发生器使用。每种型号的压力比例混合器还可以通过节流孔板的变换来控制灭火剂的流量，保证混合比的精确度。泡沫压力比例混合器主要由喷嘴、扩散管、孔板等组成，主要零部件采用铜合金、不锈钢等耐腐蚀材料制作，这样可以保证与海水进行发泡，耐腐蚀性强。

③ 空气泡沫产生器。

空气泡沫产生器是一种固定安装在油罐上，产生和喷射空气泡沫的灭火设备。泡沫混合液经输送管道经过空气泡沫产生器时，形成空气泡沫，扑灭油类火灾。空气泡沫产生器主要由壳体、泡沫喷管和导板三部分构成。其工作原理是当泡沫混合液流过产生器喷嘴时，形成扩散的雾化射流，在其周围产生负压，从而吸入大量空气，形成空气泡沫。空气泡沫通过泡沫喷管和导板进入储罐，沿罐壁淌下，从而覆盖在燃烧的液面上，使燃烧液体与空气隔离，以达到灭火的效果。为防止易燃液体储罐内气体蒸发外漏，壳体出口端必须安装密封玻璃。该玻璃一面刻有易碎裂痕，混合液流压力为0.1~0.2MPa时即可冲碎。易碎裂痕一面应朝喷出口方向安装。

④ 泡沫枪和泡沫炮。

空气泡沫枪是一种移动式、轻便的灭火消防枪，是产生和喷射空气泡沫用以扑救小型油罐、地面石油和石油产品等油类火灾及木材等一般固体物质火灾的有效工具。空气泡沫枪主要由喷嘴、启闭柄、手轮、枪筒、吸管、密封圈、吸管接头、枪体和管牙接扣等组成。其工作原理是消防水经过口径为65mm管牙接扣进入枪体，通过枪孔时，在枪体和喷嘴构成的空间形成负压（真空）。这个空间通过吸管接头与吸管连接，吸管一端插入空气泡沫液桶，吸取空气泡沫液，使空气泡沫液与水按6∶94比例混合。当混合液流通过喷嘴孔时，立即扩散雾化，再次形成负压而吸入大量空气，与混合液流进行混合，形成空气泡沫，经过整个枪筒产生良好的泡沫射流喷射出去。空气泡沫枪装有启闭开关，可以扳动启闭柄来开启或关闭射流。

泡沫炮具有压力大、射程远和容易操作控制的特点。此外，泡沫枪和泡沫炮的明显位置上应设置清晰永久性标志牌，至少应标示产品名称、工作压力、射程、流量、产品编号、生产企业名称或商标等。

⑤ 泡沫消防栓。

泡沫消防栓一般用来与消防水龙带连接灭火，同时通过阀门控制压力和出水量。

3. 二氧化碳灭火系统

二氧化碳灭火系统是一种根据二氧化碳灭火机理和结合海洋平台或船舶特点而设计安装的灭火系统。

（1）原理。

二氧化碳灭火系统的原理是利用二氧化碳具有阻燃的作用，喷射到火焰表面隔离空气中的氧气，从而减少空气中氧气的含量，使其达不到支持燃烧的浓度，当二氧化碳浓度达到30%~35%时，能使一般可燃物质的燃烧逐渐因缺氧而熄灭。二氧化碳灭火系统可分为全淹没系统和局部应用系统。二氧化碳灭火的部位一般为电器场所或值班室，保护场所的容积在55m^3以下时，起火后2min内二氧化碳的灭火浓度不应小于1.6kg/m^3；保护场所的容积大于55m^3时，起火后2min内二氧化碳的灭火浓度不应小于 1.3kg/m^3。

（2）系统组成。

二氧化碳灭火系统主要由二氧化碳气瓶部分、遥控施放部分、施放管路部分组成。二氧化碳气瓶部分主要由气瓶组、瓶头阀、支座组成；遥控施放部分主要由遥控施放站、氮气瓶等组成；施放管路部分主要由管路、施放阀、止回阀、压力信号发送器、喷头、背压阀和火灾监视器等组成。以下简要介绍其中的部分组成元件。

二氧化碳气瓶与气瓶组装可分为单列式和双列式。单列式瓶数有 2~12 瓶，双列式有 6~24 瓶，钢瓶固定在支座上，同时应固定牢靠，确保在二氧化碳释放时不会移动。气瓶的充装率不宜过大，对于工作压力为 15MPa、水压试验压力为 22.5MPa 的容器，其充装率不得大于 0.68kg/L。

压力信号发送器主要用于监测二氧化碳的泄漏情况，一般与背压阀同时安装于泄放管路上，当管路的压力大于 0.3MPa 时，即发出信号。

背压阀一般安装于管路的末端，当管路的压力大于 0.4MPa 时，背压阀自动泄放。

4. 干粉灭火系统

（1）原理。

干粉灭火剂是干燥且易于流动的微细粉末，由具有灭火效能的无机盐和少量的添加剂经干燥、粉碎、混合而成。灭火时依靠加压气体（二氧化碳或氮气）将干粉从喷嘴喷出，形成一股雾状粉流，射向燃烧区。当干粉灭火剂与火焰接触时，发生一系列的物理化学反应，将火扑灭。干粉灭火剂平时储存于干粉灭火器或灭火设备中。

干粉灭火剂主要用于扑救各种非水溶性及水溶性可燃、易燃液体的火灾，以及天然气和石油气等可燃气体火灾和一般带电设备的火灾。目前，除传统的干粉灭火剂外，还有一种脉冲超细干粉灭火剂。超细干粉灭火剂是在常态下不分解、不吸湿、不结块，具有良好的流动性、弥散性和电绝缘性的新型灭火剂，平均粒径小于 5μm，灭火效率是普通干粉的 6~10 倍。

（2）系统组成。

干粉灭火系统可应用于全淹没保护场所，也可应用于局部保护场所。干粉灭火系统主要由干粉储罐、释放阀、减压器、动力气瓶、容器阀、安全阀、分配选择阀、单向阀、集流管、管网及电器控制柜等组成。在布局和系统组成上，干粉灭火系统与二氧化碳灭火系统有相似的地方。

此外，随着消防技术进步，大量的新型消防产品和自动灭火系统出现，如泡沫枪、水枪可以实现遥控操作。这些新技术和新产品大大提高了灭火系统的可靠性，更有利于保护操作人员的安全，在海洋石油开发中也会逐步得到大量应用。

二、逃生救生系统

海上逃生救生系统设施是在海上工作人员发生意外时能发挥逃生、救生作用的重要设施，主要包括救生艇、救生筏、救生圈、救生衣、船用火箭抛绳枪、烟雾求生信号和救援系统等。

1. 救生艇

救生艇是配备动力的乘坐人数较多的海上主要逃生救生设备。救生艇按结构不同可划分为封闭式救生艇和敞开式救生艇，海洋石油设施一般配备封闭式救生艇。救生艇也可按乘坐人数不同进行划分。

救生艇是在紧急情况下弃平台或弃船舶时逃生或救生时使用。救生艇主要包括艇体、发动机、操纵系统、排污系统、喷淋系统、属具等。救生艇是海上关键逃生救生设备，制造和选用者要严格按国家标准执行。选用的全封闭救生艇的基本参数和技术条件应符合 GB 11573—1989《全封闭救生艇技术条件》的规定，操作时严格按操作规程进行操作。选型时应能容纳设施上的全部定员，设施定员超过 30 人时，应至少配备两艘救生艇。

2. 救生筏

救生筏是无动力的海上逃生救生设备。救生筏平时包装存放在玻璃钢存放筒内，安装在船舷专用筏架上，可将筏直接抛入水中。救生筏可自动充胀成形，供遇险人员乘坐。如果船舶或平台下沉太快，来不及将救生筏抛入水中，当设施沉到水下一定深度时，筏架上的静水压力释放器会自动脱钩，释放出救生筏，救生筏会浮出水面自动充胀成形。

救生筏按乘坐人数可以分为 6 人、10 人、15 人、20 人和 25 人 5 种类型。应根据核定的人数乘坐救生阀，不能超载。救生筏外形有正六边形、长八边形、正十二边形、正十六边形和椭圆形等。在设计配备救生阀时，根据平台、船舶人数配备。其中，气胀救生筏为采用锦纶橡胶布配上有关附件组成的充气制品，可装备海洋平台、船舶，在应急救生时使用。

救生筏主要由上下浮胎、登筏踏板、篷柱、顶篷（橙黄色）和筏底等部分组成。下浮胎通过踏板单向阀与登筏踏板构成一个气室，上浮胎则通过两个单向阀与篷柱相连成一个气室，两个气室分别以二氧化碳和氮气钢瓶分别充胀成形。筏底也是一个气室，以充气器人工充气。筏底外部有平衡水袋用以增加筏的稳定性。筏首尾有两个进出口，筏首设有软梯和拖拽设备，筏尾设有登筏踏板。筏内外浮胎有供人员攀扶的把手索。筏内有备品包、修理袋、雷达反射器、划桨和拯救环索。筏底外部设有扶正带和平衡袋。

筏的上下浮胎之间，装有二氧化碳钢瓶和氮气钢瓶各 1 个，钢瓶上速放阀分别与筏的上下浮胎进气阀连接。当应急使用救生筏时，将充气拉索拉出 11m，速放阀即自动打开，使钢瓶里的二氧化碳和氮气进入上下浮胎。上浮胎内气体再通过单向阀进入篷柱；下浮胎内气体待达到一定压力后，通过踏板单向筏进入登筏踏板，并使救生筏充气成形。

使用救生筏时，将应急的静水压力释放器脱钩装置松脱，使筏自动滑入水中或将救生筏抛投水中，救生筏以钢瓶储备的二氧化碳加氮气自动充胀成形。如果救生筏存放位置距水线的高度小于 11m，则需将充气拉索拉出，使充气钢瓶的速放阀打开，救生阀方能自动充胀成形。救生筏充胀成形后人员撤离登筏逃生。

静水压力释放器是气胀式救生筏的快速释放装置，是救生筏的辅助配套装置。当船舶遇难沉没时，它能在 2~4m 水深使气胀式救生筏与沉船自动分离，达到救生目的。静水压力释放器安装前必须经船舶检验机构检验和认可，并有船检标记，性能合格方能安装。

3. 救生圈

救生圈是适合在海洋中落水时使用的简易救生器材。海洋石油设施配备的救生圈应符合 GB/T 4302—2008《救生圈》中的规定。

根据标准救生圈的浮力要求，救生圈应能承受 14.5kg 的铁块在淡水中漂浮达 24h。救生圈外径不大于 760mm，内径不小于 440mm。每个带自亮浮灯及橙色烟雾信号的救生圈应配备一根救生索，该索的长度应为从救生圈的存放位置至最低天文潮位水面高度的 1.5 倍，并至少为 30m，其直径不小于 6mm。

如果有人落水，在抛投救生圈时应一手握住救生索，另一手将救生圈抛在落水人员的下流方向；无流而有风时，应将救生圈抛于落水人员的上风方向，以便落水者攀拿。在水中使用救生圈的方法是用手压救生圈的一边使其竖起，另一手把住救生圈的另一边，并将脖子套入其中，然后再将救生圈置于腋下；或者先用双手压住救生圈的一边使救生圈竖立起来，手和头部乘势套入救生圈内，使救生圈夹在两腋下面，落水人员的身体便直立水中。需要在水中前进时，可以一只手抓住救生圈，另一只手做划水动作前行。

4. 救生衣

救生衣是一种适合工作人员穿着的简便的救生器材。按照适合的温度环境，救生衣有普通救生衣和防寒救生衣之分。海洋石油设施上配备的救生衣应符合 GB/T 4303—2008《船用救生衣》、GB/T 9953—1999《浸水保温服》等有关标准的规定。

救生衣应当放置在宜于取用的地方。逃生集合点都应配备一定数量的救生衣。甲板工作区和直升机甲板附近存放的救生衣应放在专门的储存柜内，并有明显的标志。

5. 船用火箭抛绳枪

船用火箭抛绳枪是用来远距离发射绳索的专用器材，主要由抛绳火箭、抛绳、绳盒、钢丝绳、拖绳架、枪体、击发手柄和防护圈等组成。使用时枪口对准目标，取仰角 15°~25°，转动击发扳机，火箭带动抛绳射向目标。

海洋石油设施上配备的抛绳枪应符合有关国家标准的规定。抛绳枪的主要性能参数如下：一般射程不小于 230m（正常气象条件下），抛绳拉力大于 2000N，抛绳火箭有效期 3 年，抛绳枪有效期 9 年。

6. 烟雾求生信号

烟雾求生信号是在紧急情况下，通过施放火焰烟雾来发出求救信号，告知施救位置的救生用具。烟雾求生信号主要有火箭降落伞火焰信号、橙色烟雾信号和手持火焰信号等。

火箭降落伞火焰信号的性能要求在垂直发射时发射高度达 300m 以上，

能发射出降落伞火焰，发出明亮红光，平均强度不少于 30000cd，燃烧时间不少于 40s，降落速度不大于 5m/s。

橙色烟雾信号的性能要求其发烟时间不少于 3min，可见距离大于 2n mile，保管和使用温度在 30~65℃之间，有效期在 3 年以上。

手持火焰信号能发生明亮均匀光强（不小于 15000cd），燃烧时间不少于 1min，浸入 100mm 深水中历时 10s 后，仍能继续燃烧。使用时先撕掉塑料袋，揭开盖子，注意外壳上的箭头号朝上，放下底部触发器铰链或压杆，一手握住火箭，垂直高举过头，一手手掌托在压杆上，做引发准备。再将压杆上推，双手迅速握紧火箭，有风时可略偏上风，火箭很快就能发射。

7. 救援系统

海上出现事故或突发事件时，就需要进行救援。因此，需要有一些大型的救援设备，组成强大的救援力量进行救助。从事海洋石油勘探开发的作业者有的拥有较先进的救援工具和设备、专用救援船舶等。直升机的定员能力、续航能力、抗风能力及配备的救生设施等性能指标均应满足救援要求；守护船或救援船舶的类型、功率、抗风能力、定员能力、医疗救护能力、配备的救生设施等指标应能满足救援要求。根据不同的海域和自身的情况，选择确定救援工具和设备，最大限度地实现海上救援，保障人员的生命安全。

此外，国家海事局负责救助的直升机和救助船舶、附近部队的直升机和救助船舶、海域附近可调用的救援力量等，也可以作为救援的力量。

三、报警系统

1. 可燃气体报警系统

可燃气体报警系统是在海洋石油设施上普遍配备的用于检测可燃气体的专用设备系统。该系统主要包括可燃气体探测器和报警控制盘。

可燃气体探测器主要检测空气中的可燃气体。探测器有催化燃烧式（接触燃烧式）和红外线式两种。催化燃烧式探测器的工作原理如下：检测探头采用的传感器是微功耗高抗干扰型载体催化元件，与两只固定电阻构成检测桥路。当含有可燃气体的空气扩散到检测元件上时，迅速进行无焰燃烧，并产生反应热，使电阻值增大，电桥输出一个变化的电压信号，这个电压信号的大小与可燃气体的浓度成正比。经过两级放大以后，再经过电压电流转换电路，将变化的电压信号变为电流信号输出给控制器或其他二次仪表。使用过程中严禁用打火机或高浓度气体对探测器中的传感元件进行熏吹，以免造成传感器漂移或损坏。红外线式探测器利用红外光学原理对可燃气体进行探测。

对于封闭空间，可燃气体探测器安装的高度为 2.4m，能够探测的范围约 36m^2。在可能泄漏可燃气体的设备附近和空间死角处，应至少设置一个探测器，探测器应尽量面向可燃气体飘来的方向。探测器的安装高度可根据可燃气体的相对密度来确定。当可燃气体相对密度大于 0.75 时，探测器应安装在低处，距地面 0.2m 为宜；当可燃气体相对密度不大于 0.75 时，探测器应安装在高处，距屋顶 0.1m 为宜。在非封闭区域中可能成为可燃气体泄漏源的生产设施的中央部位，应安装足够的探测器。探测器布置应靠近密封或密封压盖等可燃气体泄漏部位，但其距离不能小于 0.3m。危险区的通风和助燃空气的入口处，应安装可燃气体探测器。

可燃气体报警系统的配备和选型应严格遵守国家标准的规定，安装位置应达到设计要求，以便准确探测可燃气体。遇到探测范围内可燃气体超过允许范围，在相对应的报警控制盘上就会报警，提示工作人员进行检查。

在可燃气体报警系统中，用以接收、显示和传递可燃气体报警信号，并能发出控制信号和具有其他辅助功能的控制指标设备称为报警控制盘。

2. 火灾报警系统

火灾报警系统是在海洋石油设施或船舶上普遍配备的用于检测火灾的专用设备系统。火灾报警系统主要由火灾探测器、火灾报警控制器（报警装置）以及具有其他辅助功能的装置组成。火灾报警系统能在火灾初期将燃烧产生的烟雾、热量和光辐射等物理量，通过火灾探测器变成电信号，传输到火灾报警控制器，并发出声光警报信号。

火灾探测器是识别火灾是否发生的专门探测仪器，是火灾报警系统中最主要的检测元件，其工作的灵敏度、可靠性和稳定性等技术指标直接影响整个系统的好坏。根据探测场所的不同，安装不同类型的火灾探测器。火灾探测器可以分为感温探测器、烟感式探测器和光辐射式探测器，分别依据探测区域内温度不同、烟雾浓度不同、光感不同进行探测。其中，感温探测器又可分为定温探测器、差温探测器、差定温探测器；烟感式探测器分为离子烟感探测器、光电烟感探测器；光辐射式探测器分为紫外线火焰探测器、红外线火焰探测器、光电式探测器等。

探测器应设置布置在最佳功能处，避免突出的结构物遮挡探测器。烟感式探测器一般应设在被探测部位的顶部，离开舱壁的距离至少 0.5m，但也不应大于 5.5m，单个探测器的保护面积一般不小于 74m^2。感温探测器的探头应靠近和对准可燃材料处，如在室内一般设在顶部，离开舱壁的距离至少 0.5m，但也不大于 4.5m，单个保护面积为 37m^2。光辐射式探测器的布置原则是每一个失火点的火光都应至少被一个探头探测到。对于容易失效的探测器，每一个处所至少配两个探头。

常用火灾报警控制器按照用途可分为区域报警控制器和集中报警控制器。区域报警控制器的主要功能有火灾信号处理与判断、声和光报警、故障检测、模拟检查、报警计时、备电切换和联动控制等。集中报警控制器的主要功能有报警显示、控制显示计时、联动联络控制和信息传输处理等。

火灾报警系统的配备和选型应严格遵守国家标准的规定，安装位置达到设计要求，以便准确探测火灾。如果某一区域内出现火灾，就会在报警控制盘上发出声光报警，提示工作人员进行检查。

第三节　海洋油气开发环境保护管理

海洋油气开发一旦发生溢油事故，会给海洋环境造成无法估量的损失，泄漏的原油难以回收和消除，难于控制，造成一定的后果和影响。因此，从事海洋油气开发应当格外注重对海洋环境的保护，避免发生污染事故。为了防止和减少海洋污染，中国逐步建立起了海洋环境保护法律法规体系，由法律、法规和相关环保制度等组成。通过实施这些海洋环境保护法律法规，海洋环境保护逐步走上规范管理和发展的道路。

企业在海洋油气开发过程中的各个环节都应严格遵守法律法规，还要制定有效的有针对性的措施，防患于未然。同时建立起应急管理体系，出现溢油事故能够尽最大能力处理，将损失减小到最少。随着海洋石油事业的发展和人们海洋环境保护意识的增强，先进的环保理念和大量的环保新技术也应运而生，海洋环境保护工作将会有长足的发展。

一、海洋环境保护法律法规体系

为保护海洋环境，规范企业在海洋石油勘探开发过程中的行为，中国逐步建立了海洋环境保护法律法规体系，为规范企业行为和保护海洋环境发挥了重要作用。

1. 法律

在法律层面上，中国有关海洋环境保护的法律主要有《中华人民共和国环境保护法》《中华人民共和国海洋环境保护法》《中华人民共和国环境影响评价法》《中华人民共和国清洁生产促进法》等。

《中华人民共和国环境保护法》由第七届全国人民代表大会常务委员会第十一次会议通过，于1989年12月26日发布并施行，并于2014年4月24日修订，自2015年1月1日起施行。全文分总则、环境监督管理、保护和改善环境、防治环境污染和其他公害、信息公开和公众参与、法律责任和附则7章，共70条。

以《中华人民共和国环境保护法》为基本法，中国已经逐步形成了建设项目的环境影响评价、“三同时”（同时设计、同时建设、同时投产）、排污申报登记、排污收费、限期治理、现场检查、污染事故报告及处理等基本制度。在此基础上，正逐步推行排污许可证、总量控制、绿色标志、清洁生产等新的管理制度。

《中华人民共和国海洋环境保护法》于1982年8月23日在第五届全国人民代表大会常务委员会第二十四次会议上通过，1999年12月25日第九届全国人民代表大会常务委员会第十三次会议修订，自2000年4月1日起施行，最新修订版于2017年11月5日颁布实施。全文共10章97条。该法适用于中国内水、领海、毗连区、专属经济区、大陆架以及中国管辖的其他海域。该法对中国海洋环境监督管理、海洋生态保护、防治陆源污染物对海洋环境的污染损害、防治海岸工程建设项目对海洋环境的污染损害、防治海洋工程建设项目对海洋环境的污染损害、防治倾倒废物对海洋环境的污染损害、防治船舶及有关作业活动对海洋环境的污染损害、法律责任等方面做出了明确的规定。

《中华人民共和国环境影响评价法》由第九届全国人民代表大会常务委员会第三十次会议于2002年10月28日通过，自2003年9月1日起施行，最新修订版于2018年12月29日颁布实施。全文共5章37条。环境影响评价是指对规划和建设项目实施后可能造成的环境影响进行分析、预测和评估，提出预防或者减轻不良环境影响的对策和措施，进行跟踪监测的方法与制度。在中华人民共和国领域和中华人民共和国管辖的其他海域内建设对环境有影响的项目，应当依照该法进行环境影响评价。该法对规划的环境影响评价、建设项目的环境影响评价、法律责任等都做出了明确的规定。

《中华人民共和国清洁生产促进法》于2002年6月29日由第九届全国人民代表大会常务委员会通过，自2003年1月1日起实施，最新修订版于2016年7月1日起正式实施。全文共6章40条。该法对清洁生产的推行、实施、鼓励措施、法律责任等方面做出了明确的规定。

2. 法规

中国制定的海洋环境保护法规主要有《中华人民共和国海洋石油勘探开发环境保护管理条例》《中华人民共和国海洋倾废管理条例》等。

《中华人民共和国海洋石油勘探开发环境保护管理条例》于1983年12月29日由国务院发布实施，共31条。该条例对环境影响报告书、防污记录、消油剂使用管理等方面进行了明确的规定。

《中华人民共和国海洋倾废管理条例》由国务院于1983年3月6日发布，同年4月1日起施行，共24条。该条例对海洋倾废行为做出了明确的规定。

3. 规定

由国务院专门部委制定的海洋环境保护管理规章主要有《中华人民共和国海洋石油勘探开发环境保护管理条例实施办法》(2016年修正)、《中华人民共和国海洋倾废管理条例实施办法》《海洋石油勘探开发溢油应急计划编报和审批程序》《海洋石油勘探开发化学消油剂使用规定》《海洋石油开发工程环境影响评价管理程序》《海洋石油平台弃置管理暂行办法》《海洋行政处罚实施办法》等。

其中,《中华人民共和国海洋石油勘探开发环境保护管理条例实施办法》于1990年9月20日由国家海洋局发布实施，修正版于2016年1月8日颁布实施。全文共34条。该办法主要规范主管机关和作业者溢油的处理程序、赔偿责任等。

《中华人民共和国海洋倾废管理条例实施办法》于1990年9月25日由国家海洋局发布实施。全文共43条。该办法对海洋倾倒行为、倾倒区、倾倒许可等做出了规定。

《海洋石油勘探开发溢油应急计划编报和审批程序》于1995年2月10日由国家海洋局发布实施。全文共15条。该程序对溢油计划的编制内容和程序进行了规定。

《海洋石油勘探开发化学消油剂使用规定》于1992年8月20日由国家海洋局发布实施，修正版于2015年10月30日颁布实施。全文共18条。该规定主要是为了合理有效地使用化学消油剂。

《海洋石油开发工程环境影响评价管理程序》于2002年5月17日由国家海洋局发布实施。全文共18条。

《海洋石油平台弃置管理暂行办法》由国家海洋局于2002年6月24日颁布并实施。全文共23条。该办法对海洋石油平台的弃置行为做出了明确的规定。

《海洋行政处罚实施办法》由国土资源部于2002年12月12日通过，2003年3月1日起实施。全文共分7章42条。该办法对海洋违法行为的行政处罚程序进行了规定。

二、海洋石油作业环境保护基本要求和对策

1. 前期准备阶段

海洋油气开发从业者在前期准备阶段就应注重有关海洋环境保护的要求，及早制定相应的对策。例如，在编制油（气）田总体开发方案的同时，按照法规规定编制海洋环境影响报告书，并将经批准的环境影响报告书送交所处海区主管部门。经过海洋环境影响评价以及环境影响报告书审查合格，才具备了进一步开展勘探开发工作的基础。

在进行海洋环境影响评价时，承担环境影响评价的单位应当具有从事海洋环境影响评价的能力，并持有甲级环境影响评价证书。

2. 勘探阶段

勘探前，从事海洋作业的单位也要进行环境影响评价，对可能造成的

环境影响进行整体评估分析，其中的重点是分析地震源和地震作业可能对海区环境、渔业造成的危害，以及采取的预防措施。海洋石油勘探专用的物探船舶在勘探前要具备一定的条件，经过主管部门的认可，才能在一定的海域进行勘探。

在钻探井时，平台也应当符合相关的环境要求，产生的污液不能直接入海，必须经过处理达标或运回陆地处理合格后才能排放。

3. 油气田钻井阶段

在海域作业的钻井平台或钻井船必须安装合格的防污设备，对油污水和生活污水进行处理，外排污水排放要达到海洋石油勘探开发工业含油污水排放标准。有污染的钻井液等外排时要进行回收处理，不能直接入海。

4. 油气田开发生产阶段

海上油田投放生产后，作业者要根据开采规模的变化及环境质量状况，对环境影响报告书适时进行补充完善，并报主管部门审查。

为防止和控制溢油污染，减少污染损害，作业者应根据油田开发规模、作业海域的自然环境和资源状况，制订溢油应急计划。溢油应急计划包括以下内容：平台作业情况及海域环境、资源状况；溢油风险分析；溢油应急能力等。溢油应急计划要具有可操作性、规范性，并报海洋主管部门审批。在生产过程中，海上储油设施、输油管线应符合防渗、防漏、防腐蚀的要求，并应经常检查，保持良好状态，防止发生漏油事故。出现溢油时，对消油剂的使用要遵守《海洋石油勘探开发化学消油剂使用规定》，控制用量，经审批才能使用。建立并填写规范的防污记录，并接受主管部门的监督。

固定式平台和移动式平台都要配备一定的防污设备，如设置油水分离设备，应设置残油、废油回收设施，采油平台应设置含油污水处理设备，该设备处理后的污水含油量应达到国家排放标准。防污设备应经船检合格获得有效证书后才能在海上安装。使用过程中，要定期检验防污设备。

5. 油气田废弃阶段

海洋油田到开发后期或结束时，面临设施废弃问题。海洋石油平台的废弃处置管理在国际上很受重视。国际海事组织（IMO）在《关于大陆架和专属经济区内海上设施和结构拆除的原则和标准》中提出了对海上设施

（包括石油平台）拆除的原则要求。中国是IMO成员国，对上述提到的原则和标准是确认并要遵守的。《1972年防止倾倒废物及其他物质污染海洋的公约》和《〈防止倾倒废物及其他物质污染海洋的公约〉1996年议定书》也对海洋石油平台的海上弃置处理做出了明确规定。1999年，在《1972年防止倾倒废物及其他物质污染海洋的公约》缔约国第21次协商会议上也讨论了石油平台海上处置的技术指南，以指导各缔约国对其实施管理。

中国海洋石油平台的废弃处置技术也随着开发时间的延长而逐渐增强。对平台的弃置要遵守《海洋石油平台弃置管理暂行办法》的规定，确定合理的弃置方案，经审批后实施，消除造成海洋污染的隐患。

三、作业者环保管理与措施

作业者在海洋油气开发过程中，按照环保法律法规要求，在各个环节都应采取有效的措施，防止发生污染事故，造成环境污染。

（1）作业者应当建立长效的环境管理体系。环境管理工作纳入HSE管理体系，通过有效的管理体系在工作各个环节发挥作用。

（2）严格遵守和执行国家的海洋环境保护法律法规，并结合作业者实际情况，制定有效的环境保护管理制度，并不断完善，及时检查落实。

（3）成立专门机构和专业人员负责环保工作，建立健全相关的各项环保制度，并经常检查监督。

（4）选用可靠性高的工艺，并配备合格的防污设备设施。性能指标达到有关标准的要求，实现达标排放。

（5）制订有效的应急预案，对海上溢油情况的处理进行演练，提高从业人员应急处理的业务技能，并储备一定的溢油处理机具和物资。

四、海洋环保设施

海洋石油设施中环保设施是进行油污水处理，减少和消除海洋环境污染，保护海洋环境的设施，主要包括油污水分离装置、生活污水处理装置和溢油回收设施等。

1. 油污水分离装置

油污水分离装置是在海洋石油平台或船舶上对含油污水进行分离处理

后达标排放的专用环保设施。

该类分离装置的原理主要有两类：一类是根据油、水存在的密度差，利用机械重力原理分离；另一种是利用过滤原理，采用过滤和聚结法进行分离，设备主要由膜系统和吸附系统组成。

油污水分离装置应当符合 IMO《国际防止船舶造成污染公约》和《舰船舶油污水分离装置通用规范》的要求，经装置处理后的排放水中的含油量达到 IMO《国际防止船舶造成污染公约》和有关的排放标准。

2. 生活污水处理装置

生活污水处理装置是在海洋石油设施上对生活污水进行处理后达标排放的专用环保设施。

根据有关规则对平台和船舶在不同海域排放要求的不同，形成了 3 种不同类型的生活污水处理系统，即生活污水处理装置、粉碎与消毒系统和储存柜。生活污水处理装置按处理方法不同可分为生化法生活污水处理装置、物理—化学法生活污水处理装置、电化学法生活污水处理装置等。以下简要介绍生化法生活污水处理装置。

生化法生活污水处理装置采用生物接触氧化法和物化处理消毒原理处理船舶生活污水。装置的结构型式和性能均满足国家标准 GB/T 10833—2015《船用生活污水处理设备技术条件》的要求。装置体积小、结构紧凑、耐腐蚀性强，适用于处理海水介质。处理后的排放水符合国家规定的排放标准。装置由 3 个腔室组成，即曝气室、接触室和沉淀消毒室。在曝气室内，以好氧菌为主的活性污泥菌胶团形成棉絮状带有黏性的絮体吸附有机物质，在充氧的条件下消解有机物质，变成无害的二氧化碳和水，同时活性污泥得到繁殖；在接触室内挂有软性填料，充作生物膜，有机物得到进一步消解；在沉淀室内累积的活性污泥沉淀物再被返送至曝气柜内作为菌种繁殖后再处理，经过澄清处理过的污水最后进入消毒室用氯片药品杀菌，然后由排放泵排放入海。

经生活污水处理装置处理后的排放水指标应符合 IMO 规定的国际排放标准，即悬浮固体颗粒浓度小于 50mg/L，生化需氧量小于 50mg/L，大肠菌群浓度小于 2500mg/L。

3. 溢油回收设施

在海洋油气开发过程中出现溢油时，就要进行消油或回收。这是因为溢油后油类会在海面迅速散开，形成油膜。由于油膜隔绝空气中的氧气，会造成海洋中大量的浮游生物窒息而死亡，造成鱼虾产生石油臭味，降低海产品的使用价值。同时，油膜和油块能粘住大量的鱼卵和幼鱼，使其死亡。有些鸟类误食油块而导致消化系统阻塞，造成水生生物的畸变，甚至可通过食物链进入人体，使人体内脏发生病变，有些危害性后果会延续多年。此外，油污染还会给海滩环境造成破坏。

海洋溢油处理方法按性质可划分为物理法、机械法、化学法和生物法四大类。溢油回收设施和工具主要有围油栏、收油机、收油网、吸油毡和储油囊等。

物理法回收设施和工具主要有吸油毡和围油栏等。吸油毡和围油栏适用于风力较小、溢油量较小的情况，尤其适用于回收轻质油。吸油毡对油膜具有强烈的亲和力，能将溢油吸附，效率很高，是目前使用最为灵活的一种装置，可以将其绑在绳子上做成围油栏拦油和吸油，也可以利用双体船船体结构在船头和船尾使用。围油栏是最常用的工具之一，用其将溢油限制在一定范围内从而拦截溢油，以便再用其他办法处理。围油栏有固体式和充气式两种。国外在继续使用固体充气围油栏的同时，还不断开发使用具有拦截吸附多种功能的吸附式围油栏、化学围油栏和网状系统等。

采用吸油材料处理溢油也是常用的处理方法。使用该种方法能尽可能多地将溢油回收，减少油污对环境的污染，其适用范围较广。目前，国内外主要有聚丙烯、聚苯乙烯纤维、聚氨酯泡沫、木棉等人工合成的吸油材料，以及锯末、稻糠、草帘、麦秆、干草等天然吸油材料。

机械法回收溢油的主要装置是撇油器。撇油器是在水面捕集浮油的机械装置，是利用机械法收油的主要装置之一。撇油器收油效果好，抗风等级高，但施放比较笨重，适用于中等以上规模或大面积集中溢油。油膜较薄或低黏度流动性溢油则可用螺杆式撇油器。撇油器的工作过程有吸附、机械传输、抽吸、倾斜板倾倒、涡旋分离、过滤等步骤。

撇油器可分为带式、圆盘式和拖把式等。当溢油黏度高或发生结块现象，或上述各设备的回收效果均不是很明显时，可使用各式收油网或收油网兜清除，这也是目前最有效的方法之一。

化学法主要有燃烧法和消油剂分解等。使用消油剂处理时，要使用喷洒装置。喷洒装置是用来处理小型溢油喷洒消油剂的专用环保工具。喷洒装置主要由动力泵、喷枪和吸排管组成，其动力采用柴油机或电动机驱动。喷枪采用直流喷雾可调喷枪，吸管采用钢丝缠绕塑料管，排放管采用高压胶管。

生物法利用生物降解将溢油进行氧化、消耗和分解等，而不是将溢油予以回收利用。

五、海洋石油环境保护管理的发展趋势

随着海洋石油事业的发展，环境保护工作越来越重要，政府和企业对海洋环境保护的认识也越来越高。海洋石油环境保护管理的发展趋势如下：

（1）国际社会和国际组织对海洋环境保护工作越来越重视，国际上与海洋环境保护有关的交流和宣传将越来越频繁。企业如果发生海洋环境污染，则会在国际上造成极大的负面影响。

（2）中国政府对海洋环境监管力度逐步加大。政府主管部门的监管力度从机构、人员和装备上都在逐步提高，装备水平也在不断加强，为有效监管提供了良好的条件。

（3）企业高层环保意识逐步加强。企业无论从自身发展角度还是从社会责任角度，都需要认真加强对海洋环境的保护，逐步提高认识，在环境保护方面不断加大投入，选用可靠性强的工艺和设备，在硬件上为环境保护提供有力保障。

（4）先进的环保理念和新的海洋环境保护技术不断发展和应用。伴随海洋石油开发规模的扩大，新的海洋环保技术和设备应运而生，并得到大量应用，为保护海洋环境发挥重要作用。一些先进的环保理念也会逐步得到人们的认可和接受，并指导海洋环保工作的深入开展。

第七章 >>>
海洋油气开发保险管理

海洋油气开发保险是水险中产生和发展最晚的一种险种，其诞生于20世纪50年代。20世纪50年代以前，石油资源只能在陆上开发，50年代以后，美国石油公司在墨西哥湾等近海开采石油，开创了近海石油开发的先例。随着海上石油开发的发展，海洋石油产量占世界石油产量的20%以上，而且具有更巨大的潜力和更广阔的前景。海洋油气开发技术复杂、投资大、危险集中，使得海洋油气开发保险更为必要和重要。海洋油气开发保险为海洋油气开发提供了可靠的风险保障。

第一节　海洋油气开发保险的特点与作用

海洋油气开发保险，是以海洋油气工业从勘探到建成、生产整个开发过程中的风险为承保责任，以工程所有人或承包人为被保险人的一种特殊风险保险。虽然海洋油气开发保险属于水险市场范畴，但目前作为一个特殊的险种，已经从船舶保险和货物运输保险中分离出来。在劳合社市场上，有专门的承保人从事此类业务的承保工作。

一、海洋油气开发保险的特点

由于海洋油气开发技术性强、设备投资巨大且风险特别集中，因此海洋油气开发保险具有技术复杂、标的繁多、保额巨大、自然灾害影响大等显著特点。

1. 技术复杂

从技术上讲，当确定了一个油田储量很大、开采价值较高后，就要开始建造海上开采设施和固定平台，而平台的预制和安装阶段对保险来说是比较复杂的。从预制部件开始，直到部件被送到安装地安装完毕，大致需要 5 年时间。在此期间，一张保单长期承保的风险很广，承保技术也相对复杂。此外，海洋油气开发保险不同于船舶险和货物险，船舶险和货物险均有固定的标准保险单与保单格式。海洋油气开发保险虽然以海上保险为基础，但要根据勘探专业的特点来设计保险单及保险条款的专门格式，以适应客观风险的需要，如不同形式的钻井勘探设备、不同的作业区域、不同的海床结构、不同的水深以及不同的损失记录，都会对保险条款提出不同的要求，因此技术更为复杂。

2. 标的繁多

将海水几千米以下的地层里的石油或天然气开发出来，是相当复杂的系统工程，涉及一系列的现代科学技术问题。纵观现代海洋油气开发，大致可以分为地球物理勘探、钻探、建设和生产四个阶段，每个阶段都具有各自特点。因此，在海洋油气开发保险中，涉及的保险标的相当多。以承保的物质标的而言，就有勘探船、钻井船、钻采平台、钻机、供应船、救护船、海底管道和直升机等，除物质标的外，还有各种费用和责任标的。因此，海洋油气开发保险的险种极其繁多，恐怕是其他任何保险都不能比拟的。由于油气开发在各个阶段具有不同的特点，因而风险的评估、保险范围、保险金额的确定、保险责任与除外责任的拟定、保险费率的厘定等涉及一系列复杂的保险技术。

3. 保额巨大

海洋油气开发保险承保的风险特别巨大，表现在开发油气投资巨大，其次是异乎寻常的独特灾害事故造成的损失巨大。由此可以看出，保险人在接受投保海洋油气开发保险时，要面临长期的风险。海洋油气开发工程投入的资金惊人。例如，可移动式钻探设备每台价值高达 4000 万美元；大型钻井平台每台 1 亿美元以上，甚至高达 8 亿美元之多。据有关资料，一个小型油田需投资 5 亿~10 亿美元，中型油田需投资 25 亿~30 亿美元，大型油田投资在 50 亿美元以上。巨大的投资以及昂贵的设备，一旦遭受灾害事故，则损失巨大。因此，海洋油气开发保险承担的巨大风险与巨额投资密切相关。

4. 自然灾害影响大

海上作业常常遭受自然灾害的袭击，台风、飓风、地震等自然灾害较陆上发生频繁，因而风险比陆上大得多。近十几年来，海洋石油钻探设备因自然灾害和意外事故造成翻沉等重大事故多达20余起。仅在1977年至1980年7月间，海洋石油开发设备因灾害事故所致的损失金额就达2亿余美元。又如，1979年墨西哥石油公司在墨西哥湾钻探过程中，因起火爆炸造成井喷长达9个月之久，溢油310×10^4t，严重污染海面1000多平方千米，责任赔偿达20亿美元。再如，1965年，一场飓风席卷墨西哥湾的美国石油公司，使钻井平台等的损失达数亿美元，伦敦石油保险市场承保人损失1亿多美元，而当时全世界的石油保费收入只有1500万美元。2001年，当时世界最大的海上石油钻井平台爆炸后沉没，给巴西国家石油公司带来了4.5亿美元损失及7000万美元的罚款。责任赔偿和人身伤亡的情况更多。例如，1980年，挪威北海油田的半潜式平台的支柱突然爆裂，在15min内全部翻沉，造成123人死亡，这是截至目前世界上海洋石油开发中死亡人数最多的一次事故；1981年，中国“渤海2号”钻井平台的翻沉造成物质上的重大损失，死亡70多人；1983年11月23日，在南海莺哥海域作业的美国“爪哇海”号钻井船因强台风失事而沉没，损失惨重，钻井船上82名中外钻井人员全部遇难，该事件所造成的直接经济损失约5000万美元。

鉴于油气开发利用的技术复杂、投资高、风险大，石油开发的利害关系人必须将风险转嫁给保险人，从而决定了海洋油气开发保险具有险种多、技术复杂、风险巨大的特点。当然，对于海洋油气开发这样的巨额风险，即使保险人承保技术再高、资金再雄厚，也不可能独自承担，需要将超过自己偿付能力的责任通过再保险转嫁出去。因此，海洋油气开发保险实际上是一种国际性的保险业务，这是它的又一特点。

二、海洋油气开发保险的作用

保险作为防范风险和化解风险的经济手段，在国民经济发展中发挥着积极的作用。海洋油气开发保险作为能源行业的一种特殊险种，从社会地位与自身经营的角度，其可以在以下几个方面起到积极重要的作用。

第一，满足海洋油气开发企业化解经营风险的需求。自然灾害、意外事故是任何企业经营管理中防范风险的主要内容，特别是对海上油气开发行业，对难以预测的海上风险更有保险保障的需求以化解其经营中的风险。对于海洋油气开发企业，是否保险已经不是理论问题，而是成为其管理经营中必做的事。海洋油气开发平台作为保险标的，具有价值高、风险集中的特点，一旦发生井喷或倾覆，则受损的金额巨大。如果要恢复生产能力，就必须重新购置平台，而这需要大量的资金。任何平台的经营者都不是经济巨人，其所拥有的平台绝大部分来源于各种贷款，如果平台没有保险保障，损失的后果必然导致其无法正常经营，轻者减少产量，重者引发无力还贷、资金链断裂。反之，如果拥有完善的保险，则无论何时发生保险事故，保险均会按损失程度给予经济补偿，使被保险平台的所有人既无资金忧虑，又能够在短期内修复或购置新平台恢复生产。

第二，促进海洋油气工业的健康发展。没有一个稳定经营的石油平台，正常的海洋油气开发就无法进行和实现。有关资料表明，每年海洋石油开采量已经超过了全球石油开采总量的1/3左右。要完成如此大的开采量，必须具备相应足够的油气钻采平台和设施。在海上石油开采这样高风险的领域，如果没有钻采平台保险来分散风险，正常的生产难免会被可能发生的自然灾害和意外事故打断。反之有了平台保险，一旦发生人们不能控制或防止的巨大的灾难，保险的补偿功能立即发生作用，生产能力就可以迅速得到恢复，这就对保证生产的稳定、连续起到了积极的作用。

第三，对海洋油气钻采平台的所有者或经营者而言，完善的保险还可以提高企业信用，使被保险人在需要巨额投资的情形下能够迅速得到银行的融资，便利平台的经营；在遭遇法律纠纷可能被扣押平台时，也可以迅速得到金融企业的担保，摆脱困境。

第四，现代的保险经营者可以为被保险人提供风险识别和控制等管理服务。一方面，商业保险公司可以参与平台筹备阶段的风险的评估、测算和分析等工作，并提供相关风险的规避和转移专业性的咨询和建议。另一方面，通过保险公司的积极参与，宣传安全知识，进行安全检查，可以促使平台的操作者重视对风险的防范，加强对风险的管理，消除可能引发事故的隐患。

第五，有利于保险基金的积累。保险公司在社会职能中的作用是积累保险基金，组织经济补偿。但是有效的保险基金积累过程中有边际成本的效能存在，涉及积累保险基金过程中投入和产出问题。海洋油气开发保险的保险标的一般是钻采平台，其价值往往是一般的保险标的所不可比拟的，相应的保险金额很大，保险费的收取远高于其他险种，但是承保人的投入并不会随之同比例增加。此外，由于海洋钻采平台具有风险高的特点，平台安全管理的水平和要求长期以来就得到极高的重视，并且在不断加强。这些都决定了海洋油气开发保险有利于保险基金的有效积累。

第二节　海洋油气开发各阶段保险概述

海洋油气开发保险是承保海洋油气勘探开发全过程的专业性综合保险，包括财产保险、费用保险、责任保险和工程保险等内容。财产保险包括钻井平台保险、钻井船保险、油管敷设保险等；费用保险包括井喷控制费用保险、重新钻井费用保险；责任保险包括保赔责任、承担人责任、第三者责任保险、第三者综合保险等；工程保险包括海上油气开发工程建造保险、船舶建造险等。

海洋油气开发不同阶段由于工艺流程、设备设施以及风险分布不同，保险保障的范围和侧重点也不完全一致。

一、物探阶段保险

在物探作业过程中，物探船上的气枪发出声波，经过地层反射后，由电缆中的检波器进行收集，并经计算机处理以确定地层中是否有油气构造。

物探阶段的风险主要涉及物探船和海上地震漂浮电缆，该阶段的保险通常为物探船的船舶保险和海上地震漂浮电缆保险。物探船的保险使用船舶保险条款，该条款是针对各种船舶的通用条款，主要承保因自然灾害或意外事故造成被保险船的船壳、救生艇、机器设备以及燃料和物料的损失和费用。除了船舶保险和海上地震漂浮电缆保险，物探企业也会涉及财产综合保险、雇主责任保险等通用险种。

物探阶段一般有物探船舶保险、物探设备保险、第三者责任保险 / 保赔险、雇主责任险和其他保险五类保险。

1. 物探船舶保险

海上物探作业由专业地震物探船执行。这些船只一般长 165~175ft，配有直升机起降平台，航速 4~6 节以消除噪声和运动干扰。专业地震物探船的航程都较长，以达到较为偏远的海域。它获得的地球物理信息资料的价值决定作业者准确到达预定构造的能力。因此，物探船需要装备复杂的导航系统，物探船虽不大，却具有极高的价值。对于这样高价值的在偏远海域作业又时时面临着潜在恶劣天气威胁的勘探船，承保人显然是有担忧的。

物探船只按一般的船舶险承保，包括搁浅、碰撞、恶劣天气和碰冰之类的“海上风险”。

2. 物探设备保险

物探设备包括高压气枪、地震漂浮电缆、定深器、检波器、气枪等。海上地震漂浮电缆在海上作业很容易受过往船只及水下渔网等不明障碍物勾挂而造成损失或灭失，它是海洋油气保险中风险最高的险种之一，据统计，电缆保险的赔付率均在 100% 以上。

由于电缆的高风险性，在作业时物探船白天要挂信号旗，夜间挂信号灯，电缆的尾部要有尾标，通常还雇用一条或两条渔船为其护航。在投保时，电缆与物探船应同时在一家保险公司投保，一方面，由于物探船风险相对电缆较低，有利于均衡保险公司承保的风险，减少被保险人的保费支出；另一方面，如果电缆与船舶在两家保险公司投保，发生事故容易发生责任划分不清，保险公司之间相互推诿，损害被保险人的利益。

海上地震漂浮电缆一般长几千米，由前导段、工作段、定深器（水鸟）及尾标等部分组成。由于整条电缆全部灭失的可能性较小，经常是其中的一段或几段发生损坏，因此应按每段计算保额，发生事故时便于核定赔付的价格，这与船舶按整条船投保有所不同。

3. 第三者责任保险 / 保赔险

与近海地震探测作业有关的第三者责任险包括一般保赔险，如码头之类的固定物损毁，清理沉船碰撞责任（不同于船壳险所保的碰撞责任），以及打捞救生等。实际上，当船只在远离正常航道和渔场等地的偏远海域作业时，责任风险并不被看得十分重大。然而如今时常发生一个作业者在进行地震探测时到达其他作业者设施的区域中的现象。此时，对该区域的平台所造成的损坏由船东负责。

4. 雇主责任险

物探阶段的雇主责任险为物探作业人员的人身伤亡保险。

5. 其他保险

通过物探作业采集到的信息资料由磁带记录和保存下来，由计算机进行分析。这些磁带的安全储存是十分重要的，在运输途中可投保货运险；在陆地仓储时，可投保一般的火灾险等。

二、钻探阶段

经过物探作业，若发现某一海域底下有石油构造，即可进入勘探钻井作业，以探明具体储量。在这一阶段，辅助船仍使用船舶保险条款，钻井平台使用钻进船一切险条款，其保险标的除了钻进平台的台身和机器，还包括平台上及旁边或附近有关的船舶上的设备、工具、物料和钻杆，以及钻井中的钻柱等。需要特别注意的是，海上平台适用的条款有两种，即钻井船一切险条款和钻井平台一切险条款，前者承保风险包括台风及碰撞对平台所造成的损失，而后者则不包括。2000 年 9 月，上海海洋石油局“勘探三号”平台在东海作业连续遭受“桑美”“宝霞”两次台风袭击，造成平台移位 140 多米，部分设备受损，中国平安保险公司根据钻井船一切险条款赔付人民币 255.7 万元。如果“勘探三号”平台投保时使用钻井平台一切险条款，这两次台风所造成的损失则不在保险范围之内，也就得不到赔偿。

通常情况下，海上钻井平台使用钻井船一切险条款。当然，钻井船一切险条款和钻井平台一切险条款两种条款的保险费率也不一样。在钻探阶段，针对钻井平台还要投保钻井工具（井下）险、井喷控制费用险、重钻费用险、渗漏污染等几个附加险。它们所承保的风险主要是指由于地质情况导致在钻探过程中可能发生井喷、塌陷，由此造成井下钻进工具的灭失、海洋环境的污染以及采取施救措施所产生的费用风险。

井喷控制费用险的费率是根据所钻井的深度而定的，以每英尺支付多少保费来计算，井越深，费率越高。其保险期限通常从钻井船开始就位至钻进船完成钻进试油任务拖离井位之日止，是不固定的。通常情况下，作业者还购买第三者责任险，该保险主要承保作业者对第三方造成的损失风险。

总体来看，钻探阶段保险主要包括钻井设备保险、工作船舶保险、控制井喷费用保险、重钻费用保险、第三者综合责任保险、保赔责任保险、雇主责任保险和丧失租金保险等。

三、工程建设阶段

当探明储量具有开采价值时，开始建设采油平台、输油管线和储油设施等。整个建设阶段作业范围很广，在建设阶段即将结束或在此后的维修阶段，容易遭受损失或损坏，原因有时很难查明。例如，1999 年 7 月，上海石油天然气总公司在东海平湖气田的输油管断裂，中国人民保险公司为此赔付 2400 多万美元，事故原因现在尚无法确定，只能推测为油管敷设不规范、油管质量不符合要求或海底流沙使油管底部悬空，油管因自身重量而断裂。这次事故赔款数额巨大，但输油管断裂所造成的损失并不多，施救费与救助费占赔款的大部分，这是海洋油气开发过程中的特殊的作业环境所决定的。

海上事故中施救与救助所产生的费用经常会超过事故本身所造成的损失，但这些费用并不是无限的，其最高不得超过被保标的保额的 25%，同时对实施施救与救助行为的必要性上，施救条款也给予明确规定，以限制被保险人滥用施救与救助行为。

目前，常见的采油平台是固定于海底的导管架式平台，导管架建造完毕后，在拖出建造厂送往作业区的过程中，风险是很大的，尤其在导管从拖运驳船卸下安装到固定井位上时，风险更大。海上工程施工和设备的运输保险使用海上石油开发工程建造险条款及货物运输保险条款；海上输油管的敷设保险使用油管敷设一切险条款来承保自然灾害及意外事故所导致的被保标的直接物质损失。

建设阶段由于施工工程复杂，各方参与人员众多，为了有利于保险人和被保险人之间的合作，出险后避免责任划分，一般情况下由一个被保险人向一家保险公司出面购买保险，用综合险来承保工程所有参与者和每一个阶段的风险。

四、生产阶段

生产阶段是海洋油气开发的最后一个阶段，也是最重要的一个阶段。虽然恶劣的气候、碰撞等是海上财产所面临的共同风险，但生产阶段采油平台所具有的风险与勘探阶段钻井平台所涉及的风险不同，对于前者，较多考虑的是火灾、爆炸等风险。2001 年 3 月 17 日，世界上最大的巴西海上石油平台连续发生 3 次爆炸，引起大火，致使这座价值为 5 亿美元，每天可以生产原油 18×10^4bbl 的平台沉没于海底。采油平台保险通常使用钻井平台一切险条款，它承保的范围是所保财产因意外事故或操作失误而造成的一切直接损失，与钻井平台的钻井船一切险条款相比承保风险范围较小。

在生产阶段，石油公司为了保证油气的连续供应，减少因事故造成的油气供应中断而产生的利润损失，通常还购买利润损失险。上述的各类保险承保范围均是意外事故造成被保标的一切直接损失，而利润损失险则承保石油公司因事故而导致的经营收入减少的“间接”损失。

生产阶段以海底油气正式开采、油气管道正式投用为开始标志，一直到油田出油枯竭。除继续投保钻探阶段的各项保险外，还需投保各种财产的火灾保险以及生产作业过程中的其他风险。

生产阶段面临的风险是复杂、多样的，既与生产系统的形式和特点有关系，也与自然环境有关系。例如，一个钻井平台的问题和一个集输生产平台或生活平台的问题必然不一样。如是后者，就要特别注意火灾、爆炸风险，尤其是天然气处理平台。这是因为油气生产作业本身潜藏着火灾和爆炸的条件，小的火灾或爆炸会导致可怕的损失和机器设备的停车，气体处理设备失灵或内部断裂或井喷等可以导致天然气泄漏，泄漏的天然气与空气混合形成蒸气云，如不小心就会引起强烈的爆炸，遇到这种情况，就要严格防范、控制平台上的火源。基于以上原因，各国政府或主管部门都制定严格的规程以防止火灾的发生。例如，必须在平台上配备泄漏探测系统、消防设备、自动关闭系统等，并规定定期进行检验和维修。就钻井平台而言，井喷和坍塌的风险会引起保险人的特别注意，这是因为油田在生产阶段以及钻井、修井或钻加深井等作业阶段，均存在发生井喷失火和井喷造成的地层塌陷的危险。

部分风险对两种平台都具有威胁，如地震、海啸、恶劣气候，空气和海水温度也是造成损失的环境因素。中国北方海域还有特有的海冰灾害，大多出现在渤海和黄海北部。海水结冰是从沿岸区域向外延伸，结冰区域的大小与冬季气温有关，结冰厚度一般小于2m。海冰受风、浪、流和潮汐的作用折断后形成大块流冰，对海洋石油作业危害较大。

此外，生产阶段还有碰撞的风险，位于航道以内或附近的平台与船舶碰撞的可能性很大。因此，平台周围都划有安全区。除了允许为平台服务的船只在安全区内通行，其他所有船舶都不得通行。船舶碰撞平台导致的损失程度与船舶的速度、大小及船载货物的性质有关。例如，运输LNG的船舶碰撞平台会引起火灾和爆炸；大型船舶碰撞平台会导致井口或输气管线的控制系统失灵，造成天然气泄漏等。

生产系统的保险通常采用“一揽子”保险形式，包括所有财产险在内的险别，以避免单独保险造成的保险衔接问题和管理负担。被保险人采用这种形式投保还可以获得费率上的优惠。“一揽子”保险还可以包括井喷控制费用保险和第三者责任保险。当然，承保人对“一揽子”保险费率的拟订是十分复杂的技术问题，因此需要承保人具有丰富的专业知识和承保经验。

第三节　海洋油气开发主要险种介绍

一、移动式钻探设备保险

移动式钻探设备主要包括自升式钻井平台、半潜式钻井平台和钻井船等。这些钻探设备通常按钻井驳船保险条款进行投保。伦敦保险市场订有标准保险格式，称为“伦敦标准钻井船一切险”保单格式，该保单格式适用于此类钻探设备的保险。以下对移动式钻探设备的保险进行简要介绍。

1. 被保险人

通常由钻井平台或钻井船的所有人负责投保，他们在石油开发作业中属于钻井承包商或出租人。除负责购买钻井平台、钻井船的船壳保险以外，还负责购买有关钻井船的清除残骸费用以及责任保险。

2. 保险标的

保险标的为钻井平台、钻井船的船体及有关装置设备，包括钻井机及设备、自升机、起重设备及其他备用物、附属物，甚至包括在保单中列明的装载在接近钻井船的系缆驳船或其他船舶上的钻井设备和物资，井内的钻柱，以及由被保险人所有或保管的其他财产项目。

3. 保险价值的确定

与船舶保险相同，钻井船的保险金额按照约定价值投保。也就是说，如果发生全损或推定全损事故，保险人将支付和保险金额等量的赔款给被保险人，而不根据当时的实际市场价值投保或支付赔款。为了使被保险人足额投保，伦敦钻井船保险条款规定了“共保条款”，要求被保险人为钻井船购买不低于其实际价值的 100%保额，否则将对差额部分视为被保险人自己保险。保险金额是否合适应由保险人指定的第三者进行的检验为准，每年可评估一次。

4. 保额自动恢复

部分损失进行赔付后，自动恢复原保额，但在实际全损或推定全损后，保险契约即告终止。

5. 免赔额

免赔额一般为每次事故 25 万美元，最低为每次事故 10 万美元。免赔额可以调整，全损与推定全损事故不扣除免赔额。

6. 保险费率

核定保险费率和确定是否承保要考虑多方面的因素：

（1）钻井船的种类；

（2）建造年限及建造地；

（3）过去的损失记录；

（4）船队大小；

（5）免赔额的大小；

（6）作业水域海况、水深、海床状况等；

（7）有无自航能力，还需要结合区域考虑对费率的影响；

（8）保险期间是否有移位、拖航，如有，则距离是多少；

（9）入级证、适航证、年检证等单证是否齐全和有效。

7. 航行区域

由于作业的需要，钻井船经常被拖来拖去。拖航是一项很特殊的作业，保险人通常认为拖航的风险较高，因此有必要制定一条特殊的条款。保险人一般给被保险人一个地理上的限制，如区域限制或距离限制。只要钻井船在规定的区域或距离内拖航，就不必事先通知保险人，拖航风险在保单内自动承保，同一区域的移动，基本上费率相同。保险人对不同区域的拖航作业很慎重，一般要加费并且事先审核有关情况。被保险人在拖航前要征得保险人的同意，否则保险人不负赔偿责任。

如果保险标的在离开钻井船体或在运输途中发生损失，最高赔偿责任不超过保额的25%。

8. 赔偿范围

凡除外责任以外的保险标的直接物质损失，均属赔偿范围。但由于保险标的所有人或管理人没有恪尽职责而造成的损失，不能赔付。此外，碰撞他船的责任以保险金额为限，发生损失后，为防止损失扩大，必要的施救费用可以赔付，但不能超过保险金额的25%。

9. 除外责任

除外责任主要有以下内容：

（1）机器故障；

（2）设计错误；

（3）地下原油及天然气；

（4）实际使用消耗的钻井材料；

（5）由于地震、火山爆发引起的损失和费用；

（6）为作业目的将钻探设备有意沉没水中造成的损失；

（7）为控制井喷而造成的财产、物料损失以及控制费用；

（8）作业延迟、丧失使用带来的损失和费用；

（9）自然磨损；

（10）电器事故引起的电器设备的损坏；

（11）井喷控制费用；

（12）渗漏和污染；

（13）第三者责任；

（14）水下及井内的设备，此设备只有在“伦敦标准井下钻井工具保险”（指明风险）项下才能承保；

（15）井眼的损失；

（16）钻井船船底清扫和油漆费用；

（17）战争风险范围内的损失；

（18）政治性动机、恐怖活动等造成的损失。

10. 防喷器安装保证条款

钻井作业中，在井内至少要安装 3 个加压井喷控制装置，安装后必须马上进行合格试验。

11. 检验条款

钻井船必须由保险人所指定的检验师进行下述检验：

（1）定期检验：每年一次，检查船体性能与适航性。

（2）估值检验：每年一次，对保险价值重新估价，如有变化应该调整保额。

（3）地理与气象检验：作业开始前，对水域气象、海底情况进行检查对安全作业非常重要，对承保自升式钻井平台更为重要。这是因为自升式钻井平台在作业时必须先插桩，即将桩腿架降下，固定在海床上。如果某一个桩腿的土层不坚固或海床不平，在降桩腿或作业过程中就有可能失去支撑使平台失去平衡而倾覆。中国人民保险公司承保的“勘探二号”自升式钻井平台在作业中正是由于地层下陷而使一个桩腿下沉，导致平台倾斜，从而产生了巨额的救助和修理费用。

在承保自升式钻井平台前需要做好如下询问调查工作：

（1）要求投保人提供 30m 深的浅层取心作业结果。

（2）提供浅层土质的情况。

（3）计算土层承受力。根据询问调查结果，对不安全因素提出修改意见，如更改作业地点或先平整海床后方可作业。

（4）拖航检验：每次拖航前，对拖轮的拖航能力、拖航方法、安全措施进行检验，提出意见和条件。保险公司可在定期保费内分担一部分安全拖航检验费用。

12. 碰撞责任

钻探设备与其他船舶发生碰撞时，适用一般船舶互碰的处理原则。保险公司承保被保险钻井船应承担的对方船按碰撞责任比例向它索取的损失，但不负责人身伤亡与清除航道障碍和残骸、残货的费用。如双方均有责任，按照交叉责任处理。

13. 免责和放弃代位追偿权条款

由于参与某个工程的投资方以及承包商不止一个，施工过程中存在承包商与被保险人之间彼此对对方的财产或人员造成损失或损坏的事故发生，因此被保险人希望将此风险转移给保险公司。保险公司一般根据承包合同的规定或被保险人的要求，可以同意放弃代位追偿权的限度应以损失发生前被保险人签订的书面合同或协议的规定为准。但是，该规定不适用于与保单项下承保的与工程无关的作业。

14. 停泊退费

如果移动式钻井平台在港内连续停泊 30 天以上，保险公司以年净保费为基础，按日比例的 50%计算退费。如果移动式钻井平台改作固定式生产平台使用，或在保险期间内发生全损或推定全损，则没有停泊退费。此外，被保险人有义务做如下工作：

（1）停泊地点应经承保人或承保人指定的检验人的批准；

（2）船上应始终有看守人员；

（3）停泊期间钻井平台撑脚（桩腿）不得移动，浮筒不应改变。

二、平台钻井机保险

早在 20 世纪 50 年代，石油公司就已经开始在浅水区域采用固定在平台上的钻井机作业。此后随着各种移动式钻探设备的发明和使用，平台钻井机的重要性相对降低，但是如今仍在大量采用平台钻井机进行钻探、挖掘新的生产井或进行修井作业。新型的平台钻井机价值可达六七百万美元。平台钻井机保险与钻井船保险有相似之处，但也有不同之处。以下对平台钻井机保险进行简要介绍。

1. 被保险人

平台钻井机保险的被保险人为钻井机所有人或其租用人（作业人或钻

井承包公司)。

2. 保险标的

平台钻井机包括平台设施和被保险人所拥有、保管或控制的有关设备，包括工具、机械、材料、供应物、钻井架、底层结构、钻杆和其他财产。

3. 作业区域范围

限于保单上列明的作业地区，但有关投保标的在岸上存储和在返港口与平台设施之间的运输风险也负责在内。

4. 第三者责任

平台钻井机是固定设备，不像钻井船有在水上移动时会产生碰撞的问题，因此没有碰撞责任条款。对第三者的一切责任都是除外的，而钻井船仅对碰撞船舶的责任以外的第三者责任才除外。

5. 停泊退费

钻井船有停泊退费的规定；平台钻井机由于其本身是固定设施，因此只有注销条款，而无停泊退费的规定。

6. 免赔额

一般为保额的 3%，全损时不扣除。钻井船常见的免赔额为保额的 1%。

7. 条款

执行平台钻井机一切险条款。

8. 费率厘定需要考虑的因素

平台钻井机费率厘定需要考虑平台钻井机的类型与建造年份、保险价值、免赔额、过去的损失记录以及承保钻井机的数目等因素。

9. 承保范围

根据保险条件，负责赔偿被保险财产的一切直接损失，但被保险人、财产所有人或管理人未恪尽职责所造成的损失不负责赔偿。

10. 除外责任

与钻井船的除外责任条款相似。

11. 安装防喷器保证条款

在井口应装有按标准制造的防井喷装置。

12. 施救费用

如被保险财产发生损失，被保险人的施救费用可以得到赔偿，但其赔偿责任不超过引起这些费用的分项保险标的价值的25%。

13. 免责和放弃代位追偿权条款

与钻井船条件相同，钻井机条款也有放弃代位追偿权条款，即被保险人对被保险财产的损失向保险公司索赔可以免除与其一起或为其作业的企业或个人的责任，保险公司同意不向这些被免责方面的企业或个人追偿和索赔任何损失，即使后者有不可推卸的责任。

三、井喷控制费用保险

提起石油钻井，人们就容易联想到海湾战争中油井喷发和着火的情景。上述情景就是石油工业中的严重事故“井喷”。

井喷的控制费用一般根据井的自身情况以及其他因素（如地理位置、专业井控人员的工作效果）来推测，但是也有可能为了控制井喷而钻一口或若干口救护井，这种情况下井喷控制费用还得包括钻救护井的费用和租用钻井船的费用。

当今国际保险市场上通行的“井喷控制费用保险”的保单是伦敦Energy Exploration and Development保单[以下简称EED（8/86）保单]。它是伦敦市场的承保人在1985年设计的“一揽子”形式的保单，保险内容基本包含有关控制井喷所产生的费用。

以下对井喷控制费用保险进行简要介绍。

1. 被保险人

通常为钻探、开发石油与天然气资源的作业人（或称开发人）。

2. 保险标的

所有油气田的井眼，可以是各种各样的井，广泛地讲，包括油井、气井、地热井、水源井和注水井；根据井的特点，包括探井、评价井、开发井、生产井、关闭井、封堵井、放弃井、加深井和修井等。

3. 保险期限

基本根据以下两种情况确定：

（1）已进入生产的井、关闭井、封堵井、放弃井，通常为一年续转。

（2）钻探中的井：自开钻至完钻。完钻指井眼完全放弃或者完成，即油泵装置、油井井头从作业位置取下或彻底撤除设备。

4. 责任限额

根据双方协议。目前国际惯例是每次事故综合单一责任限额 500 万~5000 万美元不等。

5. 免赔额

根据双方协议。但海上作业最低免赔额为每次事故 10 万美元。

6. 保费厘定

根据国际惯例，井喷控制费用保险的费率不是采取百分比或千分比的原则，而是采用每一英尺收取某一金额为计收保费基础。每英尺保险费的水平根据井的深度不同而异，通常分为 3 个档次：井深 10000ft 以内的费率较低，井深 10000~17500ft 的费率较高，井深 17500ft 以上的费率更高。如果是同一个被保险人进行大规模的钻探作业，或者同时投保大批数量的井眼，由于总钻探尺数很高，保险人在厘定保费费率时可给予优惠，最高可以达到 50%，如 1 年内钻探深度达 100×10^4ft 就可以获得 50%的总进尺优惠价格。

厘定保费要考虑的因素较多，具体如下：油井或气井的类型；井深和水深；预计地层压力，以及是否含有有毒气体；井口装置即采油树安装的位置，在水上则费率高，在海底则费率低；保险金额，金额越高，费率越高；免赔额，免赔额越高，费率越低；钻井公司的经验以及以往事故记录等。

7. 保费计收方式

井喷控制费用保险的保险费根据每口井的实际钻井进尺数与费率之积计算，而不是以井的垂直深度为基础计算。由于实际作业中可能发生最后实际钻井深度与承保时的预计钻井深度不同，因此保险人为公平起见，一般分两期收取保险费，首期按照计划钻井深度的 75%收取，剩余保费按照实际钻井深度调整收取。

8. 保证条款

该条款要求作为作业者的被保险人必须对作业井眼安装标准的防喷器，并按工业惯例进行测试。此外“惯例”是指作业井需要接受同类型井的标准程序和配备公认的能承受同类型井下压力的井口设备。该条款还对被保险人提出了另外两项要求，其一是尽力确保自己的人员和承包商的人员按照有关规定安装井下安全阀和其他设备以减少损失或污染，同时这些设备必须由政府要求的持证人员操作；其二是一旦发生井喷或类似事故，被保险人应竭尽全力加以制止。

9. 总除外责任

井喷控制费用保险的总除外责任如下：

（1）人身死亡费用；

（2）社会劳动保险赔偿范围；

（3）井眼灭失；

（4）钻井工具的灭失，丧失使用；

（5）财产的损害灭失；

（6）地下油藏、气藏的损失；

（7）一切打捞费用；

（8）为重新钻探作业的整理费用；

（9）战争、恐怖活动；

（10）罚款；

（11）地震、火山爆发以及由此引起的海啸造成的损失。

10. 承保范围

井喷控制费用保险的承保范围主要包括井喷控制费用，重钻 / 额外费用，渗漏和污染、清除和沾染费用等。此外，还包括几个扩展责任批单：井的安全批单，地下井喷控制费用批单，撤离费用批单，扩展重钻和恢复费用批单，照料、保管和控制批单。

（1）井喷控制费用。

① 井失去控制和井得到控制的定义。

当井中有钻井液、油、气或水意外地喷出地面或水底以上并且符合下列条件时，则被视为井失去控制：

a. 井流不可能立即使用现场的设备、防喷器，井下安全阀或其他恪尽职责或保证条款规定的设备予以制止；

b. 井流不可能立即通过增加钻井液密度或使用在井场上的其他处理材料制止；

c. 不可能立即安全地转为生产；

d. 有关管理机构宣布该井失去控制。

失去控制的井，如果符合下述情况，便视为井得到控制：

a. 引起索赔的井流已自行停止，被停止或已经能够安全地被制止；

b. 恢复或可以恢复索赔事故发生前刻的钻进、加深、修井、维护、完井、修复或其他类似作业状态；

c. 井恢复到或可以恢复到索赔事故发生前刻的生产、关闭或其他类似的状态；

d. 引起索赔的井流已经或可以安全地被转为生产。

② 保险内容。

a. 为控制井喷所需的器材、机器、附属品费用。

b. 救助井的钻探费用。

c. 为控制地表面或海上喷发出来的液体、油、气、水的各种服务费用。

d. 专业井控人员的费用。由于井控作业的巨大危险性，专业井控人员的费用可能不会是一个小数字。专业井控人员的出现，说明了井控作业的难度有时非常大，单靠油田作业者和承包商控制井眼的经验是远远不够的。

③ 除外责任。

a. 有关钻井设备和生产设备的损失和损坏；

b. 有关对井或井眼的损失和损坏；

c. 有关对地下油藏的破坏。

（2）重钻 / 额外费用。

① 保险内容。

重钻 / 额外费用保险责任生效的前提条件是发生了 EED（8/86）条款定义的井喷事故。由于井喷事故导致被保险井的井眼遭受损坏，在这种情况下，重钻费用的保险责任如下：

a. 重钻整个报废井段或部分报废井段的费用；

b. 恢复井眼至原状的费用。

② 对重钻深度的限制。

a. 发生事故时处于正在钻进状态的井，其重钻深度不超过当时的实际深度，或达到事故发生时的同一地层，以先者为准；

b. 发生事故时处于正在生产状态的井，其重钻深度不超过当时正在生产的地层；

c. 发生事故时处于正在封闭状态的井，其重钻深度不超过当时可以生产的地层。

③ 对重钻费用金额的限制。

由于地层存在一定的厚度和起伏，在不同的地点达到同一地层所花费的重钻费用可能不同，即便是钻进到同一深度，由于地质情况的不同，重钻费用也会有差别。考虑到这一情况，重钻费用条款特别规定了被保险人必须以最有效和最经济的方法来进行重钻作业。

对钻探井，重钻费用不超过原来所花费用的 130%，此外，承保人加收 33%保险费。对生产井和关闭井，在原来钻井费用的 130% 的基础上，加上每年最多 10%的通胀率，但最终不超过原来钻井费用的 250%。被保险人也可以支付附加保费要求保险人修改这些费用限制，即购买“无限重钻责任”费用保险扩展“无限重钻责任”，加收保险费 50%。但是，无论是有限重钻责任还是无限重钻责任，皆受“综合单一责任限额”的限制。对重钻时间的限制如下：EED（8/86）条款规定自事故发生之日或保单终止之日起 540 天（18 个月）内必须开钻，以上两日期以先发生者为准。超过规定日期不开始重钻作业，保险人不再承担重钻费用的保险责任。国际上还有将时间限制规定为 360 天的条款。总之，对重钻时间的限制比较灵活，保险人在厘定费率时综合考虑各因素即可。

④ 除外责任。

a. 如果发生事故后用救护井来控制井喷，并且通过救护井安全地将发生事故的井眼内的井流导入生产管线，在这种情况下，已经实现了被保险人的作业目的，重钻变得没有必要。因此，保险人不负责此类井的恢复和重钻费用。对救护井的钻进费用，保险人已在井喷控制费用中予以支付。

b. 对封堵并放弃的井的重钻费用。对于封堵并放弃的井，没有必要进行重钻。

c. 对救护井的重钻费用。

d. 设备损坏、延迟、丧失使用。

e. 对地层储量的破坏。

（3）渗漏和污染、清除和沾染费用。

① 保险内容。

与重钻费用保险一样，该保险责任生效的前提条件也是发生了EED（8/86）条款定义的井喷事故。由于井喷事故导致地下原油或液体污染地面或海面，在这种情况下，渗漏和污染、沾染和清除费用保险的保险内容如下：

a. 对油污直接引起的有关第三者损失；

b. 清除污染物质的费用；

c. 被保险人为抗辩第三者向其提出的索赔而发生的抗辩费用。

② 除外责任。

a. 钻井设备和生产设备的损失；

b. 对地底下地层的污染责任；

c. 被保险人的故意行为和违规行为造成的损失；

d. 油污罚款；

e. 精神损害、极度痛苦和休克。

（4）有关批单。

① 井的安全批单。

井的安全批单的保障范围如下：在井架或井口设备遭到指明风险的破坏后，被保险人为防止井喷或井失去控制而发生的补救费用。该批单的指明风险通常包括火灾、闪电、地面或水底以上的爆炸、碰撞、风暴、塔式或桅式井架的倒塌、洪水、罢工、暴动、骚乱或恶意破坏。

承保人扩展井的安全费用保险，需要加收保险费10%。

② 地下井喷控制费用批单。

地下井喷控制费用批单承保的风险如下：由于井内的油、气、水或其他液体不可预料地从地表以下的一个地层通过井孔流到另一个地层，从而导致井眼失控，影响正常作业，为此被保险人采取措施使井恢复原状。保险责任即为被保险人为事故井恢复原状所产生的合理费用。

扩展地下井喷控制费用保险，需要加收保险费35%。

③ 撤离费用批单。

撤离费用批单主要用于陆地的油气井保险，涉及从发生事故的井场撤离第三方的人员和财产到安全地点所发生的费用，不包括作业者和承包商的雇员及财产的撤离费用。这种撤离必须是依照政府部门或管理机关的指示进行的，并且是在受到已经发生或即将发生的井喷、火灾及油气外溢的威胁的情况下。对钻井作业地点附近的城镇、建筑群或农场里的需要撤离的人员、财产和牲畜，这是一个非常有用的批单。撤离费用的范围包括运输和储存费用、人员和动物的食宿费用，以及财产的维护费用。

与井的安全批单一起扩展承保时，一并加收保险费25%。

④ 扩展重钻和恢复费用批单。

扩展重钻和恢复费用批单是对EED（8/86）条款中第二部分重钻费用的保障范围的扩展。保险责任如下：由于指明风险使井口设施受到损坏而导致被保险井损坏，作业人使事故井重钻或恢复原状所产生的费用。这里的井口设施包括钻机、地面设备和平台等。该批单的指明风险通常包括火灾、闪电、地表或水底以上的爆炸和向内爆破、碰撞、风暴、塔式或桅式井架的垮塌、洪水、罢工、暴动、骚乱或恶意破坏。对于在水中的井，指明风险还包括锚、锚链、拖网或渔网的碰撞或冲击。

扩展承保扩展重钻和恢复费用保险，应该加收保险费20%。

⑤ 照料、保管和控制批单。

照料、保管和控制批单承保的是作业者或共同投资人对其租用的和处于其看管、照料和控制下的钻井设备应负的法律责任和合同责任，但仅限于这些设备的物质损失和施救费用。在钻井合同为总承包方式和整井总承包方式的情况下，钻井承包商承担了整个作业过程中的全部责任。作为作业者或共同投资人的被保险人，不再承担对设备的责任，因此不需要在保单中加贴照料、保管和控制批单。

a. 保险金额。

（a）按市场价值确定，需考虑扣除折旧率；

（b）施救费用或打捞费用不能超过受损设备价值的25%。

b. 保险标的。

钻杆、钻铤、短节、钻头、岩心筒等，也可以包括被保险人有相关责任的其他特殊设备。

c. 不保财产。

（a）金刚石钻头、带金刚石钻头的取心筒、钻机或修井机的任何部件；

（b）钻井液、化学品、水泥、井眼本身和井内安放的套管；

（c）被保险人所有的或具有经济利益的设备。

d. 承保风险。

照料、保管和控制批单的承保风险为指明风险，仅为井喷或井失去控制，或钻机和修井机的全损火灾和暴风雨造成的钻机和修井机的部分损失3种原因所致。

四、海洋石油开发工程建造安装保险

海上石油开发工程建造安装保险根据生产设备规模、建设方法等的不同而有多种变化，总体包括以下三类风险：第一类为钻井/生产平台等设备在制造期的风险；第二类为钻井/生产平台等设备由制造地点运送到安装地点的风险；第三类为建筑/安装过程中的风险。

有些大的石油公司以作业人的身份对以上三类风险以“一揽子”保险单方式向保险公司投保。但上述第一类和第二类风险也可以由承包人或制造商承担，并负责安排保险；第三类风险比较复杂，其涉及设备生产人（出售人）、工程承包人、工程开发人几方面的利益，各方面根据有关合同契约有自己的责任和风险，因此一般采用统一的近海建筑工程一切险方式，共同投保该类风险。

以下对海洋石油开发工程建造安装保险进行简要介绍。

1. 被保险人

作业人为被保险人，共同投资方、承包商为附加被保险人。

2. 保险内容

（1）工程方面的物质损失和损坏。需要特别指出的是，有关损失或损坏必须是“物质的”，如果没有这个定语，就会被理解为包括经济上的损失。例如，海底管线敷设方向错误或者某一个部分没有达到设计要求，虽然保险标的没有任何物质损失和损坏，但是被保险人需要花费一定的费用改变管道敷设方向或加工改进未达标的部分使之达标，这就是经济上的损失。

（2）施救费用、清除残骸费用、共同海上损失等费用。

（3）第三者的责任。

3. 保险期限

一般是从被保险物资从采办运输阶段起始地点到卸放在工程存储地点以及直到建筑、装配工程完毕、试车、交货为止，并可根据协议包括一段维修保养期。对交货验收的概念和责任以承包工程全部竣工验收为准，还是以部分工程试车验收交货为准，要明确订明，以免发生保险期限含混不清，事故发生时保险责任是否终止的纠纷。

4. 保险标的

工程（包括临时作业工程）及其使用的设备器材包括平台、海上建筑物体，输油管、单点系泊设施等石油生产设备设计中所订明的所有物资、材料、机械、设备、机器及其他有关物料、材料，以及为完成该工程所使用的临时建筑物、架设生产配线、设备和器材等。

5. 保险条款

近海建筑工程一切险条款是在“伦敦保险学会建造人风险”条款的基础上修订的。近海建筑工程一切险条款原来应用于建造中的船舶及其物质损失费用和第三者责任的赔偿。目前随着近海石油生产设备的发展，各国保险公司越来越普遍地使用以该条款为基础的海上油田建造险条款。

6. 除外责任

（1）正常磨损；

（2）海上平台或设施被建造在错误地点；

（3）未完工或延迟完工或未达到合同标准而导致的罚款；

（4）丧失使用、延迟开工；

（5）供应商保证期内应负的责任；

（6）其他一般建筑工程保险除外责任；

（7）其他建筑工程保险第三者责任险除外责任；

（8）被保险人或其代理人的故意行为造成的损失；

（9）地震危险；

（10）原子或核反应的风险；

（11）战争危险；

（12）罢工风险；

（13）恐怖活动。

7. 保险价值

原则上以工程完成时的完工价值或估计价值（成本加费用）计算。

8. 免赔额

一般根据工程的不同阶段和工程的性质特点分别制定。例如，海上运输工程免赔额为每次事故 5000~10000 美元；陆地预制工程免赔额为每次事故 2 万 ~10 万美元；海上拖航、海上吊装工程最低免赔额为每次事故 10 万美元，一般为每次事故 25 万 ~50 万美元；海上安装工程最低免赔额为每次事故 10 万美元；管线敷设工程最低免赔额为每次事故 25 万美元。

9. 费率厘定

根据工程风险大小、承保条件和责任限额高低等因素确定费率。保险公司为估价风险并厘定费率，需要获得大量的承保信息。通常根据作业的不同阶段（陆上建造、拖航、海上安装、打基桩等）而考虑费率水平。因此，主要项目施工期和每一阶段投资价值的详细资料是不可缺少的，这些通常由工程进度表记录。此外，保险人还需要特殊设备（如起重驳船、拖船）或操作方法（拖航方式、管线敷设方式）的详细资料。

总之，世界范围内近海油气田建造风险的赔付情况，尤其是管线敷设方面的赔付情况非常差。因此，建造保险的费率水平大大地高于油气田生产运营阶段的费率。特别是管线敷设保险费率，还要高于平台安装阶段的费率。油管敷设保险的风险和费率要考虑的因素如下：

（1）制造地点和厂商；

（2）安装地点的气候、地理、水深等条件；

（3）免赔额；

（4）油管大小尺寸；

（5）涂覆材料；

（6）敷设方法以及使用的设备；

（7）油管是否埋设在地底，以及埋藏深度；

（8）铺管承包商过去的损失记录。

五、平台保险

1. 保险标的

平台保险标的包括平台本身、两边人行道、登船扶梯（但不包括系船柱）以及属被保险人所有的置放在平台装置上一切财产，还包括其他人所有的置放在平台上由被保险人负责看管的财产。

2. 保险金额

按照水险惯例，一般以“重置价值”作为平台的保险金额，即平台如果在使用中发生意外全损，重建一个相同类型的平台所花费的总金额，包括建造平台所需的物料费用、人工费用、建造费用、拖航费用、安装费用、调试费用、各项检查费用和保险费用等。平台保险对每次事故的最高赔偿限额以投保金额为限。按重置价格投保的最大优点在于其能为作业者提供最大程度、最大密度的经济保障。

由于重置价格会因年度、建造市场的行情变化而浮动不定，难以十分具体地以某个数字确定下来。为解决这一困难，可由被保险人先作估算，然后根据估算结果拟出一个价值与保险公司治商，如果双方达成议，则这一得到保险合同双方认可并接受的价值则成为“约定价值”，约定价值应能基本反映同类标的的近期重置价格。在此基础上，被保险人将约定价值定为保险价值和保险金额。

一般来说，保险价值与保险金额一致，视为足额投保；保险金额低于保险价值，视为不足额投保，如果发生损失，合同双方按比例分摊赔款；保险金额高于保险价值，视为超额投保。因此，在填写投保单时应分别填写保险价值和保险金额。

除科学、实事求是地确定保险金额以外，在承保时，还需要被保险人按每项标的的分项价值分别向保险公司申报。每一大的标的均由许多小的部件组成，此外还有许多附属设施［如浮筒、软管（包括输油管和输水管）、缆绳、卸油管等］，如果不将保险金额申报列名清楚，容易在理赔时引起合同双方纠纷，这是因为一是难以确定是否足额保险，二是不同的标的会有不同的免赔额规定。

3. 保险责任

平台保险承保被保险财产的一切物质损失，如果事前约定，也可包括由于错误设计引起的物质损失，但费率应上浮一定比例。如果列明的被保险标的在作业区范围内的陆上基地或转运过程中发生损失，最高赔偿责任限额为被保险标的的25%。

4. 免赔额

通常最低为每次事故10万美元。

5. 除外责任

（1）正常磨损，金属疲劳、机器损坏、腐蚀锈蚀引起的损失；

（2）错误设计本身以及错误设计引起的损失（如有需要可以另行商议）；

（3）潜在缺陷引起的损失部件本身的损失或置换费用；

（4）电器设备问题引起的损失；

（5）文件、图案、计划、记录，被雇佣人员的衣物、行李的损失；

（6）除钻井平台本身储用燃料外的其他油气燃料；

（7）钻井中使用的水泥、钻井液、化工品等消耗材料；

（8）对第三者的责任；

（9）有关搬移财产、清理场地或障碍物、清除残骸费用；

（10）各种类型油井或井眼的损失；

（11）井喷控制费用；

（12）钻机的损失（包括钻杆与钻铤以及其他钻机部件）；

（13）地震、火山爆发引起的损失（可以根据国际市场供求情况另行商议）。

6. 防喷器安装保证条款

被保险人必须保证装置标准防喷器，并进行合格试验。

7. 施救费用

发生损失事故后，被保险人应及时抢救和保护被保险的财产，抢救费用可由保险人支付。但在抢救中使用的泡沫溶液及灭火材料以及其他救火费用、控制井喷费用均不在平台保险范围之内。条款一般规定施救费用的最高赔偿金额为被救财产的25%。

8. 清除残骸费用

平台保险也可以考虑扩展承保一定金额的清除残骸费用，只不过在考虑费率时需要将此风险因素考虑进去。

9. 费率厘定

保险费率根据以下情况而上下浮动较大：

（1）保险金额高低（市场价与重置价）；

（2）免赔额高低；

（3）建造年限；

（4）平台用途（生产、生活或加工处理）；

（5）地区自然环境特点（是否为地震带、台风区、结冰区、浪高、水深、海床状况等）；

（6）历年损失记录（有关平台、作业人）。

此外，被保险人如果能够配合保险公司提供有关海上设施的近期状况、油气田的储量、预计开发年限、油气质量、用途、开发前景等信息，对保险人厘定准确的费率会很有帮助。

六、管道保险

管道是石油工业中输送油气最有效的手段。海上管道包括井场集油管线、把原油送入储罐及油轮的管道以及把天然气送至已有管道和陆上的管道。该类管道一般距离较短，口径有限。

长距离管道主要为输气管道，对其还要按一定间隔设置泵站；如果管道为深水管道，要将泵送设施固定在海底，供电电缆则置于管道内的小口径管线中。随着石油工业技术的发展，管道也越铺越深。

同样，世界上越来越多的天然气产区将与相距遥远的市场相连。有关石油开发和生产中的管道保险有两种：一是敷设油管保险，目前主要采用“油管敷设一切险条款”；二是油管生产、运营作业保险，保险条款使用伦敦“输油管线一切险”格式，保险办法与平台保险相似。

以下对管道保险进行简要介绍。

1. 保险金额

有些管线长度较长，发生全损的可能性小，因此保险人可以考虑按

“第一危险”方式承保。所谓第一危险，实际上也是一种不足额保险，这种不足额是主观行为，是保险合同双方事先约定好的。但是承保人在厘定费率时并不是按照第一危险与实际价值的比例来计算第一危险的费率，实际还是按照最大可能损失来考虑费率水平。承保条件可以按照每次事故责任限额，也可以按照累计责任限额，但是在厘定保险费率时根据实际情况有所区别。

2. 保险责任

管道保险的保险责任与平台保险基本相同，只是加上某些有关输油管线特殊风险的内容。

3. 除外责任

管道保险的除外责任与平台保险基本相同，但有以下特殊除外内容：

（1）因冲刷（即海床被水流冲刷流失）导致的管线的损失和损坏；

（2）由于海水的锈蚀、腐蚀和鹅卵石造成管线的损失和损坏；

（3）管道内原油所引起的油污责任的索赔。

4. 保险条件和费率的厘定

生产期保险费率应该查明以下情况，根据风险和责任大小，拟定保险条件和费率：

（1）油管敷设时间与地点；

（2）油管承建人；

（3）油管尺寸；

（4）作业地点的水深，距航道和渔场的距离，长距离的干线四周更需要有较宽的无航船区；

（5）油管价值；

（6）责任限额；

（7）水底下油管是否埋设；

（8）免赔额条件（最低为每次事故 10 万美元）；

（9）过去的损失记录。

七、工作船保险

海洋油气开发作业中，各种勘探船和工作船艇都根据使用、航行范围、船型等由船东决定向保险公司投保各种船舶保险。以下对工作船保险进行简要介绍。

1. 被保险人

船舶所有人或光船租货人。

2. 保险标的

勘探船（也称物探船）、供应船、三用工作船、拖轮、油轮和救生艇等。

3. 投保险别

船壳、机损险（一般加保战争险）。

4. 保险条款

船舶定期保险条款，视需要投保一切险或者全损险，一般大船多保一切险，交通艇等则保全损险加救助费用。

5. 承保范围

一般船舶一切险中包括全损、救助费、沉没、触礁、搁浅、火损、水损、碰撞、共同海上损失和碰撞责任等。

6. 除外责任

（1）被保险人或其代表的故意或者重大过失；

（2）正常维修和自然磨损；

（3）战争险；

（4）原子、核武器或核辐射引起的损失。

7. 保险价值

与移动式钻井平台的承保原则相同。

8. 费率厘定

厘定保险费率需要考虑如下情况：

（1）船队的大小、船东的资历与经营管理能力；

（2）被保险船舶的吨位、质量、船型、用途；

（3）航行区域；

（4）保险金额；

（5）险别；

（6）过去事故记录等。

八、第三者责任保险

由于近海石油作业风险大，因此外国石油公司在未取得保险公司的保障，尤其是第三者责任、油污责任保险前都不敢贸然作业。海上油气开发过程中对第三者造成的损失、有法定赔偿的责任可以单独进行保险。在船舶方面，一般第三者责任包括在保赔责任范围内。因此，如果作业人对其钻探船作业设备已投保了保赔责任险，而石油开发作业人对其本身责任引起的井喷控制费用和油井引起的油污责任和费用也另行安排保险，则在钻探作业中单独投保第三者责任保险必要性不大。目前，国际上有混合投保“保赔责任、租船人责任、第三者责任”保险，这也是避免重复保险而设计的险种。以下对第三者责任保险进行简要介绍。

1. 被保险人

石油开发作业人或由作业人与承包人联合投保作为被保险人。

2. 责任限额

根据被保险人的需求确定，一般陆上作业为每次事故 100 万~2000 万美元；海上作业为每次事故 500 万~5000 万美元，甚至达 1 亿美元。

3. 承保范围

海上石油钻探开发作业中引起的第三者人身伤亡和财产损失及有关费用。

4. 除外责任

（1）工人劳动保险赔偿的范围；

（2）作业中被使用的车、船、飞机的赔偿责任；

（3）油污赔偿责任（泊井以外原因引起的油污不在内）；

（4）井眼的损失；

（5）井眼内的钻井工具和设备的损失；

（6）井喷控制费用；

（7）移走残骸、破坏物的费用；

（8）产品质量责任；

（9）合同责任；

（10）被保险人使用、管理的第三者财产责任；

（11）战争险范围引起的损失。

5. 费率厘定

根据最高赔偿责任限额与风险大小计费。

九、保赔责任保险

保赔责任保险属于船舶或浮式钻井平台的所有人的责任。按照国际惯例，海上航行的商业船舶除投保船舶机器和船壳险外，均参加某一个船东保赔协会。保赔协会用征集会费建立基金，取代常见的保险费，协会成员在保险年度之初支付一笔根据协会以往经验估算出的全年会费，待年终时再根据全年实际损失情况支付调整部分的会费。入会的船舶可以根据需要取得协会会章规定的责任损失和费用补偿。

然而目前世界上传统的船东保赔协会没有表现出参与近海石油、天然气业务的浓厚兴趣，始终未频繁涉足在海上作业的浮式钻井平台的业务，只有挪威的Skuld和Gard保赔协会例外，他们为钻井平台提供特别风险保障。

在国际保险领域，如果浮式钻井平台的所有人已经向某保险公司投保了钻井船物质损失风险，那么该保险公司可以考虑在钻井平台定期险保险单上附加保赔责任险，并另外收取保险费，作为定期保单的一部分。

以下对保赔责任保险进行简要介绍。

1. 被保险人

由钻井设备的所有人或作业的承包人投保并作为被保险人。

2. 条款

可以参照船东保赔协会章程的承保范围拟订条款，也可以使用伦敦定期船舶条款（港口风险）中的内容。

3. 保险内容

（1）对其他船及船上货物、财产造成的损失（船舶碰撞责任以外的范围）；

（2）对港湾、港口固定物、移动物、海产、鱼类造成的损失；

（3）有关第三者的人身伤亡的赔偿责任；

（4）船员的人身伤亡、疾病的赔偿责任；

（5）钻井船或设备上雇佣人员以外其他人员伤亡赔偿责任；

（6）人命救助费用；

（7）吊祭费、遗物、遗骸交递费；

（8）船员衣物、行李物品的赔偿责任；

（9）检疫费用；

（10）伤病员、偷渡人员下船费用；

（11）遣返、代替人员费用；

（12）防止或减少损失所引起的诉讼费用；

（13）对被保险人自身财物带来的损失；

（14）拖航合同的责任；

（15）使用起重设备、浮船及装卸工具的合同责任；

（16）非油井原因引起的油污赔偿责任；

（17）清除船骸的费用。

4. 保费厘定

如果是船舶或船舶型设备投保，按船舶的总登记吨位计费，也可以根据协议按最高赔偿责任计费。

5. 除外责任

（1）战争险、罢工险范围引起的损失；

（2）被保险人船舶保险单项下可以取得补偿的损失；

（3）工人劳动保险赔偿的范围。

第八章 >>>
海洋石油事故案例分析

海洋石油事故是指在海上油气勘探、开发、生产、储运及油田废弃等过程中发生的安全事故。由于海洋石油勘探开发属于高度危险性行业，本身具有高风险的特点，因此人们在从事这些作业的过程中曾经发生过一些安全事故。通过这些事故，人们开始逐步认识事故的发生规律，并逐步建立起相应的安全管理体系，采取了防范措施。尽管如此，海洋石油勘探开发过程中，安全永远是悬在从业者头顶上的一把利剑，不能有丝毫懈怠，否则造成的后果将不堪设想，损失是无法估量的。

第一节　海洋石油事故特点、分类与分级

一、海洋石油事故特点

海洋石油事故发生在海洋环境中，与陆地环境有许多不同之处。海洋石油事故主要有以下特点：

（1）人员和财产损失大。由于从事海洋石油勘探开发投资大，工作环境一般密集狭小，一旦发生事故，人员伤亡较大，财产损失巨大。例如，巴西P–36号平台爆炸倾覆事故，直接经济损失达10亿美元，间接经济损失更是无法估量。

（2）环境影响大。海洋石油事故会对海洋环境造成污染和破坏，有的影响多年都无法消除。如果平台或油船发生泄漏，泄漏的原油对海洋生物和环境都会造成极大的破坏，甚至影响生态平衡。

（3）救援困难。由于海洋石油事故发生在海洋环境中，受海洋气象和海况的影响大，发生事故时，实施救援比较困难。

（4）经济政治影响巨大。海洋石油事故会给国际的经济政治带来影响，这是因为重大事故会对能源生产造成损失，从而对经济造成影响，有时还会对国家之间的政治关系产生影响。海洋油气开发是对一个国家高科技技术和综合国力的检验，事故的频繁发生会对国家的形象造成负面影响。

（5）降低企业形象。发生海洋石油事故会降低企业的良好形象，也会影响投资者的信心和上市公司的股价，给企业发展带来不利因素。

二、海洋石油事故分类

根据海洋石油事故标准，海洋石油事故主要有以下几类：

（1）井喷失控；

（2）火灾与爆炸；

（3）平台遇险（包括平台失控漂移、拖航遇险、被碰撞或翻沉）；

（4）飞机失事；

（5）船舶海损（包括碰撞、搁浅、触礁、翻沉、断损）；

（6）油气生产设施与管线破损（包括单点系泊、电气管线、海底油气管线的破损、泄漏、断裂）；

（7）有毒、有害物质、气体泄漏或遗散；

（8）大型溢油事故（溢油量大于100t）；

（9）其他人员伤亡事故，如机械伤害、人员落水等。

三、海洋石油事故分级

海洋石油事故按照级别划分为无人员伤亡事故、轻伤事故、重伤事故、一般事故、重大事故、特大事故和特别重大事故七个级别。各个级别的事故标准各不相同，具体如下：

（1）无人员伤亡事故：没有造成人员伤亡，且直接经济损失不足5000万元的事故。

（2）轻伤事故：职工负伤后休息一个工作日以上，构不成重伤，且直接经济损失不足5000万元的事故。

（3）重伤事故：有重伤而无人员死亡，且直接经济损失不足5000万元的事故。

（4）一般事故：一次死亡1~2人，且直接经济损失不足5000万元的事故。

（5）重大事故：一次死亡3~9人，且直接经济损失不足5000万元的事故。

（6）特大事故：一次死亡10~29人，或直接经济损失5000万元以上，尚不足1亿元的事故。

（7）特别重大事故：一次死亡30人以上，或者直接经济损失1亿元以上，或者性质特别严重、影响特别恶劣的事故。

第二节　自然灾害事故

一、“丹尼斯”飓风平台倾斜事故

1. 事故经过

2005年7月12日，“丹尼斯”飓风袭击墨西哥湾沿岸地区，给海洋石油平台造成了严重的破坏。英国BP公司位于新奥尔良东南150mile[1]外墨西哥湾的半潜式石油平台“雷马”发生了倾斜现象。“丹尼斯”席卷之后，该平台倾斜20°~30°，BP公司利用水下机器人检查损害程度和平台倒塌的风险。在飓风到来之前，平台已疏散撤离人员，没有人员伤亡。

2. 事故后果

BP公司是欧洲最大的石油公司，“雷马”平台价值10亿美元，是全球最大半潜式深水钻井平台。事故发生后，BP公司股价跌至7个多月来的最低点。受其影响，纽约原油期货价格重新涨到60美元以上。“雷马”平台项目旨在开发墨西哥湾发现的最大深水油气田，一旦平台沉没，将需要3年的时间重建，这可能会令BP公司付出40亿美元左右的代价。

[1] 1mile=1609.344m。

二、"渤海老 2 号"平台被冰推倒翻沉事故

1. 事故经过

"渤海老 2 号"平台是中国自行设计、制造和安装的第二座海洋石油平台，由生活平台、设备平台和生产平台 3 座平台组成，是一座钢质桩基固定平台。该平台原计划用于勘探和生产，建造于 1967 年，1968 年安装到位，当时尚未投入使用就被海冰推倒，未造成人员伤亡。

该平台于 1968 年就位后，当年 11 月，海域就开始出现冰情。到 1969 年 1 月，渤海的冰情逐渐加重，冰对平台的作用日趋显著。海冰开始在平台导管架下和平台周围堆积，部分构件因强度不够而被冰挤破、开裂。至 1969 年春节前夕，作用于平台最厚的单层平整冰厚度已达 70cm，平台潮差段的大部分支承杆件已被先后破坏，平台在单层平整冰作用下振动相当严重。

春节后第一天，生活平台背向来冰的一根桩腿被冰推断，平台看护人员立即向基地呼救。当抢救队赶到时，生活平台的第二根桩腿也已经断裂。从预报第一根桩腿破坏到生活平台翻沉前后仅仅十几个小时。

工程技术人员对剩下的两座平台（设备平台和生产平台）在强度上进行了加固，将已经断裂的支撑杆件重新焊接，并新增了部分杆件。然而，1969 年 3 月 8 日，连刮一天多东北风（9 级大风），渤海湾的冰增加到最严重的程度。当天海流也很湍急，冰速（与潮流速度相当）很大，设备平台和生产平台两座平台最终没能经受住强烈海冰长时间的作用，先后被冰推倒。

2. 事故原因

由于当时中国的国力和科学技术发展水平有限，平台在设计、施工方面都存在一些不足，导致事故发生。设计简单，载荷和应力计算不准确，施工质量不高，焊接工艺有缺陷，事后补救措施未能有效地发挥作用，这些都是造成事故发生的重要原因。

3. 事故教训

发生这次事故后，人们接受教训，对平台注重科学规范设计，合理布局，增加结构强度和整体稳定性，提高平台材料质量和施工焊接质量，对

海域冰情提高认识，掌握其作用的规律。

三、“渤海 2 号”钻井船翻沉事故

1. 事故经过

1979 年 11 月 25 日，在中国渤海湾钻探海底石油的“渤海 2 号”钻井船由拖轮拖带迁移井位，航行途中遇 10 级狂风，导致倾覆沉没。“渤海 2 号”钻井船翻沉后，282 号拖轮没有按照航海规章立即发出国际呼救信号并测定沉船船位，迟迟报不出沉船准确位置。船上救生艇、救生筏也均未投放救人。

2. 事故原因

造成事故的主要原因如下：拖航前未打捞疑落在沉垫舱上的潜水泵，以致沉垫与平台间有 1m 间隙，丧失了排除沉垫压载舱里压载水的条件，导致“渤海 2 号”载荷重、吃水深、干舷低、稳定性差，破坏了拖航作业完整稳定性要求，严重削弱了抵御风浪能力。

3. 事故后果

全船 74 名职工，除 2 人得救外，其余 72 人全部遇难，直接经济损失 3735 万元。这是天津市、石油系统在新中国成立以来发生的最重大的死亡事故，在世界海洋石油勘探历史上也是很少见的。

4. 事故教训

“渤海 2 号”钻井船翻沉事故是中国海洋石油开发过程中发生的最严重的、死亡人员数量多、财产损失巨大的一起事故。从这一事故中，吸取如下教训：

（1）在海洋石油开发过程中，必须牢固树立科学、规范的思想和“以人为本”“人的生命第一”的观念，不能违章和盲干。否则，损失巨大，后果严重。

（2）提高海洋石油开发从业人员的技能和安全意识至关重要，安全意识绝不是可有可无的，同时海洋石油开发从业人员还必须要有强烈的责任心和责任感。

（3）要严格执行操船手册，在完全满足拖航条件的情况下才能进行拖航作业；严格执行拖航管理规定，严禁违章指挥。

（4）要加强设备的维修保养，发现隐患及时整改，在接到现场施工需求时要及时采取措施，确保现场设备的本质安全。要制订比较完善的拖航应急预案并定期进行演练。

四、“爪哇海”号钻井船翻沉事故

1. 事故背景

“爪哇海”号钻井船是一艘由美国阿科石油公司（作业者）向美国环球海洋钻井公司租用的浮式钻井船。该船建造于 1974 年，设计工作水深为 305m。船体长 121.20m，宽 19.81m。备有 2 艘长 9.14m、能自动推进的密闭式救生艇，每艘可乘 64 人。

2. 事故经过

1983 年 10 月 22 日，第 16 号台风在南海中沙群岛东北海面形成，台风路径为向西偏北方向移动，正是“爪哇海”号钻井船的作业区。根据中央气象台的预报情况和合同要求，广东南海石油联合服务公司气象公司从 21 日至 26 日共向美国阿科石油公司及“爪哇海”号连续发出台风警报 41 次，附加电文 3 次，但“爪哇海”号管理者过于自信，没有将船上非必要人员及时撤离。25 日晚 21 : 10，中方工作船向“爪哇海”号电告台风情报后，再也没有听到回音。

3. 事故原因

（1）台风是事故发生的主要原因，外方没有认识到“土台风”的危害，没有采取避风措施。

（2）“爪哇海”号没有人员生还，经分析，“爪哇海”号翻沉的可能原因是台风袭击作业区时，9 条锚链紧紧拉住钻井船，使其正面受到最大风浪的袭击，由于某些不明原因的结构破坏，造成船主体结构右舷断裂，第 6 号舱和第 7 号舱进水。

（3）造成大量人员死亡的原因是美国阿科石油公司和美国环球海洋钻井公司的管理人员未能及时地将非关键人员撤离钻井船。

4. 事故后果

1983 年 12 月 25 日，美国阿科石油公司雇用的美国环球海洋钻井公司的“爪哇海”号钻井船，在中国南海鹰歌海海域作业期间因台风袭击翻沉。当时钻井船上共81人，无一幸存。遇难人员涉及7个国籍，其中美国人37名，中国人35名，英国人4名，新加坡人2名，加拿大人、澳大利亚人和菲律宾人各1名。全部损失达3.5亿美元。

5. 事故教训

“爪哇海”号钻井船的沉没，是迄今为止中国海洋石油对外合作史上最惨痛的海难事故。它为从事海洋石油开发敲响了警钟，从这次事故中，应当吸取的教训主要如下：

（1）在海洋石油开发领域，必须建立有效的政府安全监管体系，对海域内重大作业行为进行许可和监督检查。

（2）对海域气象和海况必须有深刻的认识和了解，不能存有侥幸和盲目自信的心理。有详细完备的应急预案，遇有紧急情况，应急措施应当有效地发挥作用。

（3）对承包商的安全管理情况应当严格要求，承包商应当建立完善的HSE管理体系，方案齐全、有效，组织科学合理，人员安全素质和意识较强。

（4）要加强应急演练，根据项目可能遇到的突发事件，定期对制定的应急处置程序进行演习，并确保与当地政府、应急救助机构的有效沟通。

五、“海洋徘徊者”号钻井平台沉没事故

1. 事故经过

1982年2月15日凌晨，在加拿大纽芬兰近岸油田作业的“海洋徘徊者”号钻井平台，遭遇速度高达190km/h和浪高20m的飓风，被刮翻沉没。

2. 事故原因

事故原因调查发现，除了超强飓风天灾，该钻井平台存在多处设计和制造缺陷，人员缺乏必要的安全培训，防护不足，没有救生衣等救生装备，服务船只缺乏安全规章制度，政府相关部门监管不力。

3. 事故后果

过程中虽有数十人跃入海中逃生，但由于狂暴的飓风，又是在寒冷的冬季深夜，附近两个钻井平台和其他船只等均无能为力，跃入海中和留在

平台上的共84人全部遇难，无一生还！

六、台风引起墨西哥石油公司的生产平台原油泄漏着火事故

1. 事故经过

2007年10月23日，墨西哥西南部地区坎佩切州和塔巴斯科州之间的海域遭受热带风暴袭击，风速达130km/h的飓风和高达6~8m的巨浪导致“乌苏马辛塔”平台的悬臂梁撞击“KAB-101”生产平台采油树的上部，引起油气泄漏。

23日14:20，平台员工关断井下安全阀，但是两个阀门均关闭不严造成油气继续泄漏。15:35，平台上的81人通过救生艇撤离，风大浪急导致营救困难，并导致一艘救生艇破裂。在撤离过程中59人被营救，21人死亡，一人失踪；事故还造成约5000bbl原油入海。

2. 事故教训

（1）提高对台风的防范意识，台风到来前，要根据应急处置预案提前撤离非必要人员；提前做好平台防护措施，使平台结构远离井口，按照应急程序将悬臂梁收回，以免台风到来时平台晃动碰撞井口。

（2）在天然气泄漏及试油作业等可能存在油气的场所作业时，一定要提前使用可燃气体检测仪进行气体检测，并使用防爆工具，避免产生火花导致着火爆炸。

（3）平台作业期间，应配备符合标准的守护船，以便在应急状态下实施有效救助，防止在撤离过程中发生人身伤亡事件。

（4）各船舶和平台应加强应急演练，提高紧急状态下有效实施应急预案的能力。

七、俄罗斯“科拉”号平台拖航倾覆事故

1. 事故经过

2011年12月18日，“科拉”号平台由拖轮从堪察加半岛附近海域拖往萨哈林岛，由破冰船作为辅助拖轮。钻井平台于18日02:00在距萨哈林岛大约200km、水深1042m处发生倾覆，20min内沉没。平台发出SOS求救信号，运输部立即派两艘直升机、一艘破冰船和一艘救援船前往营救。

12月22日，一股强烈气旋逼近事故发生区域，失去找到幸存者的希望，停止搜救。最终，平台67人中14人获救、17人丧生、36人失踪。

2. 事故原因

（1）恶劣天气条件是事故发生的主要原因。拖航期间浪高5~6m，风速70km/h，温度-17℃，海上存在浮冰。

（2）平台自身设备存在问题，一舷窗遭海浪和冰块冲击后破损进水，虽然所有船员进行抢修，但仍未能修复。

（3）平台拖航作业时严重违规，约半数乘员与作业无关。按照规定，平台拖航期间，仅允许少量作业人员搭乘，但从事钻井作业人员均在平台上。

（4）管理层未能听取员工的建议。一周前，平台一员工反对平台拖航，但领导没有采纳。

（5）救援困难。事发时天气恶劣，给救援带来困难，错过了救援的最佳时机。

3. 事故教训

（1）天气、海况条件恶劣时，要充分考虑浮冰对平台的危害，如不满足拖航要求，一定不能冒险蛮干，必须严格执行平台拖航管理规定。

（2）应确保设备的本质安全，拖航期间应确保所有的水密门、舱盖保持关闭并密封完好。

（3）拖航期间，应严格按照拖航会议确定随拖人数，严格监测气象变化情况，适时启动应急预警及应急响应，并应配备符合标准的辅助拖轮，以便在应急状态下实施有效救助。

（4）各船舶和平台应加强应急演练，提高紧急状态下有效实施应急预案的能力。

第三节　井喷失控事故

一、“西阿特拉斯”号海上钻井平台井喷事故

1. 事故经过

2009年8月21日，位于澳大利亚西部金伯利海岸以北约250km的“西

阿特拉斯”号海上钻井平台发生地下井喷事故，爆裂处大约深3500m。由于爆炸引起了原油泄漏，每日有多达2000bbl原油漏入大海。

2. 事故原因

发生地下井喷。

3. 事故后果

事故造成海面上的油层长度超过8n mile，油污范围最少$1.5\times10^4km^2$。事故区域是海洋动物在印度洋和太平洋之间迁移的“海洋高速公路”。原油污染可能受到影响的海洋动物中包括3种濒临灭绝的海龟，还有海蛇和一种小型蓝鲸等珍稀生物。

二、美国墨西哥湾“大力神265”钻井平台天然气井喷失控着火事故

1. 事故经过

2013年7月23日08:45，距离路易斯安那州55mile、水深154ft的“大力神265”钻井平台在完井期间发生井喷失控，当日22:45发生火灾。

2. 事故教训

（1）井喷失控、火灾爆炸、海上拖航是海洋公司的三个重大风险，对待安全工作要随时保持“如临深渊，如履薄冰”，要牢固树立“安全生产、环境保护是海洋公司的生命线”的HSE核心价值理念，切不可存在麻痹大意、心存侥幸的思想。

（2）各钻井作业平台要认真做好每种工况下的井控应急演习，要把演习当作实战来对待，提高整个队伍的现场应急能力和水平，做到一旦发生井喷，能快速准确地实施控制。

（3）平台一旦发生井喷，按照井喷应急程序要求，迅速撤离与井喷应急抢险无关的人员，不能等待观望，这是因为井喷转入着火爆炸瞬间发生，不可预测，应急抢险中人的生命永远是第一位的。

（4）平台的井控设备、可燃气体及H_2S气体探测仪一定要保证灵敏可靠，能够第一时间发现井喷预兆，第一时间快速、准确关井，这是有效实施井控技术的关键。

三、某导管架平台井喷倒塌事故

1. 事故背景

某导管架平台为带有钻井模块的生产平台，2005 年 9 月 13 日，该平台钻井队进行调整井钻井作业。当时钻台司钻 1 人，架工 1 人，钻工 3 人。在钻进至 2605m 后，为了准备电测，开始起钻作业。

2. 事故经过

08 : 55，当起钻至 1500m 时，突然发生井涌。司钻立即汇报钻井监督并准备关井，此时井内钻井液夹带油气从井口迅速喷出，造成大量原油落海。井口区 4 人被有毒气体熏倒，1 人中毒较轻，跑下钻台逃往安全区报警。钻井监督立即启动井喷报警系统，并利用远程井控装置进行软关井。

09 : 15，井喷得到初步控制。

09 : 18，钻井监督组织 4 名作业人员佩戴呼吸器上钻台进行压井作业。

09 : 50，井喷得到有效控制。之后，作业人员在现场进行清理工作。

09 : 57，由于井喷喷出的轻质油在现场迅速挥发，空气中的可燃气体浓度逐渐增大，同时在井喷时钻台上的一条电缆线被破坏，在清理过程中电缆线漏电发生闪爆，并引燃了钻台上的油气，大火迅速蔓延，最终造成该平台于 10 : 35 烧毁倒塌。

3. 事故后果

（1）人员伤亡情况：事故造成 4 人死亡，1 人中毒，2 人烧伤，1 人摔伤，损失工时 6660h。

（2）财产损失情况：事故造成平台完全损毁，直接经济损失 3357.5 万美元。

（3）溢油情况：事故造成 200t 原油入海。此事故为特别重大生产安全事故及重大环境污染事故。

4. 事故原因

（1）副司钻为了降低工作量，未按照设计要求灌注钻井液，擅自减少灌注钻井液的数量，造成井内压力失衡，导致起钻时井筒液面下降，井底压力降低，诱发井涌。

（2）司钻缺乏应变能力，对出现井涌后应采取的控制措施不熟悉，开始有井涌显示时，没有立即关井，而是先通知监督，导致井涌演变为井喷事故。

（3）由于作业任务比较紧急，钻井监督未按照要求召开当天的班前会，相关的安全防范控制措施未进行传达，没有执行班前会及安全交底制度。

（4）在井喷事故应急处置后，钻井监督未组织相关人员进行风险识别，又盲目组织清理现场，引发次生事故。

5. 事故教训

（1）严格执行钻井施工设计及各项井控管理规定。

（2）提高员工的井控应急处置能力，正确处理井涌及井喷事故。

（3）开好班前、班后会，做好施工作业风险交底工作，落实各项风险防控措施。

（4）在事故应急处置过程中，充分识别新增风险，避免产生次生事故。

四、新加坡 KS 能源公司某平台井喷着火事故

1. 事故背景

平台为自升式钻井平台，作业水深 300ft，最大钻探深度为 30000ft，建造于 2010 年。

2. 事故经过

2012 年 1 月 16 日凌晨，该自升式钻井平台（300ft）在钻的一口气井发生井口失控着火。事故井位置距尼日利亚海岸约 10km，水深 12m。

着火时，在平台和支持驳船上共计 154 人，其中 152 人被紧急撤离到附近的平台，2 人失踪，2 人受轻伤后住院观察。

1 月 17 日，雪佛龙公司称，着火原因可能是井控设备故障失效。平台已部分烧毁。同时已撤离的船舶人员称，还损失一条价值约 800 万美元支持驳船。

1 月 17 日，雪佛龙公司称，已紧急向有关钻井专家和井控专家进行求助，并部署打救援井。

1 月 18 日，雪佛龙公司称，取消对失踪人员的搜索。

1 月 23 日，雪佛龙公司称，平台已全部烧毁，同时强调该平台施工的是一口天然气井，没有发生溢油，火势正在减弱，并计划打救援井。

3. 事故原因

（1）队伍井控意识淡薄，岗位人员未能及时发现气侵到井喷过程。

（2）井控装备失效。

4. 事故教训

（1）必须坚持积极井控的理念。海洋钻井一旦失控，没有立即见效的处理手段。必须始终坚持预防为主以及积极井控理念，杜绝井喷失控。钻井平台必须时刻绷紧井控这根弦。井控管理工作必须覆盖平台每一个点和施工的每一个环节，决不能有遗漏；对所识别出的每个井控风险都要最严肃对待和最彻底消除。发现溢流立即关井，疑似溢流关井检查，确认溢流立即上报。

（2）井控装备质量必须过硬和可靠。井控装备必须满足标准、检验合格、灵活可靠，不但要有先期的控制能力，确保不因装备因素发生失控，还要有后期处理能力，一旦发生失控，还能对失控的井筒进行处理。此外，井控装备要能经得住极端恶劣工况的考验。

（3）队伍必须具有高井控能力。岗位人员能够及时发现异常现象；操作人员在紧急情况下能采取正确的果断措施；现场指挥者有处变不惊的心理素质。

（4）必须做实现场打开油气层的相关准备。尤其对于探井、天然气井、天然气探井、含有毒气体井等。

（5）应急反应机制必须快速。该事故再一次说明，应急机制的快速反应非常重要，否则不知道多少人会葬身火海。

（6）平台现场必须做好各相关方的管理。该事故平台所属单位和操作单位并非同一个企业。平台施工中的各相关方，不但要清晰界定其权责，且各方操作人员必须熟悉装备、密切配合，指令一致，指挥统一。

五、某海上自升式钻井平台井喷及火灾事故

1. 事故经过

2009 年 8 月 21 日 05 : 30，某海上自升式钻井平台发生井喷事故，凝析油随天然气流一起往外喷出，平台作业的 69 名员工立刻撤离平台。

2. 事故后果

事故造成 $5000m^3$ 原油入海，浮油面积达 1700n $mile^2$。经济损失达 1.7 亿美元。井喷后经钻救援井压井封堵成功。

3. 事故救援

事故发生后，迅速动员附近平台赶来救援，但在拖航途中发生断缆，紧急派遣一艘救援拖船前往救援，直到 2009 年 9 月 10 日，经过 15 天 1600n mile 拖航后到达事故现场。

救援井施工及压井。经过 4 次侧钻，于 2009 年 11 月 1 日钻入靶区，通过救援井向事故井内泵入大约 3400bbl 重钻井液后，于 11 月 3 日压井成功。钻救援井过程中，发生事故平台着火，原因不明，大火造成钻井平台悬臂梁甲板被烧熔化，事故平台悬臂梁落到井口平台飞机甲板上。

4. 事故原因

（1）在没有安装防喷器的情况下就钻开了封井水泥塞，造成井喷失控。

（2）事故井是一口临时弃井的井，由于套管和固井出现问题，造成套管开裂，固井失效，导致油气从表层地层泄漏，最终导致井喷失控。

（3）事故井在临时弃井时没有按照作业规程二级封堵要求实施弃井作业，弃井时没有下桥塞，只打了一个 20m 长的封井水泥塞。封井水泥质量可能有问题，没有起到封堵作用。

5. 事故教训

（1）要严格执行标准，保证施工质量是消除事故隐患的根本，案例中没有按弃井标准下桥塞或打合格的水泥塞，以及可能的固井质量不合格是造成事故的主要因素。

（2）对其他井的了解掌握是保证井组施工安全的重要环节，施工井的作业可能导致平台其他井的事故。

（3）海上应急是确保人身安全的重要组成部分，案例中 69 人安全撤离和应急过程中没有发生次生人员事故值得借鉴。

第四节　火灾爆炸事故

一、英国北海海域“帕玻尔·阿尔法”平台爆炸事故

1. 事故经过

1988 年 7 月 6 日约 22：00 英国北海海域“帕玻尔·阿尔法”平台天然

气生产平台发生爆炸，约22:20，气体立管发生破裂再次发生大爆炸，其后又发生一系列爆炸，整个平台结构坍塌，倒入海中。该事故是世界海洋石油工业史上最大的悲惨事故，它震惊了英国，震动了世界海洋石油界，造成了严重的人员伤亡和巨大的财产损失。

2. 事故后果

平台上共226人，其中165人死亡，61人生还，事故总损失34亿美元。

3. 事后处理

英国政府派出能源部大臣卡伦爵士组成政府调查组，历经两年进行了详细的调查，向政府提出许多完善的建议，后大部分被采纳，英国海上平台从此率先开始推行HSE管理体系，并从中受益。

4. 事故原因

事故原因如下：压缩机房内的凝析油注入泵A上的安全阀拆下检修，使用一不标准的盲板法兰临时装上并且未上紧，工作交接班也没有交接清楚。下一班操作工人在工作中，凝析油注入泵B故障出现跳闸。在不清楚A泵状况也未进行检查的情况下，便启动了A泵，造成凝析油冲破盲板法兰大量外溢，遇火花起火爆炸。这一事故暴露出许多管理不严格和不规范的地方。

5. 事故教训

该事故带来了海上安全管理体制的变革和创新，给世界海洋石油安全管理带来了深远影响。世界各国从中吸取教训，改进了安全管理。企业在工作中注重工作许可制度和交接班制度的落实，严格规范工作程序，并在每个岗位得到认真落实。

二、巴西P-36号海上平台爆炸事故

1. 事故经过

巴西石油公司在里约热内卢州坎普斯湾海上油田作业的P-36号平台，于2001年3月15日发生采油平台爆炸事故。平台在爆炸后经救援无效5天后沉没。P-36号平台上储存有150×10^4L原油，随着平台坍塌下沉，原油迅速泄漏。

2. 事故原因

设计存在缺陷，应急程序及管理不完善，缺乏应对紧急情况规程和培

训。根本原因是巴西石油公司对海洋安全重视不够，忽视安全投入，对承包商管理混乱，工作人员素质低，引起事故频发。

3. 事故后果

事故造成 11 人死亡，给巴西石油公司带来的直接经济损失至少 10 亿美元，仅停产一项每天就要损失 300 万美元。

三、印度海上石油钻井平台火灾事故

1. 事故经过

2005 年 7 月 27 日，印度国营石油及天然气公司在阿拉伯海的石油钻井平台发生大火。该钻井平台距离印度西部城市孟买约 160km，大火将整座平台烧毁，造成 12 人死亡，367 人被迫撤离。印度官方称，该钻井平台的产油量约占印度全国产量的 1/6，要完全重建还需要花费一年的时间。

2. 事故原因

事故发生时，正值印度季风季节，天气情况和海面条件都相当恶劣。供给船送伤员靠泊平台时，因船长操作不当导致供给船与平台输油管线发生碰撞，管线破损发生原油泄漏，随即泄漏的原油被碰撞产生的火花点燃，燃起大火，并迅速扩散。

3. 事故后果

事故共造成 12 人死亡，13 人失踪，直接经济损失达 23 亿美元，附近的 15~20 口井受影响，油田两年内无法恢复生产，印度石油天然气减产约 1/3。

4. 事故教训

（1）天气、海况条件恶劣，满足不了靠泊平台的要求时，决不能冒险蛮干，必须严格执行船舶靠泊操作规程。

（2）引发事故的供给船是计算机化的船舶，配备了各种完善的应急设备，并有动力定位系统，但自动化程度高并不代表绝对安全，更不能麻痹大意。

四、某平台变电所爆燃事故

1. 事故经过

1998 年 11 月 25 日 07 : 00，某平台的变电所发生爆燃事故，价值 100 余万元的变电所被烧毁，财产损失较大，事故中人员及时撤离，未造成人员死亡。

2. 事故原因

（1）在设计方面，工艺存在缺陷。不成熟的工艺被应用在海上平台，调控困难，造成不应该溢出天然气的地方有大量天然气溢出，在变电所狭小空间形成聚集。

（2）在施工方面，没能达到设计要求。由于施工手段和技术的原因，应当封堵的地方没有密封住，应当自动调控的地方未能自动调控等。

（3）在平台管理方面存在漏洞。平台投产后，事故前已有苗头（闻到天然气外溢带来的气味），未能及时采取有效的控制和防范措施。

3. 事故教训

通过该次事故，总结得出教训如下：

（1）海上平台从设计、施工到管理都必须严格按标准、规范进行，不成熟的技术和工艺、设备不能在可靠性要求高的海上平台应用和试验。

（2）应当由有资质的监理、检验机构进行对海上平台的施工监理，严格按照规范要求施工，达不到要求的必须停工或返工，不能得过且过。

（3）提高平台的管理人员的安全意识，上岗前必须经过系统的技能培训，达到熟练掌握各种工艺、设备操作的要求。

五、某修井平台火灾事故

1. 事故经过

1999 年 4 月 29 日，某修井平台在进行酸化、反循环洗井作业后，进行试压验封，当压力达到 500psi 时，发现油管挂密封有泄漏，于是更换油管挂密封。其程序如下：释放环空压力，上提管柱，更换油管挂密封，坐封，重新连接管线，装井口。

当泵压升到 1500psi 时，发生电潜泵电缆穿孔的丝堵喷出打铁，产生的火花遇管内喷出气体爆炸。该事故没有造成人员伤亡，但直接经济损失 940 万元人民币。

2. 事故原因

（1）更换油管挂密封，将原来已坐封的管柱提起，井下的气体上窜到井筒的环空中，上提管柱时也没有向井内灌压井液，井筒内就形成一个 50m 左右的空井段，井下的可燃气体和井上的空气在此井段聚集。

（2）试压前没有对井进行循环排气，直接向井内加压，造成井内50m可燃气体管柱内的空气混合，形成爆炸气体混合物，导致气体喷出爆炸。

（3）油管挂上有一个电潜泵电缆穿孔。试压时，用盲板穿透器进行封堵。油管挂和盲板穿透器封堵是在陆地安装完后整体送到海上作业现场。据调查，该盲板穿透器的螺栓和螺母不配套，一个是公制，一个是英制，在陆地连接时使用管钳强行拧紧，当压力达到1500psi时，螺栓从螺母中滑扣飞出，与井内溢出的气体一起上升，撞击到顶层甲板的井口盖上，产生火花，引燃井内溢出的可燃气体。

（4）现场卫生太差，现场的顶甲板、井口周围存有油污，修井机及井口周围设备底盘上有油污，这些油污给火源提供燃料，加速了火势的发展。

3. 事故教训

（1）要树立风险防范意识，修井期间要严格执行操作程序，作业前要进行风险识别并采取相应的风险防护措施。

（2）海上使用的进口工具规格多为英制，而中国的设备多为公制，因此在使用配套附件时一定要使用与之相匹配的附件，否则有可能发生密封不严、脱扣等事件，造成意想不到的事故。

（3）要保持钻台清洁，钻台附件的油污及易燃物要及时清除。

第五节　泄漏污染事故

一、阿拉斯加“埃克森·瓦尔迪兹”号油轮溢油污染事故

1. 事故经过

1989年3月24日21：00，载有约17×10^4t原油的美国油轮“埃克森·瓦尔迪兹”号在阿拉斯加瓦尔迪兹驶往加利福尼亚州洛杉矶途中，为了避开冰块而航行到正常的航道外面，在阿拉斯加威廉王子湾布莱礁上搁浅，导致该油轮的11个油舱中的8个破损。在搁浅后的6h内，从“埃克森·瓦尔迪兹”号中溢出超3×10^4t货油。

2. 事故后果

阿拉斯加1100km的海岸线上布满石油，对当地造成了巨大的生态破

坏，约4000头海獭死亡，10万~30万只海鸟死亡，专家们认为生态系统恢复时间长达20多年，事故造成的全部损失近80亿美元。“埃克森·瓦尔迪兹”号油轮溢油事故成为发生在美国水域规模最大的溢油事故之一。

3. 事故处理

事发之后，人们使用铅制水栅控制油污，但无济于事。为处理原油污染事件，美国有关方面耗用巨资，在海滩上喷射氮肥、磷肥混合物，以刺激食油细菌分解油污，拦网收集死亡的海鸟和水獭，运往火化场焚化。焚化遇难海洋动物尸体花费半年时间。据估计，要使大多数生物群落与生态系统恢复到漏油前的状态和结构特征，至少需要5~25年时间。

4. 事故原因

调查表明：造成该起恶性事故的原因是船长玩忽职守，擅离岗位。这一事件引起美国公关界的重视，他们一面分析“埃克森·瓦尔迪兹”号迪轮原油泄漏事件中公关失败的原因，一面提醒企业经理们要从中吸取教训。

英国公关协会会员、公关学者卢卡斯泽威斯教授对这一公关危机进行了系统分析，指出埃克森公司犯了以下错误：反应迟钝；企图逃脱自己的责任；事先毫无准备，既无计划，也无行动；对地方政府傲慢无理；自以为可以控制事态发展；不接受任何解决意见；存在侥幸心理；信息系统失控；忽视了能够赢得公众同情和支持的机会；错误地估计了事故规模；丝毫没有自责感。

二、“深水地平线”钻井平台事故

1. 事故经过

2010年4月20日夜间，位于墨西哥湾的“深水地平线”钻井平台发生爆炸并引发大火，钻井平台很快就陷入火海，多艘船只努力扑救大火，但没有成功。钻井平台燃烧后约36h，最终于4月22日早上沉没。人员发现在沉没当日的13:00开始漏油，并继续蔓延。

2. 事故原因

（1）固井质量不合格。

固井质量不合格为直接原因。为了减少成本并减少工期，管理层随意变更设计方案，将原先可提供4道密封防护的固井方案替换成复合套管串，导致底层压力梯度复杂，增加了发生危险的可能性。

（2）施工过程多个环节存在漏洞。

首先，该井是低地温梯度井，不应该采用充氮气水泥体系；而且水泥候凝不到 17h 就用海水顶替井筒钻井液，造成井内的压力失衡。其次，在固井过程中也存在违章作业，不仅没有按要求充分循环钻井液，同时在下套管的过程中下入的套管扶正器数目不够，加大了水泥环气窜的风险。

（3）装备管理和维护有缺陷。

井口密封总成安装结束后，未按技术规程的要求在密封总成中安装锁止滑套，使密封系统留下缺陷；在险情发生后，应急模式下的紧急切断程序、自动模式功能和遥控水下机器人干预 3 套关井系统先后失灵失效。

（4）现场生产组织决策上出现一系列重大失误。

该井固井候凝后，出现测试数据异常，而现场负责人草率做出合格的结论，为发生井喷埋下了安全隐患；随后又对固井后的井控风险缺乏足够的认识，现场采取了“先替海水，后打水泥塞”的错误程序；发生溢流现象时，管理人员未采取制止的措施，导致险情进一步恶化。

3. 事故后果

爆炸最终导致 11 名工作人员死亡及 17 人受伤，油污被冲至路易斯安那州、得克萨斯州、密西西比州、亚拉巴马州和佛罗里达州 5 个州的沿岸，造成当地的水产养殖业受损，海滩遭到不同程度的污染。近 500×10^4bbl 原油泄漏至墨西哥湾，酿成美国有史以来最严重的漏油事故。这场漏油事故给 BP 公司造成的损失高达 616 亿美元。

三、蓬莱 19–3 油田溢油事故

1. 事故经过

2011 年 6 月 11 日，蓬莱 19–3 油田发生溢油事故，据国家海洋局公布数据，截至 2011 年 9 月中旬，溢油事故累计造成 5500 多平方千米海水污染，泄漏油量约 3400bbl，给渤海海洋生态和渔业生产造成严重影响。这也是中国内地第一起大规模海底油井溢油事件。

2. 事故原因

初步认为造成此次溢油的原因如下：作业者（即康菲石油中国有限公司）回注增压作业不正确，注采比失调，破坏了地层和断层的稳定性，形成窜流通道，由此发生海底溢油。

3. 事故后果

该次事故，康菲石油中国有限公司和中海油总计支付16.83亿元，其中，康菲石油中国有限公司出资10.9亿元，赔偿该次溢油事故对海洋生态造成的损失；中海油和康菲石油中国有限公司分别出资4.8亿元和1.13亿元，承担保护渤海环境的社会责任。

四、"塘鹅1号"钻井平台事故

2011年8月10日，壳牌公司位于英国北海地区的"塘鹅1号"钻井平台出现突发状况，与之相连的一条海底输油管发生破裂。据英国能源与气候变化部估计，泄漏在海中的原油超过500t。

五、邦加油田事故

2011年12月20日，壳牌公司在尼日利亚的邦加油田发生原油泄漏，40000多桶石油在从浮动式石油平台向一艘油船转移的过程中，不慎流入尼日利亚三角洲75mile开外的海域。邦加油田是尼日利亚的第一座深水油田，在事故发生后被关闭。

第六节　船舶海损事故

一、船舶撞击平台事故

1. 事故背景

2012年6月9日20:40，胜利油田埕北海域发生一起船舶碰撞平台的事故。事故造成平台直升机甲板、船体侧板局部受损、左舷艏缆被切断，未造成人员伤害。

2. 事故经过

2012年6月9日，某平台正常投产作业，17:30，为该公司进行服务的船舶（该船无自航能力）在平台附近准备进行吊装作业。20:40，突起大风，风力达到8级，造成该船舶溜锚与平台左舷接触发生摩擦碰撞并向船艏方向移动，最后该船舶艉部与平台直升机甲板碰撞并与平台保持相对静止，致使平台部分船体、设备设施损坏。由于受涌浪影响，该船舶持续撞击平台直升机甲板，导致平台最大倾斜度 1.1°。平台经理立即宣布进入应急状态，启动如下应急处置程序：

（1）发布弃船信号并广播通知除关键岗位人员外人员按照弃船程序做好弃船准备，清点人数，同时平台领班、司钻协助、配合关闭所有井下安全阀，关闭闸板防喷器，并切断采油平台供电电源。

（2）平台经理将现场事故经过（时间、人员、风力、风向、潮汐、碰撞情况等）向项目组和事业部应急办公室汇报，在留有 10 名应急处置人员的情况下，组织剩余 69 人全部转移至其他平台。

（3）在组织人员撤离期间，平台经理安排应急处置人员关闭所有水密门及舱口风帽。

（4）通过对现场情况的判断，在保证应急处置人员安全的情况下，回收悬臂梁并固定以确保导管架安全，防止发生次生事故。

（5）6 月 9 日 22∶10，风速降低（风力 6 级），平台经理和驻现场甲方监督立即登上该船舶，与该船舶负责人紧急协商解决方案，确定由其他船将船舶脱离平台。

（6）该船舶与平台脱离。

（7）6 月 10 日 00∶20，该船舶被拖离到距平台 300m 处，平台脱离危险，平台经理宣布解除应急状态。

（8）应急期间，平台在事业部应急办公室、胜利采油厂应急办公室的共同指挥下，有条不紊地实施了应急处置，同时平台确保信息畅通，并随时向应急办公室汇报事故发展的最新动态，为应急处置提供了及时而准确的信息。

3. 事故原因

（1）直接原因。

2012 年 6 月 9 日 20∶40 突起阵风，风力达到 20m/s，造成船舶溜锚。

（2）间接原因。

① 该船舶对气象掌握不准确，应急反应不及时。

② 该船舶在没有安全措施的情况下，左舷拖带无自航能力且载有生

活模块的驳船，载有生活模块的驳船撞击该船舶，也是造成该船舶溜锚的原因。

③ 该船舶对突发事故的预防、风险识别不全面。

4. 事故教训

（1）加强与区域各施工单位的联系沟通，及时了解区域各施工单位作业动态。

（2）继续严格落实平台瞭望制度，密切关注区域船舶动态，发现异常动态，及时提醒、警示。

（3）结合生产实际，认真组织开展各类应急演练，持续提高平台全体员工应对突发事故的应急反应能力。

（4）组织平台人员对此次事故进行讨论分析，并进行总结，对照应急预案查找自身不足，持续改进提高。

（5）平台直升机甲板未恢复前，禁止人员到直升机甲板活动。

（6）对受损部位加强巡检，发现异常及时处置。

二、“海洋石油 699”三用工作船遇台风沉没事故

1. 事故背景

“海洋石油 699”为一艘 15000hp[1] 的三用工作船，系柱拖力为 170tf，吃水 6.9m，配备一级动力定位系统。该船可航行于无限航区，适合热带作业，船舶具有运输淡水、燃油、散装水泥、钻井液、甲板货，拖带钻井船，起抛锚及对外消防、救援等功能。

该船是中海油系统内单船功率最大的三用工作船。

2. 事故经过

2012 年 7 月 25 日，中国海洋石油工程公司所属的“海洋石油 699”三用工作船在香港以东海域航行时遭受 8 号台风“韦森特”袭击，失去动力，船舱进水后船体倾斜。中海油立即启动应急预案，组织力量全力施救，同时，交通部救捞局及时派船现场施救。双方虽采取了多项措施，但在拖往修船厂途中该船沉没，所幸船上船员已全部安全撤离，未造成人员伤害。

[1] 1hp=745.6999W。

3. 事故教训

（1）提高防台风意识。只能防，不能抗，十防九空也要防。由于台风预告一般比较提前且准确率较高，因此要对恶劣的气象预报及时做出反应，提前制定避台风及防范措施。

（2）加强台风信息收集工作。相关单位和管理部门要加强对台风信息的收集、分析，跟踪台风的形成和发展情况，对台风可能对生产、生活带来的危害要提前进行分析，为制定避台风防范措施提供翔实的资料。

（3）及时做出防台风工作安排。在台风形成后，台风中心距离作业现场 1500km 时，有关单位和部门要根据防台风应急预案，提前进入应急值班状态。

（4）提早采取防台风措施。台风距离作业现场 1000km 或预计到达时间为 48h 时，要做好各种防范措施；台风距离作业现场 500km 或台风预计到达时间为 24h 时，要确保船舶到达避风港、平台人员安全撤离到陆地。

（5）加强应急演练。各单位要根据在台风影响下可能发生的紧急情况，有针对性地制定详细的现场应急处置程序，并定期组织基层单位开展防台风及应急演习，尤其要做好堵漏演习。要落实有效的应急资源，确保与当地政府、应急救助机构进行有效沟通。

三、某铺管船沉没事故

1. 事故经过

1991 年 8 月 15 日 11 : 00，某铺管船因受到 9111 号台风的影响，在南海珠江口海域失事沉没。全船 195 人中，有 173 人获救，其余 22 人死亡。

2. 事故原因

台风是导致事故发生的主要原因。由于海浪冲击甲板，左舷船艉的锚标从固定座滑脱，松动的锚标先后损坏了甲板保护木板、滑轮室和 13B 压载舱的人孔盖，以及船艉造水机通风总管。海水经由甲板进入该左舷船艉，造成船舶左倾，导致该铺管船沉没。

3. 事故教训

（1）在南海海域施工，要高度重视台风等恶劣天气的影响。目前，台风的预告准确率较高，要对气象预报及时做出反应，提前制定避台风及防范措施并迅速执行。

（2）要制订操作性强的项目应急预案，并落实应急资源。

（3）要加强应急演练，根据项目可能遇到的突发事件，定期对制定的应急处置程序进行演习，并确保与当地政府、应急救助机构的有效沟通。

（4）要确保设备的本质安全，平台或船舶的水密门要保持关闭状态并密封良好。

参考文献

陈建民，李淑民，韩志勇，2015. 海洋石油工程 [M]. 北京：石油工业出版社 .

高立法，虞旭清，2009. 企业全面风险管理实务 [M]. 北京：经济管理出版社 .

荆波，2006. 海洋石油勘探开发安全概论 [M]. 北京：石油工业出版社 .

刘朝全，姜学峰，2020.2019 年国内外油气行业发展报告 [M]. 北京：石油工业出版社 .

石晓兵，张杰，王国华，2016. 海洋钻井工程 [M]. 北京：石油工业出版社 .

谭家翔，2014. 海上油气浮式生产装置 [M]. 北京：石油工业出版社 .

王国荣，马海峰，胡琴，等，2016. 海洋油气开发工艺与设备概论 [M]. 北京：石油工业出版社 .

王健康，2008. 风险管理原理与实务操作 [M]. 北京：电子工业出版社 .

王陆新，潘继平，杨丽丽，2020. 全球深水油气勘探开发现状与前景展望 [J]. 石油科技论坛，39（2）:31–37.

王清寰，2006. 化险为利——企业可保风险管理模式及中海油实例研究 [M]. 北京：石油工业出版社 .

魏跃峰，单铁兵，牟蕾频，等，2019. 海洋油气开发装备 [M]. 上海：上海科学技术出版社 .

吴定富，2010. 保险原理与实务 [M]. 北京：中国财政经济出版社 .

熊友明，唐海雄，2013. 海洋油气工程概论 [M]. 北京：石油工业出版社 .

许谨良，1998. 风险管理 [M].2 版 . 北京：中国金融出版社 .

杨光胜，2018. 溢油应急处置技术与实践 [M]. 北京：石油工业出版社 .

杨丽丽，王陆新，潘继平，2017. 全球深水油气勘探开发现状、前景及启示 [J]. 中国矿业，26（S2）：14–17.

于化伟，2001. 海洋石油勘探开发保险 [J]. 安全与环境工程，8（4）：46–48.

张国臣，2016. 保险风险管理及石油行业应用 [M]. 北京：中国商务出版社 .

张煜，冯永训，2011. 海洋油气田开发工程概论 [M]. 北京：中国石化出版社 .

赵淑贤，张建军，2001. 特殊风险保险 [M]. 北京：中国金融出版社 .